Arbeitsmethoden der modernen Naturwissenschaften

Angewandte Gitterphysik

Behandlung der Eigenschaften kristallisierter Körper vom Standpunkte der Gittertheorie

Von

Dr. phil. nat. habil.

W. KLEBER

apl. Professor für Kristallographie, Mineralogie und Petrologie an der Universität Bonn

Mit 54 Abbildungen im Text

2. verbesserte Auflage

Berlin 1949

WALTER DE GRUYTER & CO.

vormals G. J. Göschen'sche Verlagshandlung / J. Guttentag, Verlagsbuchhandlung / Georg Reimer / Karl J. Trübner / Veit & Comp.

Walter de Gruyter & Co. vormals G. J. Göschen'sche Verlagshandlung
J. Guttentag, Verlagsbuchhandlung / Georg Reimer / Karl J. Trübner /
Veit & Comp., Berlin W 35, Genthiner Straße 13
Archiv-Nr. 52 75 49, Printed in Germany
Druck Oswald Schmidt GmbH., Leipzig., M 118

Vorwort

Das, was wir unter einem Kristall verstehen, ist heute eindeutig durch den Strukturbegriff definiert. Es ist möglich, einen wesentlichen Teil der Kristalleigenschaften aus der Gittertheorie abzuleiten, und es wird letztes Ziel und Aufgabe der Kristallphysik und Kristallchemie sein, alle Eigenschaften und Erscheinungen der kristallisierten Materie aus ihrem strukturellen Aufbau mathematisch zu entwickeln. Damit ist gleichzeitig gesagt, daß es noch der Zukunft überlassen bleiben muß, eine vollständige quantitative Deduktion der Erscheinungswelt des Kristalls vom Diskontinuumsbegriff her aufzubauen.

Trotzdem erscheint es auch schon im Augenblick lohnend, einen Überblick über Wege und Möglichkeiten zu geben, die, wenn auch nicht immer, so doch in zahlreichen Fällen, zum erstrebten Ziel führen. Dies soll daher eine Aufgabe der vorliegenden Darstellung sein: Eine zusammenfassende Schau der physikalischen (physikalisch-chemischen) Eigenschaften der Kristalle vom Blickpunkt der Gittertheorie zu geben.

Dort, wo sich allgemeinere Methoden bereits bewährt haben, habe ich versucht, diese Methoden in ihren Grundzügen zu entwickeln. Ich habe mich dabei bemüht, das Mathematische möglichst einfach zu gestalten. Wenn mir dabei die exakte Ableitung für das dreidimensionale Gitter zu kompliziert erschien, habe ich das Methodische am eindimensionalen Fall erläutert. Jedenfalls war ich bestrebt, für einfache Modelle die erprobten Wege möglichst ausführlich aufzuzeigen. Die Verallgemeinerung, insbesondere die Übertragung auf das dreidimensionale Kristallgitter, die sich vielfach durch rechnerische Schwierigkeiten recht unwegsam gestaltet, wurde dann großzügig hergestellt. Es kam mir dabei nicht nur auf das Ergebnis, fast möchte ich sagen, weit mehr auf den Weg, das Verfahren an.

Damit ist gleichzeitig und von vornherein festgestellt, daß das vorliegende Buch keineswegs die streng mathematisch aufgebauten Darstellungen über Gitterphysik ersetzen kann. Aber es soll — und das ist ein zweites Ziel — eine Einführung in die mathematische Theorie des kristallisierten Zustandes geben. Im allgemeinen wird der Mineraloge, Chemiker oder Physiker nur selten das hohe Rüstzeug mitbringen, das zum Verständnis und zur Verarbeitung der strengen gittertheoretischen Methoden gefordert werden muß. (Eine Monographie über diese Methoden ist in der Enzyklopädie der mathematischen Wissenschaften enthalten!) So blieben die interessanten Zusammenhänge zwischen Kristallstruktur und Kristallphysik denen verschlossen, die nicht über die notwendigen mathematischen Hilfsmittel verfügen können. Dies schien mir schon lange ein Mangel, dem abzuhelfen meine Absicht war.

In vielen Fällen habe ich bewußt auf eine quantitative Darlegung verzichtet und habe Wege angegeben, die zunächst nur auf dem Anschaulichen begründet sind. Dabei ergab es sich, daß dieses heuristische Verfahren nicht selten erfolgreich zur Planung experimenteller Untersuchungen angewandt werden kann. Dies darf ich aber als eine dritte Aufgabe der vorliegenden Darstellung nennen. Die Vorstellung vom gitterartigen Aufbau des kristallisierten Zustandes kann als Wegweiser dienen für die Aufstellung und Lösung vieler Probleme, die sich mit diesem Zustand beschäftigen. Das Entscheidende ist also, daß man in gegebenen Fällen stets das Kristallgitter vor seinem geistigen Auge bereitstellt, um von diesem Blickpunkt aus die Vorgänge am und im Kristall zu erfassen.

Damit ist auf die unmittelbar praktische Aufgabe hingewiesen, die eine angewandte Gitterphysik zu erfüllen hat. Es ist aber auch klar, daß die „Anwendung", so wie sie in der vorliegenden Darstellung verstanden wird, weiter zu fassen ist: Sie erstreckt sich allgemein auf alle physikalischen und physikalisch-chemischen Eigenschaften des Kristalls. Man kann die Gitterphysik als rein theoretische Disziplin aufbauen. Die Brücke aber, die durch die Anwendung dieser Theorie zum Kristall und schließlich zum Mineral geschlagen wird, bedingt das Interesse, das der experimentierende Mineraloge, Physiker oder Chemiker an diesen Problemstellungen nimmt.

Daß die vorliegende Arbeit zum Abschluß kommen konnte, verdanke ich ausschließlich Herrn Prof. K. F. Chudoba, Bonn, der mir bereitwilligst und entgegenkommend die Hilfsmittel seines Instituts zur Verfügung stellte. Ihm gebührt daher an erster Stelle mein Dank! Weiterhin danke ich dem Herausgeber der Sammlung, Herrn Prof. A. Thiel, Marburg, für die freundliche Durchsicht des Manuskriptes und manchen wertvollen Rat. Herrn Prof. von Stackelberg, Bonn, bin ich für eine Aufnahme (Abb. 16) zu großem Dank verpflichtet.

Bonn, im Februar 1941.

W. Kleber

Vorwort zur 2. Auflage

Die gute Aufnahme, die die „Angewandte Gitterphysik" in weiten Kreisen der Naturwissenschaftler gefunden hat, machte bald eine Neuauflage nötig. Damit war mir die Möglichkeit gegeben, das Buch durch zahlreiche Verbesserungen und Ergänzungen auszubauen und zu erweitern. Viele Hinweise verdanke ich dabei den Vorschlägen aus Besprechungen der ersten Auflage. Zwei Abschnitte wurden völlig neu aufgenommen: Der eine behandelt die Oberflächendiffusion, deren kristallphysikalische Bedeutung in jüngster Zeit erst deutlich hervortreten konnte. Der andere Abschnitt beschäftigt sich mit den Lumineszenzerscheinungen, die durch die grundlegenden Arbeiten von Riehl, Schön, Möglich, Rompe u. a. eine wesentliche und neuartige Deutung erfahren haben.

Den zahlreichen Rezensenten, die das Buch so wohlmeinend besprochen haben, sei an dieser Stelle für ihre Vorschläge gedankt. Besonderen Dank schulde ich außerdem den Herren Prof. Correns, Göttingen, Prof. Machatschki, Wien, und Dozent Dr. Strunz, Berlin, für wertvolle Anregungen. Fräulein Dipl.-Phys. Gunhild Horten bin ich für Mithilfe beim Lesen der Korrekturen dankbar.

Bonn, im April 1949

W. Kleber

Inhalt

Einleitung

Wenn wir uns einmal die Aufgabe stellen wollten, die Vorstellung von dem, was wir unter „fester Materie" verstehen, wissenschaftlich streng und eindeutig abzugrenzen, so würden wir dabei bald auf bemerkenswerte Schwierigkeiten stoßen. Es ist uns beispielsweise keineswegs möglich, mit Hilfe physikalischer Methoden etwa zu entscheiden, wann bei fallender Temperatur eine Glasschmelze in den festen Zustand übergegangen ist. Wenn wir eine SiO_2-Schmelze abkühlen, ergibt sich ein vollkommen kontinuierlicher Übergang zum Quarzglas. Ein Schmelzpunkt ist nicht vorhanden. Anders verläuft demgegenüber der Übergang von der SiO_2-Schmelze zum α-Cristobalit, der sich bei einer Temperatur von 1710° C vollzieht. Verfolgen wir irgendeine physikalische Eigenschaft, etwa die Lichtbrechung, messend in der Nähe dieses Schmelzpunktes, so müssen wir feststellen, daß sich dort diese Eigenschaft unstetig, sprunghaft ändert. Wir können demnach den Kristallzustand scharf vom flüssigen Zustand abgrenzen, da sich der Übergang unter Energieänderung sprunghaft vollzieht. Dem Übergang in den „amorphen festen" Zustand (z. B. Glas) hingegen liegen ganz andere, stetige Vorgänge zugrunde. Es ist daher vielfach üblich geworden, den amorphen Körper als eine Art unterkühlter, hochviskoser Flüssigkeit zu betrachten.

Wir unterscheiden zweckmäßigerweise zwei Hauptzustandsformen der Materie: isotrop und anisotrop. Untersuchen wir innerhalb einer homogenen Phase von irgendeinem Punkt aus ein bestimmtes chemisches oder physikalisches Verhalten (z. B. die Wärmeleitfähigkeit) in verschiedenen Richtungen, so kann dieses Verhalten in all diesen Richtungen das gleiche sein. Eine derartige Phase bezeichnen wir als isotrop. Ist dagegen das untersuchte Verhalten von der Richtung abhängig, so nennen wir die Phase anisotrop. Beispiel: Wir überziehen ein Spaltblättchen eines Gipskristalles mit einer dünnen Paraffinschicht und drücken senkrecht zum Blättchen einen erhitzten Draht auf. Von der erhitzten punktförmigen Stelle aus wird die Wärme längs der Oberfläche des Spaltblättchens weitergeleitet, wobei die Paraffinhaut zum Schmelzen kommt und die Schmelzgrenze jeweils als kleiner Wulst sichtbar wird. Diese Schmelzgrenze zeigt deutlich die Form einer Ellipse, d. h. aber, die Wärme ist nicht nach allen Richtungen gleichmäßig weitergeleitet worden. Eine derartige Phase, die in unserem Beispiel durch den Kristallzustand dargestellt ist, bezeichnen wir als anisotrop.

Rein isotrop ist nur die Gasphase. Wir wissen, daß sich beispielsweise das Licht in einem Gas nach allen Richtungen mit der gleichen Geschwindigkeit ausbreitet. Der gasförmige Zustand ist strukturell durch eine vollkommene Unordnung der Atome oder Molekeln des Gases gekennzeichnet. Unsere Kenntnisse vom Aufbau einer Flüssigkeit sind noch verhältnismäßig unsicher, jedenfalls wesentlich weniger umfangreich als unser Wissen vom gasförmigen und vom kristallisierten Zustand. Es ist sehr wahrscheinlich, daß die flüssige Phase eine Mittelstellung zwischen dem isotropen und dem anisotropen Zustand einnimmt. Man spricht vielfach von einer quasikristallinen Struktur der Flüssigkeit, wobei man sich dann vorstellt, daß die Molekeln (auch Übermolekeln, Ionen oder Atome) der Flüssigkeit sich zu kleineren Gruppen, den sogenannten „Molekelschwärmen", ordnen. Sicher ist, daß in Flüssigkeiten die Molekeln nicht völlig regellos verteilt sind, sondern daß eben in kleineren Bereichen eine gewisse Ordnung existiert. Die Molekelgruppen sind aber so klein und ihr Aufbau ist so labil, weil er immer wieder durch die Wärmebewegung zerstört wird, daß sich die flüssige Phase in allen ihren physikalischen Eigenschaften wie ein isotroper Körper verhält. Ähnlich müssen wir uns wohl auch die Struktur des amorphen Körpers denken.

Als wichtigster Typus des anisotropen Zustandes ist die kristalline Phase zu nennen, deren Struktur ja heute weitgehend erforscht ist. Dieser Zustand ist charakterisiert durch eine strenge, geometrische Ordnung der Bausteine im Raum (Gitteraufbau). Wir können den Kristallzustand scharf gegen die übrigen Zustände abgrenzen, indem wir als Kriterium für ihn den Gitteraufbau voraussetzen. Mit Hilfe der Röntgenstrahlen ist es ohne Schwierigkeiten möglich, festzustellen, ob eine Substanz kristallisiert ist oder nicht. Die Interferenzerscheinungen, die man erhält, wenn man einen Kristall mit Röntgenlicht durchstrahlt, gelten als untrügliches Kennzeichen für diesen Zustand. Auch die sogenannten kristallin-flüssigen Phasen (anisotrope Flüssigkeiten) liefern keine derartigen Erscheinungen. Immerhin besitzen solche Flüssigkeiten, wie z. B. p-Azoxyanisol, verschiedene (z. B. optische) Eigenschaften, die uns veranlassen, sie als anisotrop zu bezeichnen. In folgendem Schema finden sich die Zustandsarten der Materie zusammengestellt:

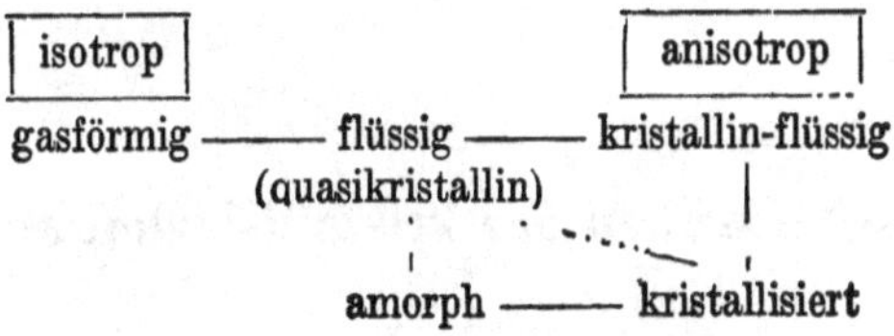
isotrop
anisotrop
gasförmig
flüssig
(quasikristallin)
kristallin-flüssig
amorph
kristallisiert

Der Gitteraufbau der kristallisierten Materie

1. Geometrie der Kristallgitter

Wir haben bereits vorausgeschickt, daß ein Kristall in ganz gesetzmäßiger Weise aus seinen Bausteinen zusammengesetzt ist. Derartige Bausteine sind Atome, Ionen oder Molekeln, die in einer periodisch diskontinuierlichen Anordnung Raumpunkte besetzen. Unsere Betrachtung, die zunächst rein geometrisch ist, wird dadurch wesentlich vereinfacht, daß wir an Stelle der physikalischen Baueinheiten (Atome usw.) zunächst einfach Punkte setzen, die wir als Schwerpunkte der betreffenden Bausteine deuten können.

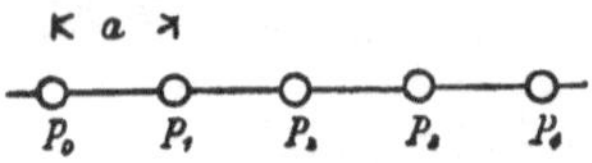

Abb. 1. Eindimensionales Gitter (Punktreihe)

Ein periodisch diskontinuierlicher Aufbau wird durch Parallelverschiebungen, die wir als T r a n s l a t i o n e n bezeichnen wollen, erzeugt. Wir verschieben beispielsweise einen Punkt P_0 längs einer Geraden nach P_1 (vgl. Abb. 1) um eine bestimmte Strecke a, dann um die gleiche Strecke nach P_2, nach P_3 usw. Auf diesem Wege erhalten wir ein homogenes, eindimensionales Diskontinuum oder eine Punktreihe, die durch die Translation $\mathfrak{a}$ erzeugt wird. $\mathfrak{a}$ stellt selbstverständlich einen Vektor dar, dem eine bestimmte Richtung und ein bestimmter Betrag $|\mathfrak{a}| = a$ zukommt. a wird P e r i o d e (Identitätsperiode, Identitätsabstand) genannt. Aus Abb. 1 können wir unmittelbar ableiten, daß mit der Translation $\mathfrak{a}$ gleichzeitig noch unendlich viele Parallelverschiebungen $2\,\mathfrak{a}$, $3\,\mathfrak{a}$, $4\,\mathfrak{a}$ oder allgemein $m\,\mathfrak{a}$ Translationen des Punktsystems darstellen. $\mathfrak{a}$ ist dabei die kleinste. Lassen wir nun auf einen Punkt P_0 zwei verschiedene Translationen $\mathfrak{a}$ und $\mathfrak{b}$ einwirken, so entsteht ein zweidimensionales homogenes Diskontinuum oder ein Punktnetz (Abb. 2). Wir bezeichnen $(\mathfrak{a}, \mathfrak{b})$ als Translationsgruppe. Jetzt ist nicht nur jede Parallelverschiebung $m\,\mathfrak{a}$ und $n\,\mathfrak{b}$ (m und n sind ganze Zahlen), sondern jede vektorielle Summe[1])

[1]) D. h. die Summe wird nach dem Parallelogramm der Kräfte aus den einzelnen Komponenten zusammengesetzt.

$m\mathfrak{a} + n\mathfrak{b}$ eine Operation, die das Punktnetz mit sich zur Deckung bringt (Deckoperation). Ein gegebenes Punktnetz läßt sich also durch unendlich viele Translationsgruppen erzeugen.

Schließlich gelangen wir ganz analog zu einem **Raumgitter**, wenn auf P_0 drei verschiedene Translationen $\mathfrak{a}$, $\mathfrak{b}$, $\mathfrak{c}$ (Translationsgruppe) angewandt werden (Abb. 3). In diesem dreidimensionalen Falle stellt jede Kombination $m\mathfrak{a} + n\mathfrak{b} + p\mathfrak{c}$ (m, n, p ganze Zahlen) eine Deckoperation des Punktgitters dar. Das durch die drei Vektoren $\mathfrak{a}$, $\mathfrak{b}$, $\mathfrak{c}$ bestimmte Parallelepiped wird **Elementarparallelepiped** oder **Elementarzelle** genannt.

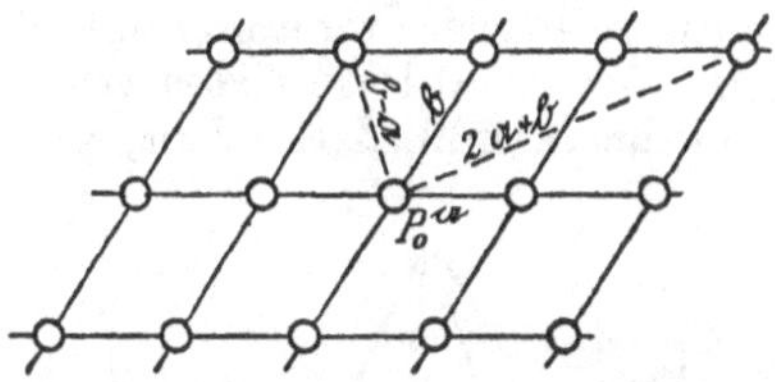

Abb. 2. Zweidimensionales Gitter (Netzebene)

Jede Ebene, die durch drei Punkte eines Raumgitters hindurchgeht, ist regelmäßig mit Punkten besetzt, stellt also ein Punktnetz dar. Man bezeichnet solche Ebenen des Kristallgitters als Netzebenen. Sie entsprechen

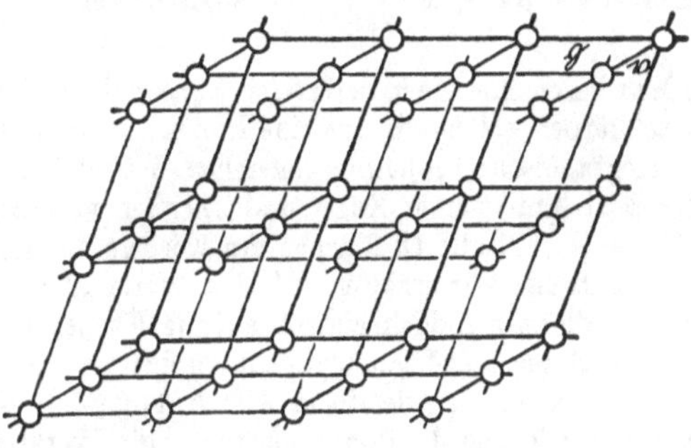

Abb. 3. Dreidimensionales Gitter (Raumgitter)

phänomenologisch den Kristallflächen. Es zeigt sich dabei, daß die Flächen einer Kristallart im allgemeinen um so größer sind und um so häufiger auftreten, je dichter die Netzebene, die jener Kristallfläche entspricht, mit Gitterpunkten besetzt ist.

Bei den Kristallen sind die Beträge der Translationen $\mathfrak{a}$, $\mathfrak{b}$, $\mathfrak{c}$ von der Größenordnung 10^{-8} cm $= 1$ Å (**Ångström**-Einheit). Die Kristalle erscheinen demnach sowohl makroskopisch als auch mikroskopisch kontinuierlich und nicht diskontinuierlich aufgebaut. Nun zeigen bekanntlich die äußeren Kristallformen gewisse Symmetrieeigenschaften, die selbstverständlich auch im Gitteraufbau zum Ausdruck kommen müssen. Um die Symmetrieeigenschaften eines Gitters zu verstehen, müssen wir uns zunächst mit den Symmetrieeigenschaften der Kristallformen vertraut machen. Betrachten wir einmal einen Kristall des weitverbreiteten Minerals Calcit, $CaCO_3$! Wir finden von diesem Mineral, beispielsweise bei Niederbronn im Elsaß, eine Form, wie sie etwas idealisiert in Abb. 4 dar-

Abb. 4.
Skalenoeder von Kalkspat

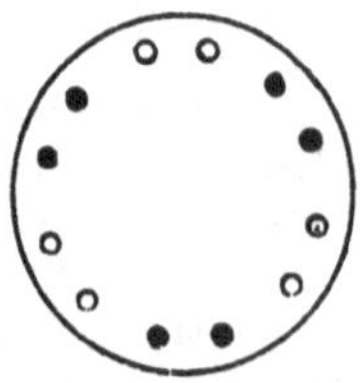

Abb. 5. Projektion der Flächen eines Skalenoeders (vgl. Abb. 4)

gestellt ist. Man bezeichnet einen derartigen Körper als Skalenoeder. Von diesem Kristallkörper wollen wir uns eine Projektion, und zwar eine sogenannte stereographische Projektion herstellen. Wir stellen das Skalenoeder in den Mittelpunkt einer Kugel und zeichnen von diesem Mittelpunkt die Normalen auf alle 12 Flächen des Körpers, bis sie die Kugeloberfläche durchstoßen Wir erhalten auf diese Weise 12 Punkte auf der Kugeloberfläche, die wir endlich einfach auf die Ebene, die durch den Äquator unserer Bezugskugel hindurchgeht, projizieren. Schließlich gewinnen wir eine Projektion, wie sie in Abb. 5 dargestellt ist. Die ausgefüllten Kreise bezeichnen die Punkte oberhalb, die Leerkreise die Projektionspunkte unterhalb der Äquatorebene. Jeder Kristallfläche entspricht auf diese Weise ein Punkt in unserer Projektion. Wir erkennen, daß immer abwechselnd zwei Punkte (Flächen) oben und zwei Punkte (Flächen) unten liegen, ganz analog, wie dies bei dem Körper der Abb. 4 der Fall ist. Unmittelbar sehen wir auch, daß diese Figur gewisse Symmetrieeigenschaften hat, die auch dem Kristallkörper zukommen, die sich aber bei der Projektion wesentlich deutlicher übersehen lassen. Wir wollen nun untersuchen, welche Symmetrieelemente vorhanden sind, die den Kristallkörper bzw. die Projektion mit sich selbst zur Deckung bringen. Ohne weiteres erkennen wir, daß in der Mitte der Figur, senkrecht zur Zeichenebene stehend, eine dreizählige Achse vorhanden ist: Die durch Vollkreise bezeichneten Projektionspunkte wiederholen sich paarweise dreimal, ebenso die durch Leerkreise angedeuteten Punktpaare, jeweils nach einer Drehung um 120°. Senkrecht zu dieser Achse, also in der Projektionsebene, stehen drei zweizählige Nebenachsen, die jeweils zwischen einem Punkt oben (Vollkreis) und einem Punkt unten (Leerkreis) verlaufen. Drei Spiegelebenen liegen zwischen zwei Punktpaaren. Man sieht unmittelbar, daß beispielsweise die linke Hälfte der Figur durch Spiegelung aus der rechten Hälfte erzeugt werden kann. Die vertikal stehende, dreizählige Achse ist gleichzeitig eine sechszählige Drehspiegelachse. Diese Drehspiegelung stellt eine Deckoperation dar, die aus einer Drehung um eine Achse bei gleichzeitiger Spiegelung an einer auf der Achse senkrecht stehenden Ebene besteht. Schließlich besitzt die Abb. 5 ein Symmetriezentrum, d. h. zu jeder Fläche ist auch die parallele Gegenfläche vorhanden. Aus Abb. 6 ist die Lage der Symmetrieelemente des Skalenoeders zu ersehen.

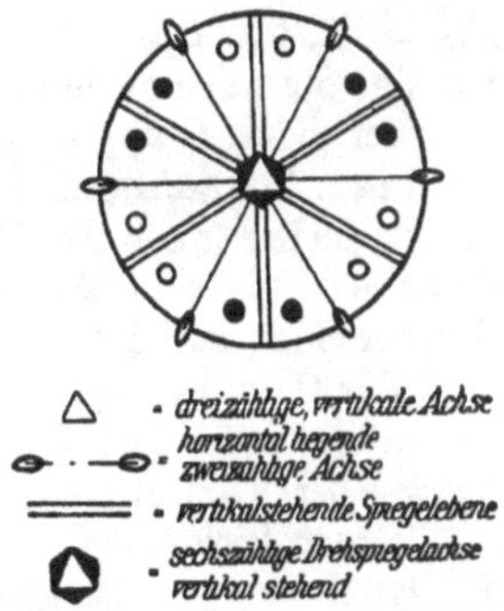

Abb. 6. Symmetrieelemente eines Skalenoeders

In unserem Beispiel haben wir gleich alle Arten von S y m m e t r i e e l e m e n t e n kennengelernt: D r e h u n g s a c h s e n, S p i e g e l e b e n e n und D r e h s p i e g e l a c h s e n. Kristallographisch existieren nur Drehungen von der Zähligkeit 1, 2, 3, 4 und 6 (Drehwinkel 360°, 180°, 120°, 90° und 60°). Entsprechendes gilt auch für die Drehspiegelungen. Eine besondere Rolle unter ihnen spielt die zweizählige Drehspiegelachse. Es läßt sich leicht zeigen, daß dieses Symmetrieelement identisch ist mit dem Symmetriezentrum oder Inversionszentrum. Ein Symmetriezentrum ist nur dann vorhanden, wenn zu jeder Fläche die gleichwertige parallele Gegenfläche festgestellt ist.

Die verschiedenen Symmetrieelemente lassen sich nun in mannigfaltiger Weise kombinieren, und es zeigt eine ausführliche Überlegung, daß es 32 derartige Kombinationsmöglichkeiten gibt, die wir als S y m m e t r i e k l a s s e n bezeichnen. Zunächst erhalten wir die Klassen, die jeweils nur eine Drehachse besitzen. Je nach der Zähligkeit der Achse belegen wir die Symmetrieklassen mit folgenden Symbolen: C_1, C_2, C_3, C_4 und C_6. Zu allen diesen Achsen können nun noch zweizählige Achsen hinzugefügt werden, die senkrecht auf der Hauptachse stehen. Diese Klassen erhalten die Symbole: $D_2 = V$[1]), D_3, D_4 und D_6. Die Klasse mit einem Symmetriezentrum allein wird mit C_i bezeichnet. S_4 ist die Klasse mit einer vierzähligen Drehspiegelachse und C_{3i} die Kombination von einer dreizähligen Achse mit Symmetriezentrum. Die bereits aufgezählten Symmetriegruppen können nun weiter mit Symmetrieebenen kombiniert werden, die entweder horizontal (h) oder vertikal (v bzw. d) zur Hauptachse liegen. Dabei entstehen dann die Klassen: C_{2h}, C_{3h}, C_{4h}, C_{6h}; C_{2v}, C_{3v}, C_{4v}, C_{6v}; $D_{2h} = V_h$, D_{3h}, D_{4h}, D_{6h}; $D_{2d} = V_d$ und D_{3d}. Die Symmetrieklasse, die nur eine Spiegelebene aufweist, wird mit dem Symbol C_s gekennzeichnet.

Außer diesen Gruppen gibt es noch fünf weitere, die sich aus der sogenannten Tetraedergruppe (Symbol T) und der Oktaedergruppe (Symbol O) ableiten lassen. Die Tetraedergruppe umfaßt die Kombination von drei zweizähligen Achsen und vier dreizähligen Achsen, wie sich ohne Schwierigkeit aus der Symmetrie eines regulären Tetraeders ableiten läßt. Zur Oktaedergruppe gehören drei vierzählige, sechs zweizählige und vier dreizählige Achsen. Zu den beiden Gruppen O und T können nun noch Spiegelebenen hinzutreten, wobei die drei Klassen O_h, T_h und T_d entstehen.

Wie man leicht zeigen kann, lassen sich zweckmäßigerweise mehrere Kristallklassen auf das gleiche Koordinatensystem (vgl. weiter unten) beziehen. Entsprechend können die 32 Klassen zu 7 Kristallsystemen zusammengefaßt werden:

Triklines System:	C_1, C_i.
Monoklines System:	C_s, C_2, C_{2h}.
Rhombisches System:	C_{2v}, V, V_h.
Trigonales System:	C_3, C_{3i}, C_{3v}, D_3, D_{3d}, C_{3h}, D_{3h}.
Hexagonales System:	C_6, C_{6h}, C_{6v}, D_6, D_{6h}.
Tetragonales System:	C_4, C_{4h}, C_{4v}, D_4, D_{4h}, S_4, V_d.
Kubisches System:	T, T_h, T_d, O, O_h.

Es sei bemerkt, daß die Symmetriekombination unseres Beispiels (vgl. Abb. 6) das Symbol D_{3d} erhält. Die Kombination besteht aus einer dreizähligen Hauptachse, drei zweizähligen Achsen, die senkrecht auf der Hauptachse stehen, drei Spiegelebenen, die die Winkel zwischen zwei gleichwertigen zweizähligen Achsen halbieren (Symbol d).

[1]) Abkürzung für „Vierergruppe“.

Wir können zusammenfassend feststellen, daß die Kristalle ihrer makroskopischen Symmetrie entsprechend in 32 Symmetrieklassen eingeordnet werden können. Tatsächlich ist auch nie eine Kristallart gefunden worden, deren Symmetriekombination nicht zu einer der 32 Klassen gehörte.

Kehren wir nun wieder zur Betrachtung des Gitteraufbaus der Kristalle zurück! Selbstverständlich muß die makroskopisch wahrnehmbare Symmetrie auch in diesem Gitteraufbau zum Ausdruck kommen. Für die diskontinuierlich struierte Materie hatten wir als grundlegende Deckoperation die Translation kennengelernt. Wir können nun die Translationen mit den Makro-Symmetrieelementen kombinieren und erhalten auf diese Weise alle möglichen Symmetriefälle eines dreidimensionalen Diskontinuums. Bei der Ausführung derartiger Kombinationen müssen wir zwei Fälle unterscheiden: 1. Ein Symmetrieelement oder eine Kombination von Symmetrieelementen wird der Translation unterworfen. Dabei entsteht eine Gesamtheit von unendlich vielen, in bestimmten Abständen parallel liegenden Symmetrieelementen. An Stelle der einzelnen Symmetrieelemente (Punktsymmetrie) treten jetzt Scharen von Symmetrie-

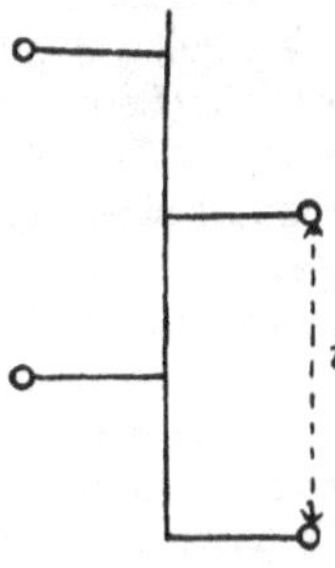

Abb. 7. Zweizählige Schraubenachse

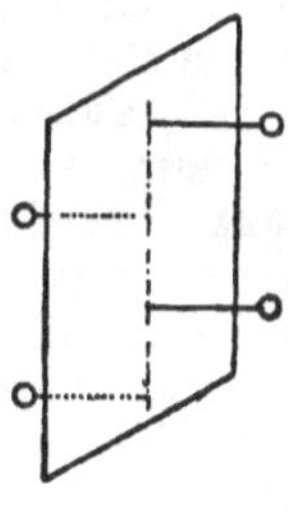

Abb. 8. Gleitspiegelebene

elementen. 2. Translation und Drehung können gleichzeitig auf einen Punkt einwirken, wobei eine neue Symmetrieoperation, die Schraubung, entsteht. Oder es kann ein Punkt gleichzeitig translatiert und gespiegelt werden. Wir sprechen dann von Gleitspiegelung. Abb. 7 zeigt eine zweizählige Schraubenachse, Abb. 8 die Wirkung einer Gleitspiegelebene. Makroskopisch lassen sich Schraubenachse bzw. Gleitspiegelebene von einer gewöhnlichen Drehungsachse bzw. Spiegelebene selbstverständlich nicht unterscheiden, da ja die Translationsbeträge weit unterhalb der mikroskopischen Sichtbarkeitsgrenze liegen. Genau so wie bei den Makrosymmetrieelementen kann man nun die Kombinationen der Symmetrieoperationen unter Berücksichtigung der Translation, Schraubung und Gleitspiegelung systematisch ableiten. Es ergeben sich dabei 230 **Raumgruppen**, die naturgemäß in engem Zusammenhang mit den Kristallklassen stehen. Jede Raumgruppe kann entsprechend ihren Punktsymmetrieelementen einer Kristallklasse zugeordnet werden. Selbstverständlich gibt es dann Kristallklassen, denen mehrere Raumgruppen zugehören.

Wir haben bereits oben festgestellt, daß ein Punktgitter jeweils durch eine unendliche Mannigfaltigkeit von Translationen erzeugt werden kann. Für das Punktnetz wurde diese Tatsache am Beispiel erläutert (vgl. Abb. 2). Es ergibt sich daraus die Frage, welche Translationsgruppe am zweckmäßigsten der Betrachtung eines Gitters zugrunde gelegt wird. Man hat sich daran gewöhnt, die Translationsrichtungen (Koordinatenachsen des Gitters) so zu legen, daß sie parallel zu Symmetrieachsen oder senkrecht zu Symmetrieebenen verlaufen. Das werden in der Regel aber gerade die Richtungen sein, die in der Formenlehre als kristallographische Achsen gewählt werden. Denn in der Kristallmorphologie (Formenlehre) ist es üblich, diese Hauptachsen parallel oder senkrecht zu wichtigen Symmetrieelementen zu legen. Wir konstruieren also Parallelepipede mit den kürzesten Identitätsabständen in den Richtungen der kristallographischen Achsen. Auf diese Weise werden wir Gittereinteilungen erhalten, die zwar nicht immer die in dem betreffenden Gitter vorhandenen kürzesten Translationen als Koordinatenachsen besitzen. Es läßt sich vielmehr zeigen, daß in den gewählten Parallelepipeden noch in den Mitten der Seitenflächen oder der Diagonalebene identische Gitterpunkte liegen können. Man spricht dann von **flächen**- bzw. **innenzentrierten** Gittern. Solche Fälle werden also immer dann vorkommen, wenn kürzeste Translationsvektoren schief zu den Symmetrieelementen verlaufen. Wenn in einer Elementarzelle neben den Eckpunkten noch Punkte im Zentrum oder in den Flächenmitten liegen, so bezeichnet man sie als mehrfach primitiv. Es erhebt sich nunmehr das Problem, wieviel hinsichtlich der Winkel und der Art der Punktverteilung unterscheidbare Parallelepipede existieren. Man kann zeigen, daß sich 14 solcher Parallelepipede, die **Translationsgitter** benannt werden, unterscheiden lassen. Da als Koordinatenachsen die kristallographischen Achsen gewählt wurden, lassen sich die Translationsgitter den einzelnen Kristallsystemen zuordnen. Die Translationsgitter spielen in der Kristallstrukturlehre eine recht wichtige Rolle. In Abb. 9 (1—14) sind diese 14 Elementarparallelepipede dargestellt; sie werden wie folgt bezeichnet:

Triklin
1. Triklines Elementarparallelepiped (EP).

Monoklin
2. Einfach monoklines EP.
3. Flächenzentriertes monoklines EP.

Rhombisch
4. Einfach rhombisches EP.
5. Basisflächenzentriertes rhombisches EP.
6. Innenzentriertes rhombisches EP.
7. Allseitig flächenzentriertes rhombisches EP.

Hexagonal
8. Hexagonales EP.

Rhomboedrisch
9. Rhomboedrisches EP.

Tetragonal
10. Einfach tetragonales EP.
11. Innenzentriertes tetragonales EP.

Kubisch
12. Einfacher Elementarwürfel.
13. Innenzentrierter Elementarwürfel.
14. Flächenzentrierter Elementarwürfel.

Bezeichnen wir die Achsenlänge der Translationsgitter allgemein mit a, b, c, die entsprechenden Winkel zwischen diesen mit α, β, γ (vgl. Abb. 9¹), so spezialisieren sich diese Werte für die einzelnen Systeme wie folgt:

Triklin: $a \neq b \neq c$, $\alpha \neq \beta \neq \gamma \neq 90°$.
Monoklin: $a \neq b \neq c$, $\alpha = \gamma = 90°$, $\beta \neq 90°$.
Rhombisch: $a \neq b \neq c$, $\alpha = \beta = \gamma = 90°$.
Hexagonal (trigonal): $a = b \neq c$, $\alpha = \beta = 90°$, $\gamma = 60°$.
Rhomboedrisch: $a = b = c$, $\alpha = \beta = \gamma \neq 90°$.
Tetragonal: $a = b \neq c$, $\alpha = \beta = \gamma = 90°$.
Kubisch: $a = b = c$, $\alpha = \beta = \gamma = 90°$.

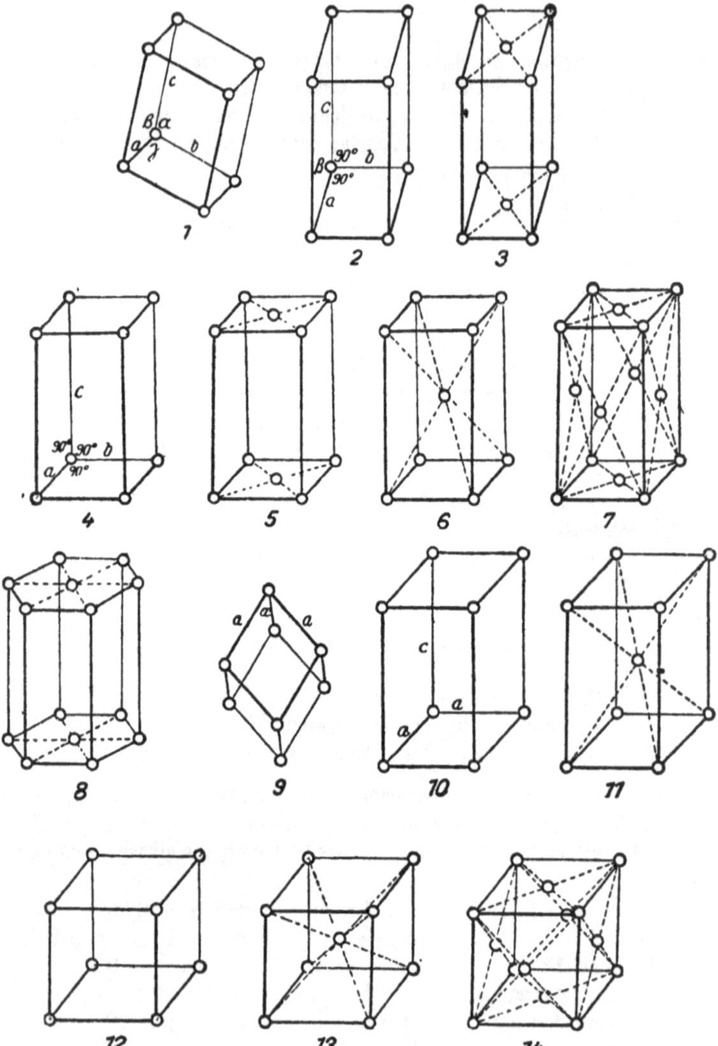

Abb. 9. Die Elementarzellen der 14 Translationsgitter (vgl. Text)

Mit Hilfe dieser Achsensysteme ist es sehr leicht möglich, Punkte, Geraden und Ebenen in einem Punktgitter darzustellen und analytisch auszudrücken. Ein **Punkt** im Raum ist bekanntlich durch drei Koordinaten gegeben. Dieses Koordinatentripel sei für einen beliebigen Punkt P: $a\,x$, $b\,y$, $c\,z$, dann bezeichnen wir diesen Punkt mit dem Symbol $(x\,y\,z)$, vgl. Abb. 10. Das Symbol bedeutet also, daß wir zu dem Punkt P gelangen, wenn wir um die Strecke $a\,x$ längs der a-Achse, um die Strecke $b\,y$ längs der b-Achse und um die Strecke $c\,z$ längs der c-Achse fortschreiten. Der Nullpunkt hat das Symbol (0 0 0), der Punkt im Zentrum der Elementarzelle (vgl. z. B. Abb. 9^{13}) das Symbol $(\frac{1}{2}\,\frac{1}{2}\,\frac{1}{2})$, der Punkt in der Mitte der oberen Fläche (Basis) der Elementarzelle das Symbol $(\frac{1}{2}\,\frac{1}{2}\,1)$, vgl. Abb. 9^{14} usw. Das Symbol $(\frac{1}{8}\,\frac{3}{4}\,\frac{1}{2})$ bedeutet einen Punkt, der durch Verschiebung des Nullpunktes um $\frac{1}{8}\,a$ in der Richtung der a-Achse, um $\frac{3}{4}\,b$ in Richtung der b-Achse und um $\frac{1}{2}$ in Richtung der c-Achse erhalten wird. Wie in der analytischen Geometrie des Raumes lassen sich auch entsprechend Geraden und Ebenen darstellen. Eine **Ebene** pflegt man durch die Achsenabschnitte (Parameter), die sie auf den drei Koordinatenachsen abschneidet, festzulegen. In der Kristallographie hat es sich als zweckmäßig gezeigt, nicht die Achsenabschnitte selbst, sondern die reziproken Werte derselben zur Kennzeichnung der Ebenen zu benutzen. Danach bedeutet das Symbol $(h\,k\,l)$ — **Millersche Indizes** — eine Ebene (Netzebene), die auf den Koordinatenachsen a, b, c die Strecken $\frac{a}{h}$ bzw. $\frac{b}{k}$ bzw. $\frac{c}{l}$ abschneidet. Nimmt einer der Indizes h, k, l den Wert Null an, so bedeutet dies, daß die Ebene der entsprechenden Achse parallel läuft. Demnach erhalten die sechs Würfelflächen im kubischen System die Indizes: (1 0 0), (0 1 0), (0 0 1), $(\bar{1}\,0\,0)$, $(0\,\bar{1}\,0)$, $(0\,0\,\bar{1})$, worin für -1 die symbolische Schreibweise $\bar{1}$ gewählt wurde.

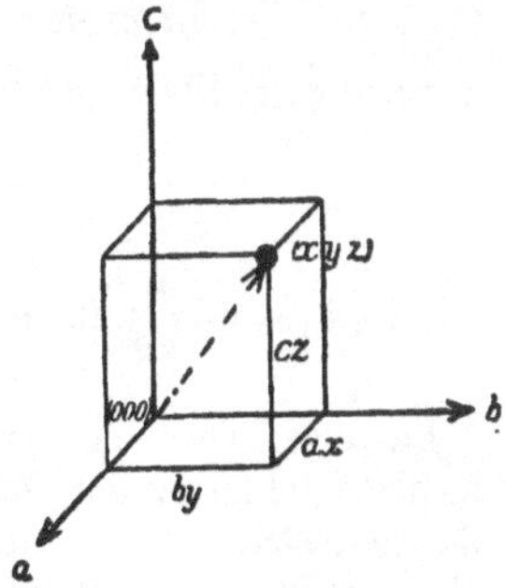

Abb. 10. Koordinaten eines Gitterpunktes

Neben den einzelnen Gitterpunkten spielen die **Netzebenen** bei der Beschreibung der Kristallgitter eine wichtige Rolle. Parallel einer äußeren

Kristallfläche liegt immer eine ganze Schar von Netzebenen (Netzebenenschar), wobei sich eine Netzebene immer nach einem bestimmten Abstand d in paralleler Lage wiederholt. Man betrachte beispielsweise das einfache kubische Gitter (Abb. 9[12]). In diesem haben wir parallel (1 0 0) eine Netzebenenschar, bestehend aus einfachen quadratischen Netzen, die sich im Abstand der Kantenlänge a des Elementarwürfels wiederholen. Beim kubisch innenzentrierten Gitter ist der Netzebenenabstand parallel $(100): d = \frac{a}{2}$. In einem einfachen kubischen Gitter ist der Netzebenenabstand einer Ebene $(h\,k\,l)$ gegeben durch den Ausdruck

$$d_{(hkl)} = \frac{a}{\sqrt{h^2+k^2+l^2}},$$

z. B. ist $d_{(110)} = \frac{a}{\sqrt{2}}$ und $d_{(111)} = \frac{a}{\sqrt{3}}$.

Im allgemeinen wird eine Kristallstruktur nicht nur aus einem einfachen Punktgitter aufgebaut sein, wie dies z. B. beim Gold der Fall ist, das in einem kubisch flächenzentrierten Gitter (Abb. 9[14]) kristallisiert. Meistens ist eine Struktur aus mehreren Gittern zusammengesetzt. Als Beispiel hierfür sei das NaCl-Gitter genannt, das sich aus zwei flächenzentrierten Gittern, einem Na-Ionengitter und einem Cl-Ionengitter, zusammensetzt. Ein allgemeines Kristallgitter, das also aus mehreren Atomsorten aufgebaut ist, entsteht durch Ineinanderstellen von geometrisch gleichen Translationsgittern, deren Gitterpunkte von jeweils einer Atomart besetzt sind. Greifen wir aus einem zusammengesetzten Gitter irgendeine Elementarzelle heraus, so werden in dieser naturgemäß mehrere Atomarten vorliegen. Man bezeichnet eine derartige Elementarzelle auch als Basis der betreffenden Struktur oder als deren Basisgruppe. Die Lagen der verschiedenen Atome in der Basis lassen sich wiederum durch Koordinaten in bezug auf das kristallographische Achsensystem angeben (Basiskoordinaten).

Bei der Zahl der Basisatome, das ist also der Zahl der Atome in der Elementarzelle, ist zu beachten, daß die Atome, die an den Begrenzungen des Elementarkörpers liegen, zu mehreren Nachbarzellen gehören können. Beispielsweise gehören die Atome in den Ecken des Elementarwürfels (Abb. 9[12]) zu acht aneinanderstoßenden Würfeln. Jedes dieser Atome ist also für den einen Würfel mit $\frac{1}{8}$ in Rechnung zu stellen, so daß auf einen Würfel nur $8 \cdot \frac{1}{8} = 1$ Atom kommt. Die Zahl der Atome im Elementarwürfel eines innenzentrierten Gitters ist 2 (Abb. 9[13]). Man sagt auch, dieses Elementarepiped sei zweifach primitiv. Ein Atom, das in der Mitte einer Würfelfläche sitzt, gehört zu zwei Elementarwürfeln, die mit der betreffenden Fläche zusammenstoßen. Jedes dieser Atome ist mit $\frac{1}{2}$ zu zählen. Beim flächenzentrierten Würfel (Abb. 9[14]) sind es insgesamt 6 dieser Atome, das sind $6 \cdot \frac{1}{2} = 3$ für einen Würfel. Der Elementarwürfel des flächenzentrierten kubischen Gitters enthält demnach insgesamt 4 Atome; es ist vierfach primitiv.

2. Die wichtigsten Methoden der Kristallstrukturbestimmung

a) Laue-Methode

Lange Zeit war die eben besprochene Vorstellung vom Aufbau der kristallisierten Materie nur als Hypothese zu werten, da ein unmittelbarer experimenteller Beweis für sie fehlte. Es gelang im Jahre 1912 Max von Laue auf Grund einer genialen Ideenverbindung, diesen Beweis zu erbringen. Schon rein theoretisch war man gezwungen, die Atomabstände in den Kristallgittern von der Größenordnung 10^{-8} cm = 1 Å anzunehmen. Es konnte daher nicht erwartet werden, daß mit gewöhnlichem Licht, dessen Wellenlängen bei 1000 Å liegen, unmittelbar über den Gitteraufbau Aufschluß zu erlangen war. Dagegen schienen die Wellenlängen der Röntgenstrahlen, die ebenfalls größenordnungsmäßig bei 1 Å liegen, hinreichend klein, um von den Atomen im Gitter beeinflußt werden zu können. Allerdings war vor 1912 auch die Wellennatur der Röntgenstrahlung nur eine experimentell unbewiesene, hypothetische Annahme. Von Laue kam auf den Gedanken, die Kristallgitter als Beugungsgitter für die Röntgenwellen zu benutzen. Seine Versuche führten zu dem erwarteten Erfolg!

Die Beugung der Röntgenstrahlen am Kristallgitter können wir uns als eine Art Reflexion der Strahlen an den Netzebenen dieses Gitters vorstellen. Es seien E_1, E_2, E_3 drei gleichartige Netzebenen, die in gleichem Abstand d in paralleler Lage aufeinander folgen (Abb. 11). Auf diese Netzebenen trifft ein Bündel paralleler Röntgenstrahlen auf unter dem Winkel ϑ (ϑ wird als „Glanzwinkel" bezeichnet). Der Strahl $M B$, der in B an E_2 reflektiert wird, läuft in der gleichen Richtung weiter wie der Strahl, der in A_1 an E_1 reflektiert wird. Allerdings hat der Strahl, der an E_2 reflektiert wird, einen längeren Weg zurückgelegt, so daß, wenn beide Wellen sich in A_1 treffen, ein bestimmter Gangunterschied vorhanden ist, d. h. die eine Welle wird sich in einem anderen Schwingungszustand befinden als die andere. Beim Zusammentreffen überlagern sich die Wellen, sie interferieren. Bei dieser Interferenz werden sich für einen bestimmten Gangunterschied — er muß die halbe Wellenlänge $\left(\frac{\lambda}{2}\right)$ oder ein ungerades

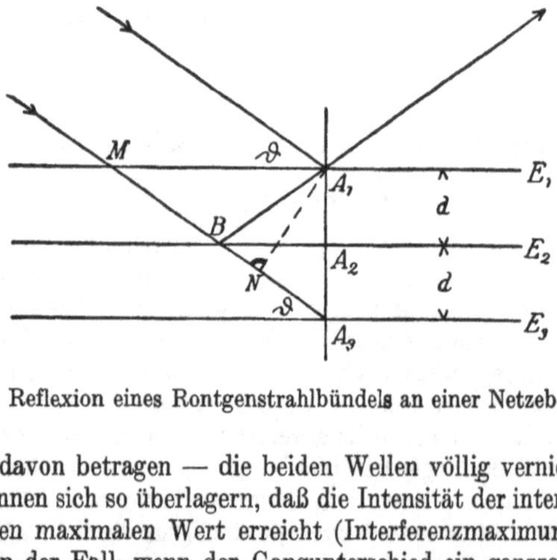

Abb. 11. Reflexion eines Rontgenstrahlbündels an einer Netzebenenschar

Vielfaches davon betragen — die beiden Wellen völlig vernichten. Oder aber sie können sich so überlagern, daß die Intensität der interferierenden Wellen einen maximalen Wert erreicht (Interferenzmaximum). Dies ist immer dann der Fall, wenn der Gangunterschied ein ganzzahliges Vielfaches der Wellenlänge ($n\,\lambda$ mit $n = 1, 2, 3$ usw.) beträgt. Der Gangunterschied zwischen den beiden betrachteten Strahlen ist im Punkt A_1 gegeben durch die Wegdifferenz $B\,A_1 - B\,N$, wobei $A_1N \perp B\,A_3$. Das ist die Strecke, die der an E_2 reflektierte Strahl gegenüber dem an E_1 reflektierten Strahl zusätzlich zurücklegen muß. Nun ist wegen $B\,A_1 = B\,A_3$ die Wegdifferenz gleich $BA_3 - B\,N = NA_3$. Andererseits gilt

$$NA_3 = A_1A_3 \cdot \cos(90^\circ - \vartheta) = A_1A_3 \cdot \sin\vartheta = 2\,d \cdot \sin\vartheta.$$

Demnach wird immer dann ein Interferenzmaximum zu beobachten sein, wenn folgende Bedingung erfüllt ist:

$$n\,\lambda = 2\,d \cdot \sin\vartheta\,.$$

Diese Gleichung, die für die Strukturbestimmung von großer Wichtigkeit ist, ist als Braggsche Reflexionsbedingung bekannt. Sie besagt, daß ein Röntgenstrahl einer bestimmten Wellenlänge λ nur dann an einer Netzebene zur Reflexion gelangt, wenn er unter einem ganz bestimmten Winkel auf diese Ebene auftrifft, oder exakter: Bei gegebener Wellenlänge erscheinen nur bei ganz bestimmten Glanzwinkeln Interferenzmaxima der gebeugten Strahlen.

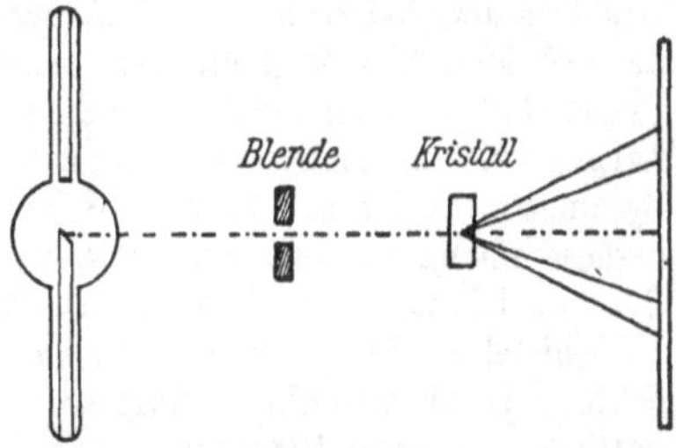

Abb. 12. Anordnung beim Laue-Versuch

Wir lassen auf einen feststehenden Kristall „weißes" Röntgenlicht, das ist Röntgenlicht mit verschiedenen Wellenlängen, auftreffen (Abb. 12). Man kann dann im allgemeinen annehmen, daß für jede Netzebene eine Wellenlänge vorhanden ist, für die die Braggsche Reflexionsbedingung erfüllt ist. Ein Strahlenbündel dieser Wellenlänge wird an der betreffenden Netzebene „reflektiert", und dort, wo diese Strahlung auf die photograpische Platte (Abb. 12) auftrifft, wird diese belichtet, und ein Schwärzungsfleck wird sichtbar. Durch die Stellung des Kristalls ist jeweils der Winkel zwischen einfallendem Strahl (=Primärstrahl) und Netzebene, also der Glanzwinkel ϑ, festgelegt. Ein Diagramm, das mit Hilfe des geschilderten Verfahrens (Laue-Verfahren) am Aragonit = rhombisch kristallisierendes $CaCO_3$ hergestellt wurde, zeigt Abb. 13. Jedem Schwärzungsfleck — im Abzug natürlich als heller Fleck erkennbar — in diesem Diagramm entspricht eine bestimmte Netzebene des Kristallgitters. Die Lage der Netzebene läßt sich ganz einfach aus der Lage des

Abb. 13.
Laue-Aufnahme von Aragonit $\perp$ (0 0 1)

Interferenzfleckes mit Hilfe des Reflexionsgesetzes bestimmen. Die Aufnahme erfolgte so, daß der Primärstrahl senkrecht auf eine (001)-Fläche des parallel dieser Fläche geschnittenen Aragonitkristalls auftraf. Der starke Lichtfleck in der Mitte des Diagramms ist durch den ungebeugten Primärstrahl verursacht (Primärfleck!). Je weniger eine Netzebenenschar gegen den Primärstrahl geneigt ist, desto näher liegt der Interferenzfleck diesem Primärfleck. Wir können deutlich die symmetrische Anordnung der Interferenzpunkte erkennen. Die Symmetrie des Diagramms entspricht der Symmetrie des Kristalls in der Durchstrahlungsrichtung. Insbesondere ist in diesem Diagramm ohne Schwierigkeit eine horizontale und eine vertikale Symmetrielinie festzustellen. So ist das Laue-Diagramm ein wichtiges Hilfsmittel zur Bestimmung der Symmetrie einer Kristallart. Das ist auch heute noch die wesentliche Aufgabe, die die Laue-Methode bei der Ermittlung von Kristallstrukturen zu erfüllen hat. Es könnte nun noch daran gedacht werden, auf Grund der Braggschen Beziehung die Netzebenenabstände d und damit schließlich auch den Gitteraufbau im einzelnen zu bestimmen. Dabei muß beachtet werden, daß zwar der Glanzwinkel ϑ, nicht aber die Wellenlänge λ ohne weiteres bekannt ist. Die Laue-Methode muß ja, wie wir gesehen haben, weißes Röntgenlicht verwenden, von dem die einzelnen Wellenlängen durch die entsprechenden Netzebenenscharen ausgewählt werden. Die Bestimmung der Wellenlängen der einzelnen Interferenzstrahlen erfordert zusätzliche experimentelle Hilfsmittel.

b) Bragg- und Drehkristallverfahren

Um die Schwierigkeiten, die sich durch die Unbestimmtheit der Wellenlängen bei der Laue-Methode ergeben, zu umgehen, wurden verschiedene Methoden eingeführt, die mit einer vorgegebenen, konstanten Wellenlänge (monochromatisches oder homogenes Röntgenlicht) arbeiten. Damit ist ein Bestimmungsstück in der Braggschen Reflexionsgleichung von vornherein bekannt. Die Reflexionsbedingung wird in diesem Falle durch die Stellung des Kristalls in bezug auf den Primärstrahl erfüllt. Bei der sogenannten Braggschen Methode werden jeweils immer nur die Reflexionen an einer Netzebene, die parallel zu einer bekannten Kristallfläche liegt (Spaltfläche oder angeschliffene Fläche), registriert. Der Kristall wird um eine Achse gedreht, die in der zu untersuchenden Fläche und senkrecht zum Primärstrahl liegt. Die Intensitätsmaxima werden bei diesem Verfahren entweder von einer photographischen Platte oder von einer Ionisationskammer aufgenommen. Mit Hilfe der Ionisationskammer läßt sich verhältnismäßig leicht die Intensität der Reflexe mit großer Genauigkeit messen. Da bei der Braggschen Methode die Wellenlänge bekannt ist und der Glanzwinkel ϑ jeweils durch die Kristalldrehung bestimmt werden kann, so können unmittelbar die Netzebenenabstände d berechnet werden.

Neuerdings ist die Braggsche Methode der Reflexion von Röntgenstrahlen an einzelnen Netzebenen weitgehend ausgebaut worden. Die Intensität der Reflexionen hängt wesentlich ab vom Streuvermögen d r einzelnen Kristallbausteine und damit schließlich von der Elektronenverteilung im Gitter. So können auf Grund der Röntgenintensitäten Rückschlüsse auf die Elektronenverteilung im Gitter gewonnen werden. Mit Hilfe der sogenannten Fourier-Analyse wird die Elektronendichte im Kristall in Abhängigkeit vom Ort bestimmt, und damit sind auch die Lagen der Atome bekannt.

Während sich die ursprüngliche Braggsche Methode darauf beschränkte, nur die Reflexionen einer einzigen Kristallfläche auszuwerten, ging man später dazu über, die Reflexionen sämtlicher Netzebenen zu berücksichtigen, die parallel zur Drehachse liegen. Bei einem derartigen Verfahren erfolgt die photographische Aufnahme der Reflexe während einer kontinuierlichen und vollständigen Umdrehung des Kristalls. In der Regel erfolgt dabei die Drehung um eine wichtige kristallographische Richtung. Schließlich können auch noch diejenigen Netzebenen Berücksichtigung finden, die schief zur Drehachse liegen. Es läßt sich zeigen, daß alle monochromatischen Reflexionen eines um eine beliebige Achse gedrehten Kristalls auf Kreiskegeln liegen, welche die Drehachse als Achse besitzen (Abb. 14). Der Öffnungswinkel dieser Kegel ist durch die Wellenlänge der einfallenden Röntgenstrahlung und durch den Identitätsabstand in Richtung der Drehachse gegeben. Quantitativ ergeben sich diese Zusammenhänge, wenn man die Beugung von Röntgenstrahlen an einer Punktreihe betrachtet. Auf eine Punktreihe $P_0 P_1 \ldots$ treffe ein Bündel paralleler Röntgenstrahlen unter dem Winkel φ zur Achse der Punktreihe auf (Abb. 15). Der Identitätsabstand der Gitterpunkte $P_0 P_1$ se gleich a. Nun nehmen wir an, daß die Strahlen an den einzelnen Punkten des linearen Gitters gestreut werden, und zwar nach allen möglichen Richtungen. Wir greifen eine bestimmte Richtung heraus, wobei der Winkel, den die Sekundärstrahlen mit der Richtung der Punktreihe einschließen,

$\bar{\varphi}$ betrage. Wir zeichnen $P_0 P_0'$ senkrecht auf die Richtung des Primärstrahls, $P_1' P_1$ senkrecht auf die Richtung des abgebeugten Strahls. Der Gangunterschied zweier nebeneinanderliegender Strahlen ist dann $P_0 P_1' - P_0' P_1$. Es ist $P_0 P_1' = a \cdot \cos \bar{\varphi}$ und $P_0' P_1 = a \cdot \cos \varphi$. Demnach also $P_0 P_1' - P_0' P_1 = a (\cos \bar{\varphi} - \cos \varphi)$. Ist dieser Gangunterschied gleich einem ganzzahligen Vielfachen der Wellenlänge, so erreicht in der betreffenden Richtung die Intensität der abgebeugten Strahlung ein Maximum. Die Beugungsbedingung lautet demnach:

$$h \cdot \lambda = a \cdot (\cos \bar{\varphi} - \cos \varphi).$$

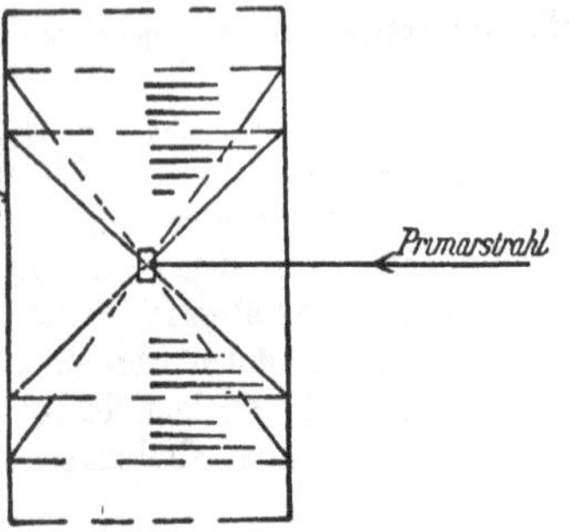

Abb. 14. Interferenzkegel beim Drehkristallverfahren

Hierbei ist h eine ganze Zahl. Wollen wir nun zu den Beugungsbedingungen des Raumgitters gelangen, so brauchen wir nur zu berücksichtigen, daß ein Raumgitter durch drei Gitterrichtungen gegeben ist. Wir erhalten dann drei Gleichungen der Form:

$$a (\cos \bar{\varphi}_1 - \cos \varphi_1) = h \ \lambda$$
$$b (\cos \bar{\varphi}_2 - \cos \varphi_2) = k \ \lambda$$
$$c (\cos \bar{\varphi}_3 - \cos \varphi_3) = l \ \lambda .$$

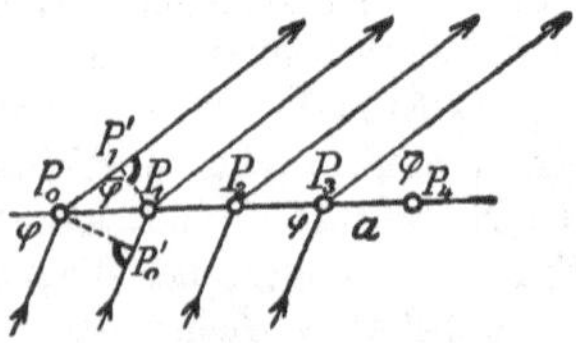
Abb.15. Beugung von Röntgenstrahlen an einer Punktreihe

Diese Gleichungen bezeichnet man als Laue-Gleichungen. Hierin sind dann $\varphi_1, \varphi_2, \varphi_3$ die Winkel, die das einfallende Strahlenbündel mit den drei Gitterrichtungen a, b, c bildet. $\bar{\varphi}_1, \bar{\varphi}_2, \bar{\varphi}_3$ sind die entsprechenden Winkel für den abgebeugten Strahl. h, k, l sind ganze Zahlen. Das abgebeugte Strahlenbündel hat demnach in allen den Richtungen $\bar{\varphi}_1, \bar{\varphi}_2, \bar{\varphi}_3$ ein Maximum an Intensität, für die die Laueschen Beugungsbedingungen erfüllt sind. Denken wir uns einen Kristall um eine Gittergerade als Achse gedreht, z. B. die Richtung mit a als Identitätsabstand! Man erkennt sofort, daß die Interferenzstrahlen jeweils auf dem Mantel eines Kegels liegen müssen, dessen halber Öffnungswinkel $\bar{\varphi}_1$ ist und sich aus der Beziehung

$$a \cdot (\cos \bar{\varphi}_1 - \cos \varphi_1) = h \cdot \lambda$$

ergibt. Für verschiedene h-Werte ($h = 0, 1, 2, 3, \ldots$) ergeben sich koaxiale Kegel, wobei die Achse mit der betreffenden Gitterrichtung zusammenfällt (Abb. 14). h bezeichnet man dabei als Ordnung der Interferenz.

Legen wir nun um den Kristall parallel zur Drehachse einen zylindrischen Photofilm, so werden diese Kegel auf dem Film parallele Geraden aufzeichnen. Die Interferenzpunkte reihen sich dann auf dem Film längs parallelen, geraden Linien, den sogenannten Schichtlinien, auf (Schichtliniendiagramm, Abb. 16). Aus einem solchen Schichtliniendiagramm kann man ohne viel Arbeit den Identitätsabstand in der Richtung der Drehachse berechnen. Der Primärstrahl treffe senkrecht zur Gittergeraden a auf. Demnach ist also $\varphi_1 = 90°$, also $a \cdot \cos \bar{\varphi}_1 = h \cdot \lambda$. Es sei ferner der Abstand zwischen zwei zusammengehörenden Schichtlinien (d. h. Schichtlinien, die zu dem gleichen Interferenzkegel gehören) gleich e, der Abstand Film-Kristall r, so ist $\operatorname{tg}(90° - \bar{\varphi}_1) = \frac{e/2}{r}$. Daraus kann also $\bar{\varphi}_1$ bestimmt werden, und mit Hilfe der Beziehung $a = \frac{h \cdot \lambda}{\cos \bar{\varphi}_1}$ berechnet man a.

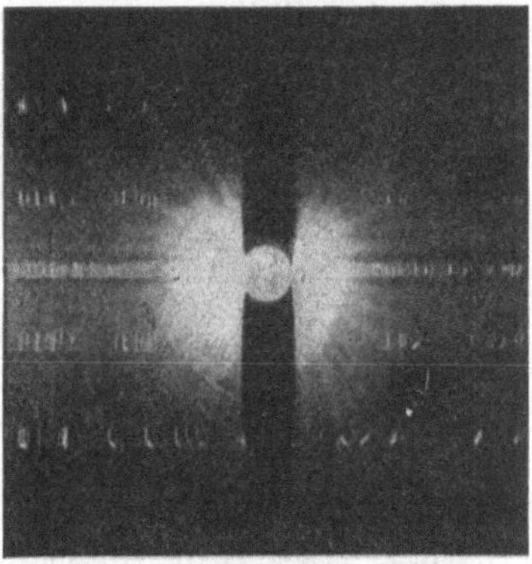

Abb. 16. Schichtliniendiagramm von einem Epidotkristall (monoklin), Drehachse ‖ b-Achse des Kristalls, Aufnahmestrahlung: Kupfer

Oft empfiehlt es sich, nicht um ganze 360° zu drehen, sondern den Kristall nur um kleinere Winkelbereiche hin und her zu schwenken („Schaukeldiagramme"). Eine Schaukelaufnahme ist dann insbesondere erforderlich, wenn die Symmetrie des Kristalls genauer in Rechnung gestellt werden soll.

Bei einer Reihe von weiteren Verfahren wird außer dem Kristall auch der aufnehmende Film bewegt. Diese Methoden haben den Vorzug, daß zu einem bestimmten Reflex gleichzeitig auch die entsprechende Kristallstellung angegeben werden kann (Seemannsche Drehdiagramme, Schiebold-Sauter-Diagramme. Weißenbergsche Diagramme).

Ein Variieren des Glanzwinkels kann bei monochromatischem Röntgenlicht auch durch divergierendes oder konvergierendes Primärstrahlbündel bei feststehendem Kristall erzeugt werden. Diese Möglichkeit wird bei den Seemannschen Festkristallmethoden („Vollständiges Spektraldiagramm", Weitwinkeldiagramm usw.) verwertet, wobei die Primärstrahlen räumlich konvergent auf den Kristall auftreffen. Der gleiche Effekt wird auch erzielt, wenn die Röntgenstrahlen im Einkristall selbst erregt werden (Kossel-Effekt). Die Diagramme solcher Interferenzen aus Gitterquellen stellen Zentralprojektionen des vollständigen Reflexsystems des emittierenden Kristalls auf die photographische Platte dar.

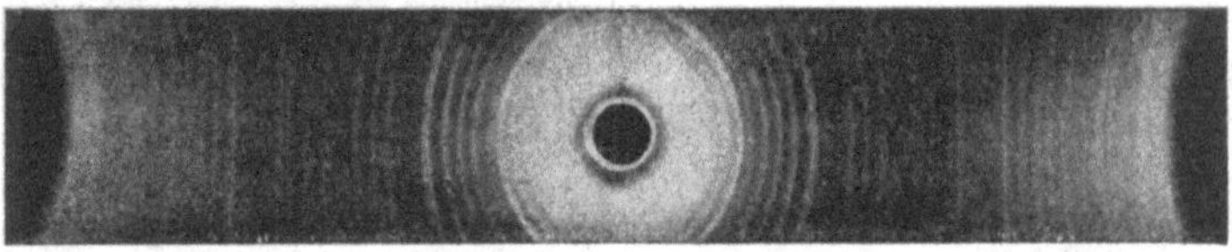

Abb. 17. Pulverdiagramm von Kalkspat. Aufnahmestrahlung: Kupfer

c) Debye-Scherrer-Verfahren

Praktisch von großer Bedeutung ist ein Verfahren geworden, das nicht wie die bisher beschriebenen Methoden einen Einkristall, sondern ein feines Kristallpulver mit möglichst vielen und möglichst kleinen Kristalliten untersucht. Das Prinzip des Pulver- oder Debye-Scherrer-Verfahrens beruht darauf, daß in einem Pulverpräparat die einzelnen Kristallite in allen möglichen Orientierungen vorhanden sind. Insbesondere werden diese Kristallite die verschiedensten Lagen in bezug auf einen einfallenden Primärstrahl aufweisen. Verwendet man dabei monochromatisches Röntgenlicht, so ist bereits die Wellenlänge λ in der Braggschen Reflexionsgleichung festgelegt. Eine Netzebenenschar mit einem bestimmten Netzebenenabstand d wird dann zu einer Reflexion Veranlassung geben, wenn ihre Neigung zum Primärstrahl ϑ der Bedingung $\sin \vartheta = \frac{n \cdot \lambda}{2d}$ genügt. In einem feineren Kristallpulver werden eine große Zahl verschiedener ϑ-Werte vorkommen, so daß mit großer Wahrscheinlichkeit zu erwarten ist, daß auch der Wert vorhanden ist, der für ein bestimmtes d die Braggsche Gleichung erfüllt. Die Interferenzstrahlen liegen demnach auf einem Kegel, dessen Achse die Richtung des Primärstrahls und dessen halber Öffnungswinkel gleich 2ϑ ist. Bringt man diesen Kegel mit einer ebenen Platte, die senkrecht zum Primärstrahl steht, zum Schnitt, so entsteht als Schnittkurve ein Kreis. Nimmt man daher ein Debye-Scherrer-Diagramm auf einer ebenen Photoplatte auf, so bilden dort die Interferenzlinien konzentrische Kreise. Auf einem Zylinderfilm liegen die Interferenzmaxima auf komplizierteren Kurven (vgl. Abb. 17). Dabei ist die Anordnung so, daß das Pulverpräparat (meist in Stabform) senkrecht zum einfallenden Strahl orientiert ist und der Film koaxial um das Präparat liegt. Die Herstellung eines Pulverpräparates geschieht am einfachsten durch Einfüllen der gepulverten Substanz in ein dünnwandiges, feinausgezogenes Glasröhrchen (Mark-Röhrchen). Die Pulverstäbchen lassen sich aber auch mit Hilfe einer Kittmasse (z. B. Zaponlack) formen. Oder man reibt das Pulver in einen Seidenfaden ein, wobei schon geringe Substanzmengen genügen. Die Kammern für Debye-Scherrer-Aufnahmen sind im Prinzip sehr einfach gebaut. Sie bestehen im wesentlichen aus einem zylindrischen Mantel, an dessen Innenseite der Film angedrückt wird. Auf der Achse des Zylindergehäuses wird das Präparat angebracht, das vorher sorgfältig in die Achsenrichtung zentriert wird. Am Zylindermantel sind zwei diametral gegenüberliegende Öffnungen angebracht. Vor die eine wird eine Bleiblende montiert, durch die der Primärstrahl eintritt, die andere dient zur Beobachtung des einfallenden Röntgenlichts. Um zu vermeiden, daß der Primärstrahl auf den Film auftrifft, wird der Blendenöffnung gegenüber (bei P in Abb. 18) in den Film ein Loch eingestanzt. Die Anordnung für die Debye-Scherrer-Aufnahme ist in Abb. 18 schematisch dargestellt (von oben gesehen!): Das Primärstrahlbündel trifft auf das Kristallpulverpräparat K auf. Dort werden an den Netzebenen der einzelnen Kriställchen die Strahlen reflektiert und auf den zylindrischen Film F geworfen. Der Abstand zwischen zwei zusammengehörenden Linien (rechts und links vom Durchstoßpunkt des Primärstrahls, vgl. auch Abb. 17) sei s. Dann ergibt sich aus Abb. 18 $s = 4 \cdot \vartheta \cdot R$, wenn ϑ im Bogenmaß angegeben wird. Wird, wie üblich, ϑ in Winkelgraden gemessen, so muß diese Beziehung lauten: $s = 4 \cdot \frac{\vartheta}{360}\, 2 \cdot \pi \cdot R$

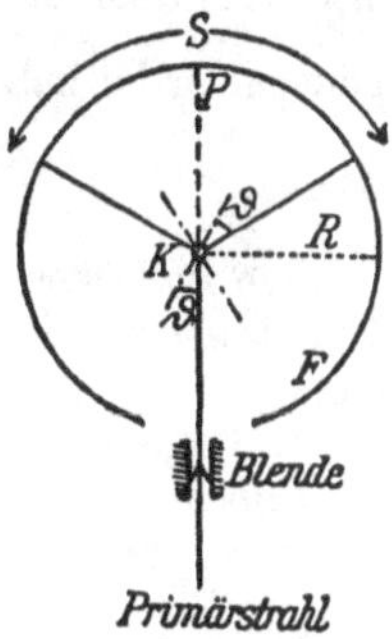

Abb. 18. Aufnahmeverfahren nach Debye-Scherrer.

oder $\vartheta = \frac{360}{8R\cdot\pi} s$. Damit haben wir unmittelbar aus dem Linienabstand den Glanzwinkel gewonnen. Nun können wir mit Hilfe der Braggschen Gleichung d berechnen, da ja λ (monochromatische Strahlung!) gegeben ist. Es ist demnach:

$$d = \frac{n\lambda}{2\cdot\sin\vartheta}.$$

Bei kubischen Kristallen ist $d = \frac{a}{\sqrt{h^2+k^2+l^2}}$ (siehe S. 14). Somit können wir für kubische Gitter schreiben:

$$\frac{4\sin^2\vartheta}{\lambda^2} = \frac{1}{a^2}\left\{(nh)^2+(nk)^2+(nl)^2\right\}.$$

Diese Beziehung bezeichnet man als „quadratische Form". Mit ihrer Hilfe lassen sich für alle Linien die entsprechenden Indizes für die Netzebenen $(h\,k\,l)$ bzw. $(n\,h,\ n\,k,\ n\,l)$ finden und läßt sich schließlich die Kantenlänge des Elementarwürfels bestimmen. Hat man auf diese Weise die Dimensionen des Elementarkörpers ermittelt, so kann man die Zahl der in ihm enthaltenen Molekeln z berechnen. Es ist nämlich:

$$z = \frac{\rho\cdot V\cdot L}{M}.$$

Hierin ist V das Volumen des Elementarkörpers in cm^3 (im Falle des kubischen Gitters $= a^3$), ϱ die Dichte des untersuchten Kristalls, M das Molekulargewicht der Substanz und L die Loschmidtsche Zahl $(0{,}602\cdot10^{24})$.

Ist die Zahl der Atome im Elementarkörper gleich 1, so handelt es sich dabei um eine einfache, primitive Zelle. Ist die Atomzahl größer als 1, so muß zunächst die Translationsgruppe des Gitters bestimmt werden, d. h. es muß entschieden werden, zu welchen der 14 Translationsgitter (Abb. 9) das untersuchte Gitter gehört. Die Translationsgruppe macht sich darin bemerkbar, daß verschiedene Reflexe, die sich aus der quadratischen Form ergeben würden, nicht vorhanden sind. Man bestimmt demnach systematisch die vorliegenden „Auslöschungen". Beim einfachen Gitter sind sämtliche Reflexe $(h\,k\,l)$ aller Ordnungen vorhanden, beim raumzentrierten Gitter treten nur die Reflexionen auf, für die $h+k+l$ gerade Zahlen sind, oder beim allseitig flächenzentrierten Gitter (z. B. Abb. 9^{14}) finden sich nur die Interferenzlinien, für die alle drei Indizes h, k, l (bzw. $n\,h,\ n\,k,\ n\,l$) gerade oder ungerade sind. Mit Hilfe derartiger einfacher Regeln läßt es sich meist ohne Schwierigkeit entscheiden, welche Translationsgruppe vorliegt.

Wesentlich komplizierter ist die Bestimmung der Basisgruppe oder der Raumgruppe eines Kristalls. Hierzu müssen die Intensitäten der Interferenzlinien herangezogen werden.

Es sei betont, daß die Strukturbestimmung für Kristalle, die nicht dem kubischen System angehören, nach dem Debye-Scherrer-Verfahren allein nicht mehr ohne weiteres durchzuführen ist. In einem solchen Falle wird man die Untersuchung zweckmäßigerweise mit Schichtlinienaufnahmen ergänzen, mit deren Hilfe die Translationsgrößen bestimmt werden können.

Trotz dieser Einschränkung hat das Debye-Scherrer-Verfahren für viele Zwecke eine große Bedeutung erlangt. In der Pulvermethode liegt schon darin ein wesentlicher Vorzug, daß bereits ganz geringe Mengen für eine Untersuchung ausreichen, während für die anderen Verfahren größere und verhältnismäßig gut ausgebildete Kristalle erforderlich sind. Man wird das Pulververfahren insbesondere dann immer anwenden, wenn man rasch feststellen will, ob eine zu untersuchende Substanz überhaupt kristallisiert ist. Ferner ist die Methode sehr gut dafür geeignet, eine unbekannte Substanz oder Mineralart zu identifizieren. Dabei ist es meist gar nicht notwendig, eine solche Aufnahme quantitativ auszuwerten. Es wird in vielen Fällen genügen, das Diagramm mit dem Pulverdiagramm einer bekannten Substanz zu vergleichen. Häufig sind die Interferenzlinien nach Lage und Intensität für eine bestimmte Substanz so charakteristisch, daß eine Identifizierung ohne weiteres erfolgen kann. Die Anwendung dieses Verfahrens spielt beispielsweise bei der Untersuchung von Umwandlungsvorgängen eine wesentliche Rolle. Schließlich findet das Debye-Scherrer-Verfahren auch zur Bestimmung der Kristallitgröße von festen Substanzen Verwendung. Es zeigt sich nämlich, daß die Interferenzlinien im Pulverdiagramm um so breiter sind, je kleiner die einzelnen Kristallite des Pulvers sind.

Die Bestimmung der Gitterkonstanten kann für kubische Kristalle mit Hilfe der Pulvermethode mit recht großer Genauigkeit durchgeführt werden. Die wesentlichsten Fehlerquellen, die in diesem Verfahren liegen, z. B. ungenügende Zentrierung des Präparats, Filmverzerrung u. a., können dadurch umgangen werden, daß man dem Pulver der zu untersuchenden Substanz das Pulver einer Eichsubstanz beimischt und deren Interferenzlinien gleichzeitig aufnimmt. In vielen Fällen wird als Eichsubstanz chemisch reines NaCl verwendet.

3. Einfache Strukturtypen

a) Allgemeine Bauprinzipien

Zur Beschreibung eines Kristallgitters gehört, wie wir gesehen haben, die Angabe der Translationsgruppe und der Raumgruppe. Die Beschreibung ist vollständig, wenn schließlich die Lagen der einzelnen Atome in der Elementarzelle quantitativ angegeben werden können. Man zählt dabei einfach die Koordinaten der Atomschwerpunkte auf. Vielfach läßt sich aber auch schon durch eine einfachere Darstellung ein Bild vom Aufbau, insbesondere komplizierterer Gitter, gewinnen. Dies wird dadurch möglich, daß bei den Kristallstrukturen gewisse Bauprinzipien vorherrschen,

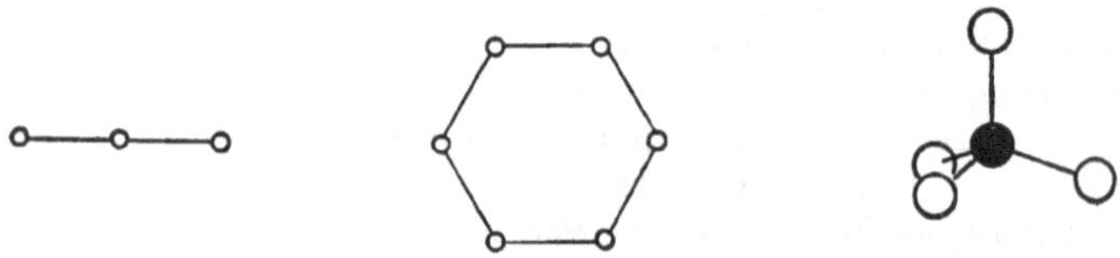

a b c

Abb. 19. Einfache Bauinseln. a) Eindimensionale, homogene Insel; b) zweidimensionale, homogene Insel; c) dreidimensionale, heterogene Insel (z. B. SiO_4)

die vor allem die Beziehungen einzelner Strukturen zueinander recht anschaulich zum Ausdruck bringen. Im weiteren Verlauf unserer Betrachtungen wird sich zeigen, daß die kürzesten Bindungsrichtungen zwischen benachbarten Atomen eines Gitters in mancher Hinsicht eine große Rolle spielen. Von diesen kürzesten Bindungsrichtungen geht die Betrachtung der Bauprinzipien aus. Die Atome, die sich durch kürzeste Abstände miteinander verbinden lassen, ordnen sich zu bestimmten Gruppen, deren Dimensionen und Anordnung für den Gitteraufbau von Bedeutung sind. Denken wir uns in einem Gitter die Atome in den kürzesten Bindungsrichtungen miteinander verbunden, so gelangen wir zu übergeordneten Einheiten, die man als Bauverbände bezeichnet (Laves). Gelangt man mit diesem Verfahren zu Bauverbänden, die auch im unendlich ausgedehnten Kristallgitter aus einer endlichen Zahl von Atomen bestehen, so spricht man von Inseln. In Abb. 19 sind einige Inseln schematisch dargestellt. Man versteht darunter also begrenzte Gruppen von meist wenigen Atomen in bestimmten geometrischen Anordnungen (z. B. Tetraeder). Wir müssen uns vorstellen, daß sich derartige Inseln im Gitter unendlich oft wiederholen, wobei die Abstände zwischen den Inseln größer sind als die kürzesten Abstände zwischen den Atomen innerhalb einer Insel. Die Insel *a* der Abb. 19 wird man als eindimensional und homogen bezeichnen, homogen deshalb, weil sie aus nur einer Atomart aufgebaut ist. Entsprechend stellt Abb. 19b eine zweidimensionale, homogene Insel dar. Schließlich haben wir in der Abb. 19c eine dreidimensionale, heterogene Insel. Die Atome bilden in diesem Falle eine Gruppe von 5 Bausteinen, von denen vier gleichartige die Ecken eines Tetraeders besetzen, während ein Atom anderer Art im Mittelpunkt des Tetraeders sitzt. Eine derartige Gruppe spielt beim Aufbau der Silikate eine grundsätzliche Rolle. In den Silikatgittern treten als Baueinheiten Gruppen auf, bei denen die Siliciumionen von vier Sauerstoffionen tetraedrisch umgeben sind.

Weiterhin können sich die Atome zu unendlichen Bauverbänden zusammenschließen. Das einfachste Beispiel für einen unendlichen Bauverband stellt die Punktreihe, Abb. 1, dar, die man sich nach rechts und links ins Unendliche verlängert zu denken hat. Diese einfachsten unendlichen Bauverbände, die man allgemein als Ketten bezeichnet, können Zick-Zack-Formen, Doppelreihen u. dgl. mehr bilden.

Bauverbände, bei denen alle Atome, die durch kürzeste Abstände miteinander verbunden werden können, sich zwischen zwei parallele Ebenen mit endlichem Abstand einschließen lassen, bezeichnet man allgemein als Netze. Abb. 2 ergibt einen derartigen Bauverband, wenn die beiden Translationen einander gleich sind und ihre Richtungen einen Winkel von 60° einschließen. (In diesem Falle besetzen die Atome die Eckpunkte gleichseitiger Dreiecke, die die Ebene lückenlos ausfüllen.) Selbstverständlich können Netze auch erheblich komplizierter aufgebaut sein. Beispielsweise bilden in den Glimmerkristallen die $[SiO_4]$-Tetraeder einen derartigen Aufbau.

Schließlich gibt es Verknüpfungen von Baueinheiten in einem Gitter, die den ganzen Gitterraum ausfüllen. Man kann dann von jeder einzelnen dieser Baueinheiten längs kürzester Bindungsrichtungen zu jeder anderen Baueinheit des Gitters gelangen. In diesem Falle haben wir es also mit einem gitterartigen Bauverband oder kurz mit einem Gitter zu tun. Der einfachste Fall dieser Art stellt das einfache kubische Gitter dar. Hier bilden die kürzesten Atomabstände, die durch die Würfelkanten dargestellt werden, ein dreidimensionales Gerüst.

Eine inselartige Struktur können wir uns durch eine gesetzmäßige Anordnung von sich nicht berührenden Kugeln versinnbildlichen, eine kettenartige Struktur durch eine Anordnung paralleler Stäbe, eine netzartige Struktur durch eine Anordnung von parallelen Platten und schließlich das Gitter durch ein dreidimensionales Gerüst.

b) Beschreibung einiger wichtiger anorganischer Strukturen

Mit Hilfe der oben angegebenen röntgenographischen Methoden sind heute bereits eine große Zahl von Strukturen anorganischer Substanzen, insbesondere von Mineralien, untersucht und bestimmt worden. Wir wollen im folgenden die wichtigsten Strukturtypen kurz beschreiben. In der Kristallographie ist es üblich geworden, die einzelnen Typen mit besonderen Bezeichnungen zu belegen. Nach den Strukturberichten der Zeitschrift für Kristallographie werden bezeichnet:

1. Elemente als A-Typen.
2. Verbindungen AB als B-Typen (z. B. NaCl).
3. „ AB_2 als C-Typen (z. B. CaF_2).
4. „ A_mB_n als D-Typen (z. B. Al_2O_3).
5. „ mit mehr als zwei Atomarten ohne Radikalbildung als E-Typen (z. B. $CuFeS_2$).
6. „ mit zwei- und dreiatomigen Radikalen als F-Typen (z. B. CoAsS).
7. „ mit Radikal BX_3 als G-Typen (z. B. $CaCO_3$).
8. „ A_mBX_4 als H-Typen (z. B. $CaSO_4$).
9. „ mit Radikal BX_6 als J-Typen (z. B. K_2SiF_6).
10. „ mit komplizierteren Radikalen als K-Typen (z. B. $Cl_2Mg_6B_{14}O_{26}$).
11. Silikate als S-Typen (z. B. $CaSiO_3$).

A-Typen (Elemente)

1. Kupfer, Cu. Kubisch-flächenzentriertes Gitter (A1-Typ), vgl. Abb. 9[14]. Koordinaten der Atomlagen: $0\,0\,0,\ 0\,\frac{1}{2}\,\frac{1}{2},\ \frac{1}{2}\,0\,\frac{1}{2},\ \frac{1}{2}\,\frac{1}{2}\,0$. In diesem Gitter ist jedes Atom von 12 Nachbarn im gleichen Abstand umgeben. Dem kubisch-flächenzentrierten Gitter kommt eine besondere Bedeutung zu insofern, als es die kubisch dichteste Kugelpackung

darstellt. Denkt man sich das Gitter aus starren Kugeln aufgebaut, so versteht man unter der Packungsdichte das Verhältnis des von den Atomkugeln eingenommenen Raumes zu dem Gesamtvolumen (etwa der Elementarzelle). Dieses Verhältnis ist für das flächenzentrierte kubische Gitter am größten. In folgender Tabelle sind die wichtigsten Elemente, nach wachsender Atomnummer geordnet, zusammengestellt, die im *A* 1-Gitter kristallisieren (a = Kantenlänge des Elementarwürfels in Å):

Element	Al	Ca	γ-Fe	γ-Co	Ni	Cu	Pd	Ag	Pt	Au	Pb
a	4,04	5,56	3,63	3,55	3,52	3,61	3,91	4,08	3,91	4,07	4,93

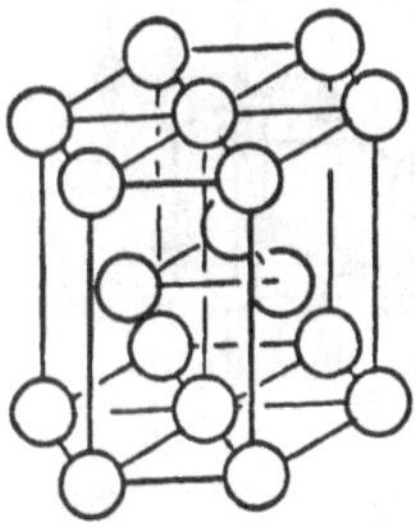

Abb. 20. Magnesiumgitter (hexagonal dichteste Kugelpackung)

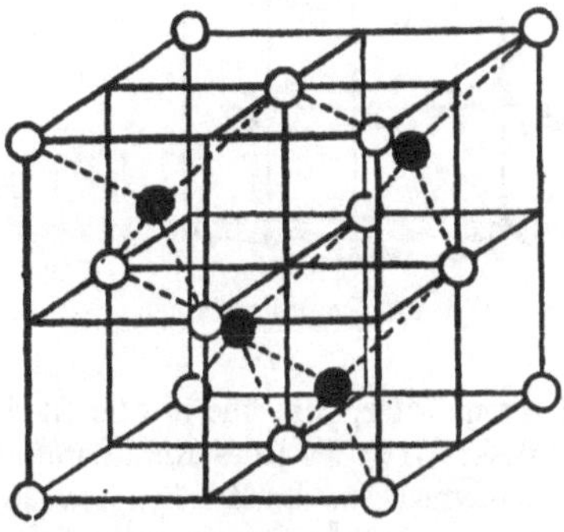

Abb. 21. Diamantgitter.

2. W o l f r a m, W. Kubisch raum- oder innenzentriertes Gitter (*A* 2-Typ), vgl. Abb. 9[13]. Koordinaten der Atomlagen: 0 0 0, $\frac{1}{2}\frac{1}{2}\frac{1}{2}$. Jedes Atom ist von 8 Nachbarn im gleichen Abstand umgeben. Hierhin gehören vor allem folgende Elemente:

Element	Li	Na	K	V	α-Cr	α-Fe	Mo	W
a	3,50	4,30	5,20	3,04	2,89	2,86	3,41	3,16

3. M a g n e s i u m, Mg. Hexagonal (*A* 3-Typ), Abb. 20. Dieses Gitter stellt die hexagonal dichteste Kugelpackung dar, dessen Packungsdichte die gleiche ist wie die der kubisch dichtesten Packung. Wie in diesem Typus ist auch im hexagonalen Gitter jedes Atom von 12 Nachbarn im gleichen Abstand umgeben. Im *A* 3-Typ kristallisieren: Be, Mg, Ti, α-Co, Zn, Zr, Cd, Ce u. a.

4. Diamant, C (A 4-Typ), vgl. Abb. 21. Translationsgruppe: Flächenzentriertes kubisches Gitter. 8 Atome sind in der Elementarzelle. Basiskoordinaten:

$$0\,0\,0,\quad 0\,\tfrac{1}{2}\,\tfrac{1}{2},\quad \tfrac{1}{2}\,0\,\tfrac{1}{2},\quad \tfrac{1}{2}\,\tfrac{1}{2}\,0,$$

$$\tfrac{1}{4}\,\tfrac{1}{4}\,\tfrac{1}{4},\quad \tfrac{1}{4}\,\tfrac{3}{4}\,\tfrac{3}{4},\quad \tfrac{3}{4}\,\tfrac{1}{4}\,\tfrac{3}{4},\quad \tfrac{3}{4}\,\tfrac{3}{4}\,\tfrac{1}{4}.$$

Die Kohlenstoffatome besetzen im Elementarwürfel die Ecken und Flächenmitten, außerdem das Zentrum jedes zweiten Achtelwürfels. Die

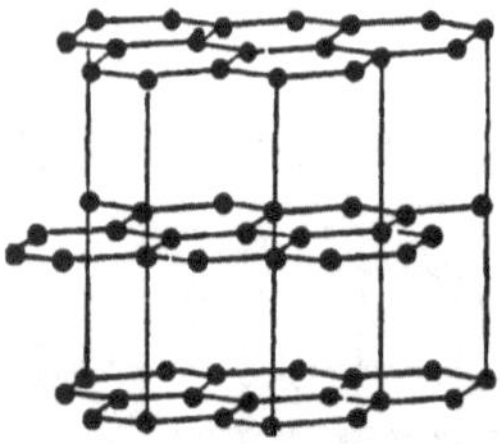

Abb. 22. Graphitgitter

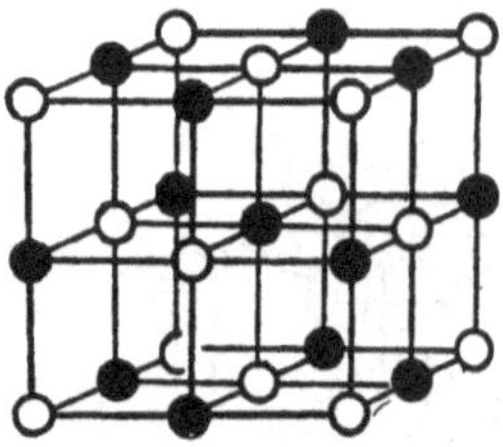

Abb. 23. Steinsalzgitter

letzteren Gitterplätze sind in Abb. 21 durch ausgefüllte Kreise angegeben. In dieser Weise ist jedes Kohlenstoffatom von 4 Nachbaratomen tetraedrisch umgeben. Im A 4-Typ kristallisieren Diamant mit $a = 3{,}56$ Å, Si mit $a = 5{,}42$ Å, Ge mit $a = 5{,}62$ Å und α-Sn (grau) mit $a = 6{,}46$ Å.

5. Graphit, C (A 9-Typ), Abb. 22. Im Graphitgitter bilden die Kohlenstoffatome Sechserringe, die sich zu parallelen Netzen ordnen. Die Abstände zwischen zwei C-Atomen innerhalb eines Netzes betragen 1,45 Å, die Abstände zwischen den Netzen 3,41 Å. Ein Gitter der Art des Graphits wird vielfach als „Schichtengitter" bezeichnet.

B-Typen (Verbindungen AB)

1. Steinsalz, NaCl (B 1-Typ), Abb. 23. Die Na-Ionen und die Cl-Ionen bilden jeweils für sich kubisch flächenzentrierte Translationsgitter, die um den halben Betrag der Kantenlängen gegeneinander verschoben sind Die Na-Ionen besetzen die Punkte:

$$0\,0\,0,\quad 0\,\tfrac{1}{2}\,\tfrac{1}{2},\quad \tfrac{1}{2}\,0\,\tfrac{1}{2},\quad \tfrac{1}{2}\,\tfrac{1}{2}\,0,$$

die Cl-Ionen:

$$\tfrac{1}{2}\,\tfrac{1}{2}\,\tfrac{1}{2},\quad \tfrac{1}{2}\,0\,0,\quad 0\,\tfrac{1}{2}\,0,\quad 0\,0\,\tfrac{1}{2}.$$

Insgesamt sind je vier Ionen einer Art im Elementarwürfel enthalten. Jedes Atom der einen Art ist von sechs Atomen der anderen Art in gleichem Abstand umgeben, so daß sie die Ecken eines Oktaeders besetzen. Man spricht daher in diesem Falle von der Koordinationszahl 6.

Eine große Zahl von binären Verbindungen kristallisiert im Steinsalz-Typ. Die wichtigsten sind mit ihren Gitterkonstanten *a* in Å in den folgenden Tabellen aufgezählt:

Alkalihalogenide

Anion→ Kation ↓	F	Cl	Br	J
Li	4,02	5,14	5,49	6,00
Na	4,62	5,628	5,96	6,46
K	5,33	6,28	6,59	7,05
Rb	5,63	6,54	6,85	7,33

Binäre Verbindungen mit $B =$ O, S, Se, Te

Anion→ Kation ↓	O	S	Se	Te
Mg	4,21	5,19	5,45	—
Ca	4,80	5,68	5,91	6,34
Sr	5,15	6,01	6,23	6,65
Ba	5,53	6,37	6,59	6,99

2. Caesiumchlorid, CsCl (*B* 2-Typ). Die Elementarzelle des CsCl-Gitters stellt einen Würfel dar, dessen Ecken von Cs-Ionen und dessen Mittelpunkt von einem Cl-Ion besetzt sind. Wir haben also eine Elementarzelle vor uns, ähnlich dem raumzentrierten Würfel (Abb. 9[13]), nur daß jetzt eben eine Partikel anderer Art in der Mitte sitzt. Jedes Cs-Ion ist von 8 Cl-Ionen im gleichen Abstand umgeben, ebenso wie jedes Cl-Ion von 8 Cs-Ionen. Daher beträgt für das CsCl-Gitter die Koordinationszahl 8. Folgende Verbindungen vom CsCl-Typ mit ihren Gitterkonstanten *a* seien genannt: CsCl $a = 4{,}11$, CsBr $a = 4{,}29$, CsJ $a = 4{,}56$, NH_4Cl $a = 3{,}86$ Å.

3. Zinkblende, ZnS (*B* 3-Typ). Zinkblende kristallisiert in einem Diamantgitter (Abb. 21), dessen Atomschwerpunkte zur Hälfte durch Zn, zur Hälfte durch S besetzt sind. Die Zn-Atome liegen in den Punktlagen:

$0\,0\,0$, $0\,\frac{1}{2}\,\frac{1}{2}$, $\frac{1}{2}\,0\,\frac{1}{2}$ und $\frac{1}{2}\,\frac{1}{2}\,0$ (Leerkreise in Abb. 21), die S-Atome in den Punktlagen $\frac{1}{4}\,\frac{1}{4}\,\frac{1}{4}$, $\frac{1}{4}\,\frac{3}{4}\,\frac{3}{4}$, $\frac{3}{4}\,\frac{1}{4}\,\frac{3}{4}$, $\frac{3}{4}\,\frac{3}{4}\,\frac{1}{4}$ (ausgefüllte Kreise in Abb. 21). Jedes Zn-Atom ist von 4 S-Atomen tetraedrisch umgeben und umgekehrt. Die Koordinationszahl ist demnach gleich 4. Zahlreiche binäre Verbindungen kristallisieren im Zinkblende-Gitter, z. B. BeS $a = 4{,}86$, ZnS $a = 5{,}42$, CdS $= 5{,}82$, ZnSe $a = 5{,}66$, CdSe $a = 6{,}04$, CSi $a = 4{,}37$ Å.

4. Wurtzit, ZnS (B 4-Typ). Die Zn-Atome sowie die S-Atome bilden jeweils Gitter der hexagonal dichtesten Kugelpackung (vgl. Abb. 20). Wie im Zinkblende-Gitter sind auch hier die Atome der einen Art tetraedrisch von 4 Atomen der anderen Art umgeben. Koordinationszahl: 4. Es ist für ZnS (Wurtzit) $a = 3{,}84$, $c = 6{,}28$, $c/a = 1{,}63(5)$; für CdS (Greenockit) $a = 4{,}14$, $c = 6{,}72$, $c/a = 1{,}62\,(3)$; ZnO (Zinkit) $a = 3{,}24$, $c = 5{,}18$, $c/a = 1{,}59(9)$.

C-Typen (Verbindungen AB_2)

1. Fluorit, CaF_2 (C 1-Typ). Die Ca-Ionen bilden einen flächenzentrierten Elementarwürfel, die F-Ionen besetzen die Mitten der Achtelwürfel (Abb. 24). Es sind demnach 4 CaF_2 in der Zelle enthalten. Die 4 Ca-Ionen besetzen die Punkte: $0\,0\,0$, $0\,\frac{1}{2}\,\frac{1}{2}$, $\frac{1}{2}\,0\,\frac{1}{2}$, $\frac{1}{2}\,\frac{1}{2}\,0$, die 8 F-Ionen die Punkte $\frac{1}{4}\,\frac{1}{4}\,\frac{1}{4}$, $\frac{1}{4}\,\frac{1}{4}\,\frac{3}{4}$, $\frac{1}{4}\,\frac{3}{4}\,\frac{1}{4}$, $\frac{3}{4}\,\frac{1}{4}\,\frac{1}{4}$, $\frac{3}{4}\,\frac{3}{4}\,\frac{1}{4}$, $\frac{3}{4}\,\frac{1}{4}\,\frac{3}{4}$, $\frac{1}{4}\,\frac{3}{4}\,\frac{3}{4}$, $\frac{3}{4}\,\frac{3}{4}\,\frac{3}{4}$. Um jedes Ca-Ion sind 8 F-Ionen in der Anordnung der Würfelecken gelagert; jedes F-Ion ist von 4 Ca-Ionen tetraedrisch umgeben. Koordinationszahlen: 8:4. Es ist für CaF_2 $a = 5.45$, SrF_2 $a = 5{,}78$. BaF_2 $a = 6{,}19$, ZrO_2 $a = 5{,}08$, Li_2O $a = 4{,}61$, Mg_2Si $a = 6{,}39$ Å u. a.

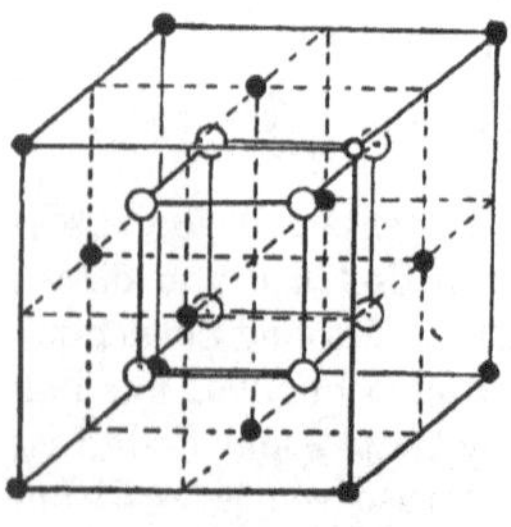

Abb. 24. Fluoritgitter

2. Pyrit, FeS_2 (C 2-Typ). Die Translationsgruppe ist kubisch-einfach-primitiv. Das Pyrit-Gitter ist nahe verwandt mit dem Steinsalz-Gitter (Abb. 23). Fe tritt an Stelle von Na, an Stelle von Cl jeweils eine Gruppe von 2 S-Atomen, die hantelartig angeordnet sind. Für die Substanz FeS_2 ist $a = 5{,}40$ Å. Im C 2-Gitter kristallisiert auch Kohlendioxyd CO_2 mit $a = 5{,}63$ Å

3. Cuprit, Cu_2O (C 3-Typ). Die Cu-Atome bilden ein flächenzentriertes kubisches Gitter, besetzen also die Punktlagen 0 0 0, $\frac{1}{2}\,\frac{1}{2}\,0$, $\frac{1}{2}\,0\,\frac{1}{2}$, $0\,\frac{1}{2}\,\frac{1}{2}$. Die Sauerstoffatome liegen in den Punkten $\frac{1}{4}\,\frac{1}{4}\,\frac{1}{4}$ und $\frac{3}{4}\,\frac{3}{4}\,\frac{3}{4}$. So ist jedes O-Atom von 4 Cu-Atomen tetraedrisch umgeben, jedes Cu-Atom hat dagegen nur zwei diametral einander gegenüberliegende Nachbarn. Koordinationszahlen: 4:2. Im Cuprittypus kristallisieren: Cu_2O mit $a = 4{,}26$ und Ag_2O mit $a = 4{,}74$ Å.

4. Rutil, TiO_2 (C 4-Typ). Rutil kristallisiert tetragonal innenzentriert (vgl. Abb. 9[11]). Die tetragonale Elementarzelle enthält zwei Ti-Atome, die die Punkte 0 0 0 und $\frac{1}{2}\,\frac{1}{2}\,\frac{1}{2}$ besetzen. 6 Sauerstoffatome umgeben nahezu oktaedrisch jeweils ein Ti-Atom. Zahlreiche Substanzen gehören dem C 4-Typ an, z. B. MgF_2, ZnF_2, FeF_2, NiF_2, TiO_2, SnO_2, PbO_2, MnO_2. Die Gitterkonstanten sind für TiO_2 $a = 4{,}58$ Å, $c = 2{,}95$ Å, $c/a = 0{,}64(4)$; für SnO_2 (Zinnstein) $a = 4{,}72$, $c = 3{,}17$ Å, $c/a = 0{,}67(2)$.

5. Anatas, TiO_2 (C 5-Typ). Das Anatasgitter stellt ein innenzentriertes tetragonales Gitter dar, bei dem sich 4 TiO_2-Molekeln in der Elementarzelle befinden. Dieses Gitter läßt sich als tetragonal deformiertes Diamantgitter (A 4-Typ) auffassen. An Stelle der C-Atome sind TiO_2-Molekeln zu setzen, die alle einander und der kristallographischen Hauptachse parallel gerichtet sind. Als Beispiel für den C 5-Typus ist allein Anatas bekannt mit $a = 3{,}73$, $c = 9{,}37$ Å, $c/a = 2{,}51$.

G-Typen (Verbindungen mit dem Radikal BX_3)

1. Calcit, $CaCO_3$ (G 1-Typ), vgl. Abb. 25. Der Elementarkörper des Calcitgitters ist eine rhomboedrische Zelle (Abb. 9[9]), dessen Ecken von Ca-Atomen besetzt sind. Im Zentrum der Zelle befindet sich ebenfalls ein Ca-Atom, während die CO_3-Gruppen auf der Vertikalachse zwischen den Ca-Atomen liegen. Die Sauerstoffatome bilden jeweils um ein Kohlenstoffatom als Mittelpunkt ein gleichseitiges Dreieck, das senkrecht zur Vertikalachse liegt (Abb. 25a).

Das Calcitgitter zeigt eine nahe Verwandtschaft mit dem NaCl-Gitter (B 1-Typ). Diese Verwandtschaft kommt besonders deutlich in einer etwas anders gewählten (mehrfach primitiven) Zelle zum Ausdruck, die in Abb. 25b dargestellt ist. Fassen wir das Rhomboeder als deformierten Würfel auf, so gelangen wir unmittelbar zu einer anschaulichen Beziehung zwischen den beiden Gittern. Die Ca-Ionen bilden ein flächenzentriertes

Rhomboeder, ebenso wie die Na-Ionen im Steinsalzgitter einen flächenzentrierten Würfel bilden. Die Schwerpunkte der CO_3-Gruppen besetzen die Kantenmitten und zentrieren das ganze Rhomboeder (entsprechend den Cl-Ionen im Elementarwürfel des Steinsalzes, vgl. Abb. 23). Es ist einleuchtend, daß derartige Strukturzusammenhänge sich auch in den Beziehungen entsprechender physikalischer Eigenschaften äußern müssen.

a

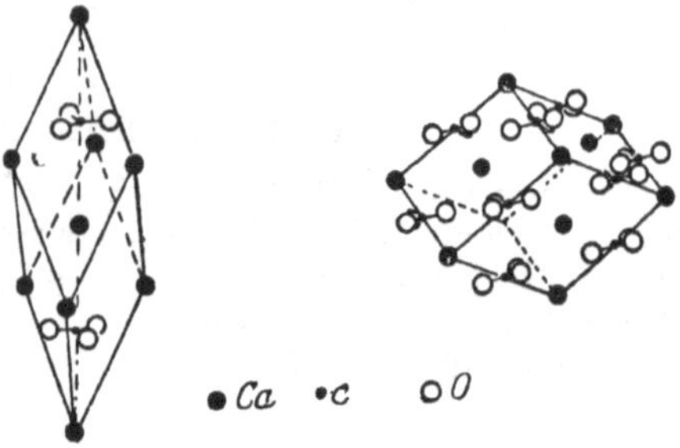

b

Abb. 25. Calcitgitter. a) Elementarzelle. b) Grundrhomboeder

S-Typen (Silikate)

Der Aufbau der Silikate ist dadurch charakterisiert, daß jedes Siliciumion immer tetraedrisch von 4 Sauerstoffionen umgeben wird (Abb. 19c). Diese SiO_4-Tetraeder bilden in den Silikatgittern Baueinheiten, die durch die Möglichkeit einer verschiedenartigen Verknüpfung die Mannigfaltigkeit der Silikatstrukturen bedingen. Es ist dabei bemerkenswert, daß die Siliciumionen zum Teil durch Aluminiumionen ersetzt werden können. Auf diese Vertretbarkeit zwischen Si und Al wird noch später (Kap. Isomorphie) einzugehen sein. Die SiO_4-Tetraeder der Silikatgitter können Inseln, Ketten, Netze und Raumgitter bilden. Auf diese Weise ergibt sich ein sehr einfaches und anschauliches Einteilungsprinzip für die Silikate. Wir wollen im folgenden die Hauptbautypen der Silikate kurz beschreiben, wobei wir den Darstellungen von Machatschki und Strunz folgen:

A. Inselsilikate

In den einfachsten Fällen sind die sog. Inselsilikate dadurch gekennzeichnet, daß die SiO_4-Tetraeder selbständige Inseln bilden, zwei benachbarte Tetraeder also keine gemeinsamen Sauerstoffionen haben (Nesosilikate nach Strunz). In der chemischen Formel kommt diese Tatsache in der Schreibung $[SiO_4]^{4-}$ zum Ausdruck. Als Beispiel seien der Olivin (Mg, Fe, Mn, $Zn)_2[SiO_4]$ und Granat (Almandin) $Fe_3Al_2[SiO_4]_3$ genannt.

Weiter können mehrere SiO_4-Tetraeder zu abgeschlossenen Gruppen zusammentreten, also ebenfalls wieder Inseln bilden (Sorosilikate nach Strunz). Zwei Tetraeder sind dabei so miteinander verbunden, daß sie ein Sauerstoffion gemeinsam haben. Die Formel eines derartigen Doppeltetraeders ist durch die Schreibung $[Si_2O_7]^{6-}$ gekennzeichnet. Hierher gehören Thortveitit $Sc_2[Si_2O_7]$, Hemimorphit $Zn_4[(OH)_2 \mid Si_2O_7] \cdot H_2O$, Barylith $BaBe_2[Si_2O_7]$ u. a.

Mehr als zwei Tetraeder können sich zu Ringen zusammenschließen. Beim Benitoit $BaTi[Si_3O_9]$ bilden jeweils 3 SiO_4-Tetraeder einen dreizähligen Ring, der als Bauinsel erscheint. Benitoit kristallisiert dementsprechend trigonal. Ein Ring von 6 Tetraedern liegt beim Beryll $Al_2Be_3[Si_6O_{18}]$ vor. Schematisch kann eine derartige Insel in folgender Weise geschrieben werden:

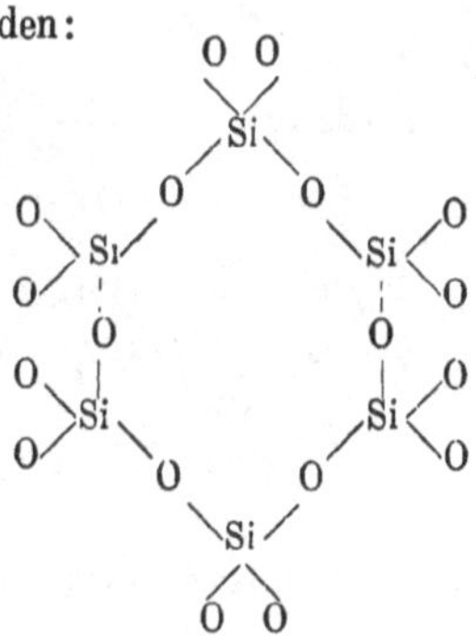

Auch hier entspricht die Ringsymmetrie der Symmetrie des ganzen Kristalls: Beryll kristallisiert hexagonal.

B. Kettensilikate

Die SiO_4-Tetraeder können weiterhin zu einfachen Ketten zusammentreten, wie es sich folgendermaßen formelmäßig darstellen läßt:

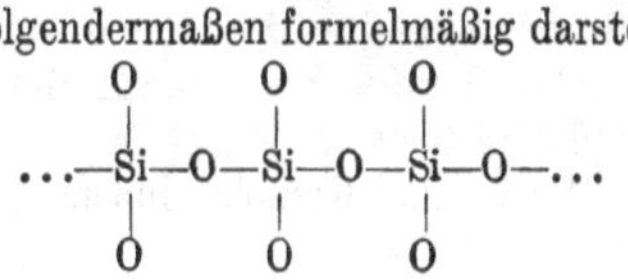

Strunz bezeichnet die Silikate mit unendlichen Ketten von Tetraedern als Inosilikate. Man erkennt, daß von jeder SiO_4-Gruppe 2 Sauerstoffionen gleichzeitig zwei Nachbargruppen angehören. Demnach ergibt sich für die Kette die Formel $[Si_2O_6]^{-4}$. Auch im Falle der Kettenbildung können die Si-Ionen weitgehend durch Aluminium ersetzt sein. Gitter mit derartigen Ketten bilden die Pyroxene (Augite), z. B. Enstatit $Mg_2[Si_2O_6]$, Diopsid $CaMg[Si_2O_6]$, Spodumen $LiAl[Si_2O_6]$ u. a.

Treten zwei parallel laufende Ketten zu einer Doppelkette zusammen derart, daß jedes zweite Tetraeder einer Kette noch ein drittes Sauerstoffion mit dem benachbarten Tetraeder der anderen Kette gemeinsam hat, so gelangt man zu der Formel $[Si_4O_{11}]^{-6}$. In der folgenden Weise läßt sich eine solche Doppelkette schematisch anschreiben:

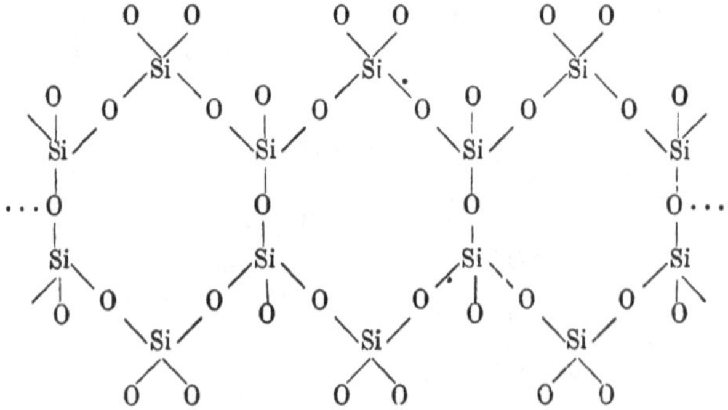

Doppelkettenbildung haben wir in den Gittern der Amphibole (Hornblenden), z. B.

Anthophyllit $(Mg, Fe)_7[OH \mid Si_4O_{11}]_2$
Tremolit $Ca_4Mg_{4-10}Fe_{0-6}[(OH)_4 \mid Si_{16}O_{44}]$
Alkalihaltiger Aktinolith $Na_2Ca_4(Mg, Fe)_{10}[(OH)_2O_2 \mid Si_{16}O_{44}]$
usw.

Die hier benutzte Schreibweise der chemischen Formeln schließt sich dem Vorschlag von Strunz an, wonach innerhalb einer eckigen Klammer die komplexfremden Anionen (z. B. OH) durch einen Vertikalstrich getrennt vor den Komplex-Ionen (z. B. SiO_4) angeführt werden.

C. Netzsilikate

Bei den Mineralien Glimmer, Chlorit, Talk u. a. bilden die SiO_4-Tetraeder Netze derart, daß jeweils 3 Sauerstoffionen eines Tetraeders gleichzeitig auch noch den drei benachbarten Tetraedern angehören (Phyllosilikate nach Strunz). Die freien Ecken der Tetraeder weisen alle in die gleiche Richtung senkrecht zur Ebene des Netzwerkes. Als Formel für die Netze ergibt sich $[(Si, Al)_4O_{10}]$. Je zwei dieser Netze treten so zusammen, daß sich die freien Tetraederecken einander gegenüberstehen. In die Räume zwischen den Tetraederspitzen treten noch OH-Ionen und F-Ionen ein, während die Absättigung der negativen Komplexe durch Kationen wie Al, Mg, Mn, Fe oder Li, K, Na, Ca, Ba erfolgt. Betrachten wir nur die Schwerpunkte der SiO_4-Tetraeder, so erhalten wir ein Gitter, das dem Graphitgitter sehr ähnlich ist. Wie sich im Graphit die Kohlenstoffatome zu Sechserringen und diese zu parallelen Schichten zusammenschließen (vgl. Abb. 22), so bilden im Glimmer die SiO_4-Gruppen Sechserringe und diese parallele Schichten.

Formelbeispiele:

Glimmer { Biotit $K(Mg, Fe, Mn)_3[(OH, F)_2 \mid AlSi_3O_{10}]$
Muskovit $KAl_2[(OH, F)_2 \mid AlSi_3O_{10}]$

Talk $Mg_3[(OH)_2 \mid Si_4O_{10}]$.

Glimmerartige Schichtengitter liegen auch bei den sogenannten Tonmineralien, wie z. B. Kaolinit, Montmorillonit, Nontronit u. a., vor.

D. Gerüstsilikate

Der vierte Bautypus der Silikate (Tektosilikate nach Strunz) ist dadurch charakterisiert, daß jedes Sauerstoffion gleichzeitig zwei benachbarten SiO_4-Tetraedern angehört. Benachbarte Tetraeder stoßen also jeweils immer mit ihren Ecken aneinander. Von den 4 Sauerstoffionen, die jedes Si-Ion umgeben, gehören demnach in Wirklichkeit nur $^4/_2$ einem zentralen Siliciumion an, so daß sich für eine derartige Anordnung die Formel $[SiO_2]$ ergibt. Im einfachsten Falle liegen daher solche Strukturen bei den verschiedenen Modifikationen des Siliciumdioxyds vor, z. B. α-, β-Quarz, Cristobalit usw. Bei diesen SiO_2-Modifikationen sind die SiO_4-Tetraeder in verschiedener Weise angeordnet, wodurch eben verschiedene Strukturarten zustande kommen. Immer aber bilden die Tetraeder ein dreidimensionales Gerüst (Gitter), in dem alle diese

Baueinheiten miteinander in Verbindung stehen. Solche Strukturen haben einen bemerkenswert sperrigen Charakter mit Hohlräumen und Kanälen. Wird in einem derartigen Gerüst ein Teil der Si-Ionen durch Al-Ionen ersetzt, so erhält es, da ja Al im Gegensatz zum vierwertigen Si nur dreiwertig ist, eine bestimmte negative Aufladung, die durch den Einbau von Kationen in die Hohlräume des Gerüstes kompensiert wird. Vielfach können auch in das Gerüst Wassermolekeln eingebaut werden, wie z. B. bei den Zeolithen. Kennzeichnend für die Vertreter des Gerüsttypus ist immer das Verhältnis (Si + Al) : O, das gleich 1 : 2 sein muß.

Beispiele:

Quarz, Cristobalit, Tridymit $[SiO_2]$

Feldspat
- Orthoklas $K[AlSi_3O_8]$
- Albit $Na[AlSi_3O_8]$
- Anorthit $Ca[Al_2Si_2O_8]$

Feldspatvertreter:
- Nephelin $Na[AlSiO_4]$
- Leuzit $K[AlSi_2O_6]$
- Analzim $Na_2[Al_2Si_4O_{12}] \cdot 2\,H_2O$

Zeolithe:
- Natrolith $Na_2[Al_2Si_3O_{10}] \cdot 2\,H_2O$
- Chabasit $Ca[Al_2Si_4O_{12}] \cdot 6\,H_2O$.

In die Hohlräume des $(Si, Al)O_2$-Gerüstes können auch noch Anionen wie Cl, S, SO_4, CO_3 eintreten. Dabei entstehen Verbindungen folgender Art:

Sodalith $Na_4[Cl \mid (AlSiO_4)_3]$
Cancrinit $CaNa_3[CO_3 \mid (AlSiO_4)_3]$
Skapolith $(Na, Ca)_8[Cl_2, SO_4, CO_3, (OH)_2 \mid (AlSi_3O_8)_6]$.

II. Die Physik der idealen Kristallgitter

A. Die physikalisch-chemischen Eigenschaften der Kristalle

I. Die Bausteine der Kristallgitter und deren Bindung

a) Die kristallchemischen Bindungskräfte

Um die Eigenschaften der Kristalle aus den strukturellen Verhältnissen ableiten zu können, genügt es nicht allein, die Geometrie des Gitters zu betrachten, eine wichtige Rolle spielen hierbei vielmehr auch die Art der Bauteilchen und die Art der Bindungen zwischen ihnen. Es wird eine wesentliche Aufgabe unserer Betrachtungen sein, die Natur der kristallchemischen Bindungskräfte, die die Baueinheiten eines Kristallgitters zusammenhalten, zu untersuchen. Die Anziehungskräfte, um die es sich hierbei handelt, sind in erster Linie elektrischer Natur. Im einfachsten Falle bilden die Bausteine im Kristall positiv und negativ geladene Partikeln, die sich gegenseitig anziehen, d. h. das Gitter ist aus Ionen, Anionen und Kationen aufgebaut. Man spricht dann von polarer oder heteropolarer Bindung bzw. von einem heteropolaren Gitter oder Ionengitter. Das bekannteste Beispiel ist das NaCl-Gitter (vgl. Abb. 23), bei dem sich die positiven Natriumionen (Na^+) und die negativen Chlorionen (Cl^-) gegenseitig nach dem Coulombschen Gesetz anziehen und dadurch das Gitter zusammenhalten. Es hat in diesem Falle keinen Sinn mehr, von einer NaCl-Molekel zu sprechen, da jedes Na^+-Ion von 6 Cl^--Ionen im gleichen Abstand umgeben ist und umgekehrt. Im Idealfall der heteropolaren Bindung, wie er gerade bei den Alkalihalogeniden verwirklicht wird, können Kationen und Anionen in guter Näherung als kugelförmige Gebilde aufgefaßt werden, die sich gegenseitig berühren. Bezeichnet man mit r_1 und r_2 die Radien der beiden Ionenkugeln und mit e_1 und e_2 die entsprechenden elektrostatischen Ladungen, so ergibt sich für die Arbeit, die aufgewandt werden muß, um zwei Ionen bis ins

Unendliche zu trennen, $A = \frac{1}{D} \cdot \frac{e_1 \cdot e_2}{r_1 + r_2}$, wobei D die Dielektrizitätskonstante der Umgebung bedeutet. Diese Trennungsarbeit ist demnach um so größer, je größer die Ionenladungen und je kleiner die Ionenradien sind. Von der Größe A müssen verschiedene chemische Eigenschaften heteropolarer Molekeln abhängen. So zeigt sich z. B. eine sehr schöne Abhängigkeit des Dissoziationsgrades der einfachen Wasserstoffverbindungen vom Volumen des Anions (vgl. die Reihe H_2O, H_2S, H_2Se, H_2Te). Ebenso bemerkenswert ist die Abhängigkeit des Dissoziationsgrades bzw. der Säurestärke von der Größe der elektrostatischen Ladung, z. B. HF, H_2O, H_3P.

Wie wir bereits bemerkt haben, bezeichnet man die Anzahl der Ionen der einen Art, die ein Ion der anderen Art in kürzestem Abstand umgeben, als Koordinationszahl. Infolge der elektrostatischen Anziehungskräfte sind die Ionen bestrebt, eine möglichst große Zahl von Ionen der anderen Art um sich zu gruppieren, d. h. die Koordinationszahl wird im allgemeinen möglichst groß sein. Die größte Koordinationszahl in Ionengittern ist gleich 8, da aus geometrischen Gründen nicht mehr als 8 Ionen unmittelbar um ein Zentralion einer anderen Atomart angeordnet werden können.

Nun gibt es aber auch Kristalle, in denen die Baueinheiten keine elektrisch geladenen Teilchen, sondern neutrale Gebilde, z. B. Atome, darstellen. In diesem Falle spricht man von homöopolarer Bindung bzw. von homöopolaren Gittern. Bei den hier vorliegenden Kräften handelt es sich um eine Wechselwirkung zwischen Atomkernen und Elektronen, also letzten Endes ebenfalls wiederum um Kräfte elektrischer Natur. Ein einfaches Beispiel eines homöopolaren Gitters haben wir im Diamantgitter (Abb. 21). Dieses Gitter setzt sich aus gleichartigen Kohlenstoffatomen als Baueinheiten zusammen. Dabei ist jedes Kohlenstoffatom von vier weiteren Kohlenstoffatomen tetraedrisch umgeben. (Ein C-Atom sitzt im Zentrum, 4 C-Atome in den Ecken des regulären Tetraeders.) Wir wissen, daß Kohlenstoff vierwertig ist, d. h. das Kohlenstoffatom vermag 4 Valenzelektronen abzuspalten. Wir gelangen zu einem einfachen Modell der C—C-Bindung, wenn wir annehmen, daß die beiden Valenzelektronen in der Ebene kreisen, die im Mittelpunkt der kürzesten Verbindungslinie zwischen den C-Atomen senkrecht auf dieser Linie steht. Allgemein kann man sagen, daß jeder homöopolaren Bindung ein Elektronenpaar mit gemeinsamer Bahn entspricht. Diese Vereinigung von Elektronen auf ein und derselben Bahn kann mit hoher Energieabgabe vor sich gehen, so daß im allgemeinen die homöopolare Bindung eine sehr feste Verknüpfung von Atomen darstellt.

Selbstverständlich ist das nur ein ganz grobes Modell für eine homöopolare Bindung. Um diese Art der Bindung tiefer zu verstehen, müssen wir auf wellenmechanische Erörterungen eingehen. Hiernach ist für den Mechanismus der homöopolaren Bindung die sogenannte Wechselwirkungsenergie zwischen zwei benachbarten Atomen verantwortlich zu machen. Nach den Vorstellungen der Wellenmechanik sind an Stelle einzelner Elektronen bekanntlich die Elektronenwolken zu setzen. Je mehr sich die Ladungswolken zweier Valenzelektronen durchdringen, desto größer wird die Wechselwirkung zwischen den Elektronen sein. Beispielsweise konnte mit Hilfe der wellenmechanischen Methode die Wechselwirkungsenergie zweier neutraler Wasserstoffatome in Abhängigkeit vom Abstand der Atomkerne berechnet werden. Für mittlere Abstände ergibt eine Lösung für die Wechselwirkungsenergie negative Werte, das bedeutet Anziehung. Derjenige Abstand, für den die Wechselwirkungsenergie ein Minimum erreicht, wird als Kernabstand der benachbarten Atome in der Molekel betrachtet. Ganz entsprechend muß man sich auch die Entstehung der Bindung zwischen benachbarten Kohlenstoffatomen im Diamantgitter vorstellen.

Von der homöopolaren Bindung unterscheidet sich die **metallische Bindung** dadurch, daß die Valenzelektronen nicht mehr als zu bestimmten Ionen gehörend betrachtet werden dürfen. Vielmehr besteht der Metallkristall aus einem Gerüst von positiven Atom„rümpfen“, die in ein Elektronengas eingebettet sind. Demnach sind im Metallgitter die Elementatome mehr oder weniger vollständig ionisiert, wobei die Leitungselektronen das Gerüst aus den positiven Partikeln zusammenhalten. Dadurch ist eine charakteristische freie Beweglichkeit der Elektronen bedingt, womit sich die Eigentümlichkeiten des metallischen Zustandes weitgehend erklären lassen. Daß die positiven Baueinheiten der Metalle nicht einfach als Kationen betrachtet werden können, liegt darin begründet, daß im Durchschnitt auf ein Metallatom eine ganze Anzahl von „freien“ Elektronen kommt. Bemerkenswert sind die öfters von einer stöchiometrischen Formel abweichenden Zusammensetzungen metallischer Verbindungen. Das beweist, daß die Art des Aufbaus der metallischen Phasen es gestattet, daß die Atomrümpfe eines bestimmten Metalls durch die eines anderen ohne Zerstörung des Gitters weitgehend ersetzt werden können.

Eine Zusammensetzung nach konstanten Proportionen wird bei den Metallen demnach ein idealer Ausnahmefall sein. Beispielsweise kommen bei den sogenannten γ-Phasen der Systeme Ag-Cd, Cu-Zn, Cu-Al und Cu-Sn auf 13 Atome 21 Valenzelektronen. Diesen Phasen entsprechen folgende Formeln: Ag_5Cd_8, Cu_5Zn_8, Cu_9Al_4 und $Cu_{31}Sn_8$. Die genannten intermetallischen Verbindungen kristallisieren sämtlich im gleichen Gittertyp. Es ist zu bemerken, daß diese Regel, wonach einer bestimmten Valenzelektronenzahl pro Atom ein bestimmter Strukturtypus zukommen soll (Regel von Hume-Rothery), keine allgemeine Gültigkeit besitzt (Laves). Beim Magnesium konnte nachgewiesen werden, daß sein Gitter im wesentlichen aus Mg^{2+}-Ionen aufgebaut ist, die im „Gas" der durch die Ionisation abgegebenen, nahezu völlig gleichmäßig verteilten Leitungselektronen eingebettet liegen. Dabei nehmen die Magnesiumionen etwa nur 13% des Kristallvolumens ein, während der übrige Raum, also 87% des Kristallvolumens, von dem materiell dünnen Elektronengas erfüllt ist.

Schließlich haben wir noch auf eine weitere Art nichtpolarer Bindungskräfte einzugehen, die mit zunehmendem Abstand der neutralen Atome oder Molekeln weniger rasch abklingen als die homöopolaren Anziehungskräfte. Bekanntlich folgen die realen Gase nicht völlig den Gesetzen des idealen Gases. Die Abweichungen sind mit der Annahme von anziehenden Kräften zwischen den Gasmolekeln erklärt worden. Diese van der Waalsschen Kräfte sind zwischen Atomen und Molekeln beliebiger Art vorhanden und wirken auch in jedem Aggregatzustand, insbesondere auch in Kristallgittern. Man kann die van der Waalssche Anziehung als Folge der elektrischen Polarisation der Molekeln verstehen. Es genügt, wie es Debye getan hat, anzunehmen, daß die Molekeln elektrische Systeme darstellen, in denen die Ladungen nicht völlig starr an ihre Ruhelagen gebunden sind. Dann werden in einer Molekel, die unter dem Einfluß des elektrischen Feldes einer anderen Molekel steht, positive und negative Ladungen voneinander gesondert, es bildet sich ein elektrisches Moment, wodurch eine anziehende Kraftwirkung entsteht. Ausschließlich van der Waalssche Bindung liegt in den festen Edelgasen vor. Ihrer Natur nach ist die van der Waalssche Bindung schwach. Erst bei geringeren Partikelabständen wird sie beträchtlich. Kristalle, in denen diese Bindung vorherrscht oder allein vorhanden ist, sind daher weich und zeigen einen hohen Flüchtigkeitsgrad. Als zwischenmolekulare Kräfte sekundärer Art sind neben den van der Waalsschen die Dipolkräfte zu erwähnen. Sie kommen beispielsweise zur Wirkung, wenn durch Ionen in an und für sich neutralen Molekeln ein Dipol induziert wird. Das stark geladene Ion kann die positiven und negativen Ladungen einer in seiner Nähe befindlichen Molekel trennen, sofern die Ladungen einige Beweglichkeit aufweisen. Es gibt aber auch Molekeln, bei denen von vornherein die Schwerpunkte der positiven und negativen Ladungen nicht zusammenfallen (z. B. Wasser). Auch zwischen zwei Dipolen ist selbstverständlich eine Bindung möglich.

Die vier Haupt-Bindungstypen lassen sich in anschaulicher Weise auch durch die Verteilung der Elektronendichte im dreidimensionalen Gitterraum charakterisieren, wie dies von Grimm und Mitarbeitern durchgeführt worden ist. Nach diesen Untersuchungen hat es sich gezeigt, daß sowohl bei der Ionenbindung als auch bei der van der Waalsschen Bindung die Elektronendichten zwischen zwei benachbarten Partikeln auf Null absinken. Der Unterschied besteht darin, daß bei den heteropolaren Gittern (z. B. Steinsalz) als Bausteine Ionen mit Überschußladungen vorliegen, während es sich bei der van der Waalsschen Bindung um neutrale Gebilde (z. B. Ar-Atome) handelt. Demgegenüber behalten bei den homöopolaren Gittern (z. B. Diamant) und bei den Metallen (z. B. Mg) die Elektronendichten zwischen den Bausteinen von Null verschiedene Werte bei. Bei den Metallen allerdings sind die Elektronen, wie wir schon gehört haben, gleichmäßig über den gesamten Zwischenraum verteilt, d. h. die Elektronendichte ist in diesem Raum konstant. In einem Atomgitter liegt nur zwischen zwei unmittelbar benachbarten Atomen eine Elektronenbrücke vor, so z. B. zwischen zwei benachbarten Kohlenstoffatomen im Diamantgitter. Hier sind im Gegensatz zum Ionenkristall die Elektronenhüllen der Atome miteinander verwachsen.

Wie bereits früher (S. 19) kurz erläutert worden ist, kann man auf Grund der Intensitäten der Röntgeninterferenzen auf die Elektronendichte im Kristallgitter schließen. Damit ist eine allgemein anwendbare Methode zur Bestimmung der Bindungsarten in einem Kristallgitter gegeben.

Selbstverständlich braucht in ein und demselben Gitter nicht immer nur eine der vier Haupt-Bindungsarten zu wirken, es können mehrere gleichzeitig auftreten. Beispielsweise kann die homöopolare Bindung mit jeder der drei anderen Bindungsarten zusammen vorkommen. Anschauliche Beispiele geben uns wiederum die Silikate: Bei den Inosilikaten (Kettenbildung) haben wir zwischen Si und O innerhalb der Ketten einen Bindungscharakter, der zwischen homöopolarem und heteropolarem Typus steht und den man als „semipolar“ bezeichnet hat. Der gesamte

$[(Si, Al)O_4]$-Verband weist eine negative Aufladung auf. Zur Neutralisierung dieser Ladungen sind in die Lücken der $[(Si, Al)O_4]$-Verbände Kationen (z. B. Na, Ca, Fe usw.) eingelagert. Bei den Silikaten vom Glimmertypus (Netzbildung) liegen innerhalb der Netze semipolare Bindungen vor, während zwischen den Netzen Ionenbindung auftritt. Auch bei den Feldspäten sind in den Lücken des $[(Si, Al)O_4]$-Gerüstes Alkali- oder Erdalkaliionen eingelagert, während das Gerüst selbst durch semipolare Bindung zusammengehalten wird. Beim Quarz (SiO_2) allerdings fehlen die Al-Ionen im $[SiO_4]$-Gerüst, so daß hier keine weiteren Kationen eingelagert sind. Beim Graphit (Abb. 22) sind die Kohlenstoffatome innerhalb der Schichten durch homöopolare Valenzkräfte gebunden. Dagegen binden sich die Schichten gegenseitig durch van der Waalssche Kräfte. Man hat auch die Ansicht vertreten, daß zwischen den Schichten eine Art metallische Bindung besteht, die durch jeweils eines der vier Valenzelektronen des Kohlenstoffs bewirkt wird. Daraus folgt, daß die Bindung innerhalb der Schichten wesentlich stärker ist als senkrecht dazu. Auf dieser Tatsache beruhen eine Reihe physikalischer und chemischer Eigenschaften des Graphits.

Danach wäre der metallische Charakter (Glanz, Farbe, Leitfähigkeit) des Graphits zwanglos auf die metallische Bindung zurückzuführen. Durch chemischen Angriff wird gerade die metallische Bindung leicht gelöst, wobei eigenartige Verbindungen entstehen, bei denen die C—C-Schichten des Graphits erhalten bleiben (vgl. die Verbindungen Graphitbisulfat, Graphitnitrat, Graphitperchlorat u. a.). Über die typischen mechanischen Eigenschaften des Graphits wird noch weiter unten zu sprechen sein.

Graphit stellt ein charakteristisches Beispiel für einen Kristall dar, in dem verschiedene Bindungsarten zur Wirkung kommen. Solche Kristallgitter nennen wir heterodesmische Gitter. Sind dagegen die Bausteine eines Kristalls generell nur durch eine im Gitter einheitliche Bindungsart verknüpft (z. B. NaCl oder Metalle), so sei von einem homodesmischen Gitter die Rede („heterodesmic" bzw. „homodesmic structures" nach Evans).

Nun können aber in einem Kristallgitter nicht nur mehrere Bindungsarten gleichzeitig auftreten, in vielen Fällen existieren auch Übergange zwischen verschiedenen Bindungstypen. Wir haben bereits festgestellt, daß die heteropolare und auch die homöopolare Bindung Grenzfälle oder Idealfalle darstellen, die rein nur in wenigen Kristallgittern verwirklicht sein dürften (so z. B. die heteropolare Bindung bei den Alkalihalogeniden). Nicht immer werden bei der heteropolaren Bindung die Elektronenwolken von Kation und Anion so unbeeinflußt bleiben, daß man diese Ionen mit einiger Näherung als kugelförmig betrachten dürfte. Insbesondere bei großen Anionen und Kationen hoher Ladung wird die Elektronenwolke des Anions zum Kation hin angezogen, sein positiver Kern abgestoßen, d. h. das Anion wird deformiert oder polarisiert (vgl. auch S. 55). Die Deformation des Anions kann schließlich so weit gehen, daß sich Elektronen des Anions auf Bahnen bewegen, die auch das Kation umschließen. Damit ist aber der Grenzfall der homöopolaren Bindung erreicht. Zu den Übergängen gehört auch die semipolare Bindung bei den Silikaten.

Eine solche Annäherung an den homöopolaren Bindungstyp haben wir sehr wahrscheinlich bei verschiedenen Kristallarten, die im Zinkblendegitter kristallisieren (ZnS, HgS, CuCl, CuBr u. a.). Das Zinkblendegitter entspricht dem Diamantgitter (vgl. Abb. 21, S. 29; dort sind die Leerkreise als Zn-Atome, die Vollkreise als S-Atome zu deuten). Insofern sind die erwähnten Verbindungen als Ionenverbindungen anzusehen, als sie in geringem Umfange zu gelösten Ionen dissoziieren. Es ist aber anzunehmen, daß in diesen Gittern eine intensive Deformation der Ionenbindung zur homöopolaren Bindung eingetreten ist.

b) Gitterenergie

Die Art der Bindung spielt beim Aufbau eines Kristallgitters eine sehr wesentliche Rolle und ist daher auch ein entscheidender Faktor für die physikalischen Eigenschaften des betreffenden Kristalls. Die Intensität der Bindung insbesondere liefert uns ein Maß für die Kohäsion. Sind uns die Gesetze, die für die Bindungskräfte zwischen den Bausteinen des Gitters gelten, bekannt, so sind wir in der Lage, die Energie zu bestimmen, die notwendig ist, um ein Gitter in seine Bausteine zu zerlegen. Dieser Energiebetrag, der tatsächlich die Kohäsionseigenschaften mitbestimmen muß, wird als Gitterenergie bezeichnet. Leider sind uns nun die Gesetze, nach denen sich die Anziehungs- und Abstoßungskräfte zwischen zwei Bausteinen eines Gitters mit deren Abstand ändern, nicht allgemein bekannt. Dies trifft insbesondere für die homöopolaren Bindungskräfte zu. Dagegen können wir für die Ionenkristalle einen einfachen Ansatz aufstellen, indem wir die Ionen als kugelförmige Gebilde auffassen, für deren wechselseitige Anziehung bzw. Abstoßung das **Coulombsche** Gesetz gilt.

Betrachten wir einmal ein Ion, das die Ladung $+ e$ besitze! Im Abstand r vom Mittelpunkt der Ionenkugel aus gerechnet nimmt dann das elektrostatische Potential nach dem **Coulombschen** Gesetz den Wert $+ \frac{e}{r}$ an. Das bedeutet nach der Definition des Potentials: Um die Ladung $+ 1$ aus dem Unendlichen zu einem Punkt im Abstand r des Ions zu bringen, muß der Arbeitsbetrag $\frac{e}{r}$ aufgewandt werden. Bringe ich ein Ion mit der Ladung $- e$ an die gleiche Stelle, so wird dabei der Energiebetrag $\frac{e^2}{r}$ frei. Oder: die Arbeit, die aufgewandt werden muß, um zwei Ionen mit den Ladungen $+ e$ bzw. $- e$, die sich im Abstande r voneinander befinden, zu trennen, beträgt $\frac{e^2}{r}$. Das ist also die Bindungsenergie für eine Molekel, die aus zwei entgegengesetzt geladenen Ionen aufgebaut ist. Nun können wir diesen Prozeß weiter fortsetzen, indem wir weitere Ionen in konstantem Abstand aneinanderreihen (vgl. Abb. 26). Wir gelangen auf diese Weise zu einer unendlichen Kette, auf der alternierend Kationen und Anionen aufgereiht sind. Nehmen wir einmal an, es fehle irgendwo in der Kette ein positives Ion! Wir wollen nun das Potential aller übrigen Ionen der Kette auf diesen ladungsfreien Punkt berechnen, wobei wir zunächst einmal nur die Ionen berücksichtigen wollen, die rechts von unserem beliebig gewählten Nullpunkt (= ladungsfreier Punkt) liegen. Der Potentialbeitrag des ersten Ions, das ja vom Nullpunkt den Abstand r hat, ist $- \frac{e}{r}$. Das nächste Ion, das positiv geladen ist, liefert den Beitrag $+ \frac{e}{2r}$, da es vom Nullpunkt die Entfernung $2r$ besitzt. Das dritte, wiederum negative Ion hat vom Bezugspunkt den Abstand $3r$, so daß dessen Potentialbeitrag gleich $- \frac{e}{3r}$ ist. Entsprechend sind die Beiträge der übrigen Ionen der Kette. Schließlich erhalten wir für das Potential aller Ionen der einen Kettenhälfte auf den ladungsfreien Punkt folgenden Ausdruck:

$$\frac{e}{r} \cdot \left(-\frac{1}{1} + \frac{1}{2} - \frac{1}{3} \pm \cdots\right).$$

Berücksichtigen wir nun noch die übrigen Ionen der Kette, so ergibt sich das Potential der ganzen Kette auf ein positives Ion mit der Ladung $+e$:

$$2 \cdot \frac{e^2}{r} \cdot \left(-\frac{1}{1} + \frac{1}{2} - \frac{1}{3} \pm \cdots\right) = -2 \cdot \ln 2 \cdot \frac{e^2}{r}.$$

Besteht die Kette aus N Ionen, wobei N eine sehr große Zahl bedeute, so ist die „Gitterenergie" für dieses „eindimensionale" Gitter $-U = N \cdot \ln 2 \cdot \frac{e^2}{r}$, denn beim Abtragen der Punktreihe von einem Ende her ist immer nur eine Gitterhälfte zu berücksichtigen. Nun können wir weiterhin Ketten (vgl. Abb. 26) parallel so nebeneinanderlegen, daß zweidimensionale Netze entstehen, analog den Würfelnetzebenen beim NaCl-Gitter. Auch hier lassen sich in ähnlicher Weise wie für die Ketten die elektrostatischen Potentiale addieren, wobei schließlich die Gitterenergie für ein zweidimensionales Gitter gewonnen wird. Endlich können wir die Netze übereinanderschichten und gelangen auf diesem Wege zu der Gitterenergie eines dreidimensionalen Gitters. Es ist ohne weiteres einzusehen, daß in dem gewählten Beispiel ein Gitter vom Steinsalztypus (Abb. 23) entsteht. Für dieses Gitter berechnet sich die Gitterenergie U zu $\frac{N}{2} \cdot 3{,}495 \frac{e^2}{2r}$, worin wiederum r der kürzeste Abstand zweier unmittelbar benachbarter Ionen verschiedenen Vorzeichens ist. (Die Gitterkonstante a ist also in diesem Falle gleich $2r$.) N ist dabei die Zahl der Ionen im Gitter.

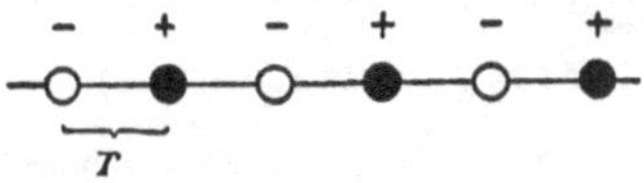

Abb. 26. Einfache Ionenkette

Allgemein ergibt sich für die Gitterenergie eines binären Salzkristalls:

$$-U = N \cdot \alpha \frac{z^2 \cdot e^2}{a}.$$

z bedeutet die Wertigkeit der Ionen (z. B. für NaCl ist $z = 1$, für CaO ist $z = 2$ usw.). α ist ein konstanter Faktor, der als Madelungsche Konstante bezeichnet wird. Ihre Größe ist abhängig vom Typus des betreffenden Kristallgitters. Sie ist für Steinsalz, Flußspat, Zinkblende usw. verschieden, aber z. B. für Steinsalz und Sylvin (KCl) gleich. N bedeute hier zweckmäßigerweise die Anzahl der Elementarzellen im Gitter.

Eine genauere Betrachtung lehrt nun allerdings, daß der einfache Coulombsche Ansatz für die völlige Beschreibung der Bindungsverhältnisse in Ionengittern nicht ausreicht. Denn würden zwei benachbarte

Ionen nur mit ihren anziehenden Kräften aufeinander einwirken, so müßten ja beide, falls keine weiteren Kräfte das System beeinflussen können, aufeinanderfallen. Andererseits würde die Annahme starrer Kugeln die Erscheinung der Kompressibilität der Kristalle nicht erklären können. Man muß also dem Potential der anziehenden Kraft ein Potential der Abstoßung hinzufügen, das mit wachsender Entfernung schneller abnimmt als das Anziehungspotential. Der einfachste Ansatz, der so für das Potential der Abstoßungskraft in Frage kommt, ist der Ausdruck $\frac{b}{r^n}$, wenn b und n Konstanten und r den Abstand der Ionen bedeuten. Für das gesamte Elementarpotential gilt dann allgemein:

$$\varphi = \pm \frac{e^2}{r} + \frac{b}{r^n},$$

wobei das negative Vorzeichen beim Coulomb-Potential für die Anziehung zu setzen ist. Entsprechend erhalten wir dann auch für die Gitterenergie eines kubischen heteropolaren Kristalls mit der Gitterkonstanten a:

$$-U = N \cdot \left(\frac{\alpha \cdot z^2 \cdot e^2}{a} - \frac{b'}{a^n}\right). \qquad N = \text{Anzahl der Elementarwürfel.}$$

Beachtet man, daß im Falle des Gleichgewichts die erste Ableitung des Potentials nach der Gitterkonstanten, also $\frac{dU}{da}$, verschwinden muß, so wird

$$-\frac{dU}{da} = N \cdot \left(-\frac{\alpha \cdot z^2 \cdot e^2}{a^2} + \frac{n b'}{a^{n+1}}\right) = 0,$$

und daraus ergibt sich

$$b' = \frac{\alpha\, z^2\, e^2}{n} \cdot a^{n-1}.$$

Somit wird

$$-U = N \cdot \frac{\alpha \cdot z^2 \cdot e^2}{a}\left(1 - \frac{1}{n}\right).$$

Wie wir bereits kurz erwähnt haben, hängt das Abstoßungsglied in dem Potentialausdruck mit der Kompressibilität zusammen. Es ist daher zu erwarten, daß sich der Abstoßungsexponent n durch die Kompressibilität ausdrücken läßt. Zur Gewinnung dieser Beziehung betrachten wir wieder ein kubisches heteropolares Gitter. Die Kantenlänge des Elementarwürfels sei a und die Zahl der Elementarzellen des gesamten Kristalls sei N, so ist das Volumen des Kristalls $V_0 = N \cdot a^3$. Unter der Einwirkung eines äußeren Druckes p wird die Gitterkonstante gleichmäßig im ganzen Gitter um den Betrag $\varepsilon\, a$ vermindert ($\varepsilon < 1$). Das Volumen V beträgt jetzt:

$$V = N \cdot a^3 \cdot (1 - \varepsilon)^3 = N \cdot a^3 \cdot (1 - 3\,\varepsilon + \cdots).$$

Die Kompressibilität oder Zusammendrückbarkeit $\varkappa$ ist gegeben durch die relative Volumänderung pro Druckeinheit. Also gilt: $\varkappa = \frac{3\,\varepsilon}{p}$. Wenn das Kristallgitter unter der Einwirkung eines äußeren Druckes steht, wird bei Änderung der Größe ε um $\delta\varepsilon$ eine Arbeit geleistet, die gleich $-p \cdot \delta V$ ist. Da $V = N \cdot a^3 \cdot (1 - 3\,\varepsilon)$, so wird

$$-p \cdot \delta V = +\,3\,N\,a^3 \cdot p\,\delta\varepsilon\,.$$

Die Energie des deformierten Gitters ($\overline{U}$) ist entsprechend

$$-\overline{U} = N \cdot \left\{\frac{\alpha \cdot z^2 \cdot e^2}{a\,(1-\varepsilon)} - \frac{b'}{a^n\,(1-\varepsilon)^n}\right\},$$

und wegen

$$b' = \frac{\alpha \cdot z^2 \cdot e^2}{n}\, a^{n-1}$$

ergibt sich

$$-\overline{U} = N \cdot \frac{\alpha \cdot z^2 \cdot e^2}{a} \left\{\frac{1}{1-\varepsilon} - \frac{1}{n\,(1-\varepsilon)^n}\right\}.$$

Durch Reihenentwicklung (binomische Reihe!) nach ε geht diese Beziehung unter Vernachlässigung der Glieder von höherer als zweiter Ordnung über in

$$-\overline{U} = N \cdot \frac{\alpha \cdot z^2 \cdot e^2}{a}\left(1 - \frac{1}{n}\right) - N\,\frac{\alpha \cdot z^2 \cdot e^2}{a}\,\frac{n-1}{2}\,\varepsilon^2\,.$$

Ändert sich nun ε um $\delta\varepsilon$, so muß sich auch die Energie U ändern. Es ist dann:

$$\delta\,\overline{U} = N \cdot \frac{\alpha \cdot z^2 \cdot e^2}{a}(n-1)\,\varepsilon\,\delta\varepsilon\,.$$

Weiterhin muß gelten: $\delta\,\overline{U} = -\,p \cdot \delta V$. Daraus folgt

$$\varepsilon = \frac{3\,a^4\,p}{\alpha \cdot z^2 \cdot e^2\,(n-1)}\,.$$

Wegen $\varkappa = \frac{3\,\varepsilon}{p}$, ist $\varkappa = \frac{9\,a^4}{\alpha \cdot z^2 \cdot e^2\,(n-1)}$.

Schließlich ergibt sich:

$$n = 1 + \frac{9}{\alpha z^2 \cdot e^2} \cdot \frac{a^4}{\varkappa}.$$

Ist nun die Kompressibilität $\varkappa$ für eine Kristallart bekannt, so können wir die Abstoßungsexponenten n berechnen. Beispielsweise ergibt sich für NaCl $n = 9{,}1$, für CaF_2 $n = 7$, für ZnS $n = 5$ usw. Für gröbere Betrachtungen genügt es, für die Alkalihalogenide z. B. $n = 9$ zu setzen. Mit hinreichender Genauigkeit gilt daher für die Alkalihalogenidkristalle vom B 1-Typus:

$$-U = N \cdot \frac{e^2 \alpha}{a} \cdot \frac{8}{9}.$$

Es erhebt sich nun die Frage, ob sich der Ausdruck für die Gitterenergie auch irgendwie experimentell nachprüfen läßt. Diese Nachprüfung ist in der Tat mit Hilfe eines Kreisprozesses möglich. Der Kreisprozeß (Born) wird anschaulich durch folgendes Schema erläutert:

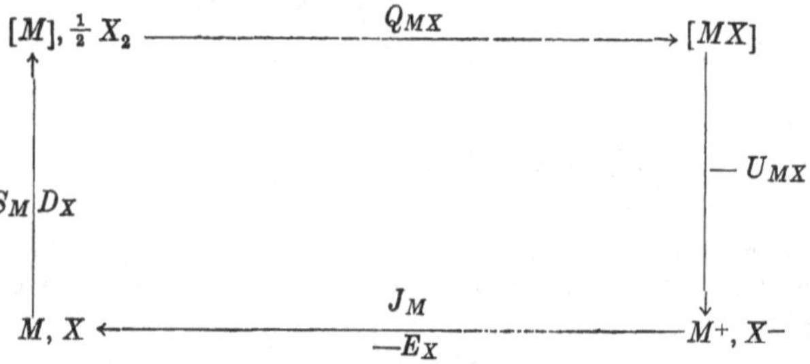

Hierbei bedeutet M ein einwertiges Metallatom (z. B. Na), X ein Halogenatom (z. B. Cl). Gehen wir vom kristallisierten Zustand aus, der durch die symbolische Schreibweise $[MX]$ angedeutet ist, so muß die Gitterenergie U_{MX} aufgewandt werden, um die Ionen des Gitters zu trennen. Wir haben dann völlig gesondert nebeneinander M^+- und X^--Ionen. Durch Aufwendung der Ionisierungsenergie J_M des Metalls M und der Arbeit, die nötig ist, um dem Halogenion X das überschüssige Elektron zu entreißen (= Elektronenaffinität E_X), entstehen neutrale M- und X-Atome. Schließen sich dann die X-Atome zu X_2-Molekeln zusammen, so wird die Dissoziationswärme D_X frei. Die Metallatome werden kondensiert, so daß festes $[M]$ entsteht, wobei sich die Sublimationswärme S_M bildet. Endlich bauen wir wieder den Salzkristall auf, und zwar jetzt aus festem Metall und gasförmigem Halogen. Dabei wird die Bildungswärme Q_{MX} frei.

Dieser Kreisprozeß liefert die Beziehung:

$$U_{MX} = Q_{MX} + J_M + S_M + D_X - E_X .$$

Alle Größen auf der rechten Seite der Gleichung sind bis auf die Elektronenaffinität E_X leicht bestimmbar. Die Elektronenaffinität ist im allgemeinen nicht bekannt. Um aus dieser Schwierigkeit herauszukommen, hat man versucht, die Differenz $D_X - E_X$ aus der Ionisierungsenergie der gasförmigen Halogenwasserstoffe HX zu bestimmen. Für diese Ionisierungsenergie A_{HX} läßt sich ein ganz ähnlicher Kreisprozeß aufstellen wie für die Gitterenergie. Man gelangt auf diesem Wege zu der analogen Formel

$$A_{HX} = Q_{HX} + D_H + J_H - E_X .$$

Darin ist D_H die Dissoziationswärme und J_H die Ionisierungsenergie des Wasserstoffs. Die Ionisierungsarbeit des gasförmigen Halogenwasserstoffs kann unmittelbar experimentell mit Hilfe der Methode des Elektronenstoßes bestimmt werden. Man läßt dabei auf die Atome oder Molekeln Elektronen aufprallen (z. B. Glühelektronen). Die Geschwindigkeit der Elektronen wird allmählich gesteigert, bis sie in der Lage sind, von den getroffenen Atomen oder Molekeln ein Elektron abzuspalten. Die Energie, bei der die ersten positiven Ionen durch Elektronenstoß erzeugt werden, entspricht der Ionisierungsarbeit. In folgender Tabelle (nach Born) sind die so bestimmten Werte als $U_{\text{beob.}}$ den mit Hilfe der Gittertheorie berechneten Gitterenergien $U_{\text{ber.}}$ für einige Alkalihalogenidkristalle gegenübergestellt.

	Cl		Br		J	
	$U_{\text{beob.}}$	$U_{\text{ber.}}$	$U_{\text{beob.}}$	$U_{\text{ber.}}$	$U_{\text{beob.}}$	$U_{\text{ber.}}$
Na	183	182	170	171	159	158
K	165	162	154	155	144	144
Rb	161	155	151	148	141	138

Die Energiebeträge sind in kcal pro Mol angegeben. Man sieht, daß die Übereinstimmung recht befriedigend ist. Dies dürfte ein Beweis dafür sein, daß die elektrostatische Kohäsionstheorie des heteropolaren Kristallgitters sehr wohl in der Lage ist, den chemischen Energieinhalt von Ionenkristallen einwandfrei zu deuten.

Es ist zu erwarten, daß die Zerstörung eines Kristallgitters um so schwieriger durchzuführen ist, je größer die Gitterenergie ist. Das zeigen beispielsweise instruktiv die Schmelztemperaturen: mit abnehmender Gitterenergie sinken die Schmelztemperaturen. So haben die Schmelztemperaturen von NaCl, NaBr, NaJ beziehentlich die Werte 801, 740, 660° C (vgl. auch S. 125).

c) Die Größenbeziehungen der Kristallbausteine

Wenn wir die im vorangehenden Abschnitt angeführten Gitterenergien verschiedener Alkalihalogenide mit den Gitterkonstanten der betreffenden Metalle vergleichen, so zeigt es sich, daß mit zunehmender Gitterkonstante die Gitterenergie abnimmt. Das ergibt sich ja auch unmittelbar aus dem mathematischen Ausdruck für die Gitterenergie (S. 48). Es lassen sich noch weitere Gesetzmäßigkeiten in bezug auf die Gitterkonstanten innerhalb der Reihe der Alkalihalogenidkristalle vom Steinsalztypus finden. Wir betrachten beispielsweise einmal die kürzesten Abstände zwischen Kation und Anion in den Kristallgittern einiger Alkalibromide und -jodide. In diesem Falle ($B1$-Typ) sind die Ionenabstände gleich der halben Gitterkonstanten (= Kantenlänge des Elementarwürfels). Dann bilden wir jeweils die Differenzen der Ionenabstände zwischen zwei Salzpaaren mit gleichem Kation. Man erkennt unmittelbar, daß diese Differenz ungefähr konstant bleibt (in der Tabelle sind die Abstände in Å angegeben):

	Li	Na	K	Rb
Br	2,75	2,98	3,29	3,43
J	3,00	3,23	3,53	3,66
Δ	0,25	0,25	0,24	0,23

Diese Gesetzmäßigkeit läßt sich anschaulich erklären, wenn man annimmt, daß die Ionen bzw. die Atome in einem Kristallgitter in erster Näherung konstante Radien („Ionen- bzw. Atomradien") besitzen, wobei dann die Summe der Ionenradien jeweils gleich dem Ionenabstand im Gitter ist. Danach gelangt man wiederum zu der Vorstellung, daß die Kristallstrukturen aus sich berührenden Kugeln aufgebaut sind. Wenn auch, wie sich gezeigt hat, dieses Bild verhältnismäßig grob ist, so war doch diese Vorstellung von so außerordentlicher Fruchtbarkeit für die Kristallchemie, daß wir näher darauf eingehen müssen.

Auf Grund der Kristallstrukturbestimmung sind uns zunächst nur die Summen zweier Ionen- bzw. Atomradien gegeben, nämlich die Gitterabstände. Beispielsweise können wir mit Hilfe einer röntgenographischen Strukturanalyse feststellen, daß der Abstand zwischen einem Natrium- und einem Chlorion im Steinsalzkristall 2,81 Å beträgt. Auf Grund der Annahme starrer, kugelförmiger Ionen folgt dann, daß die Summe der Ionenradien des Na^{+} und des Cl^{-} gleich 2,81 Å ist. Man kann nun rein empirisch auf folgendem Wege zu den Ionenradien kommen: Sind in einem Kristallgitter die Anionen sehr groß und die Kationen andererseits hinreichend klein, daß sie in den Zwischenräumen des Anionengitters völlig Platz finden können, so werden die röntgenographisch ermittelten Partikelabstände allein durch die Anionenradien bestimmt sein. Stellen wir nun zwei Reihen von Kristallen mit verschiedenen Kationen nebeneinander, wobei wir stufenweise das Anion durch ein größeres ersetzen, so werden die Gitterkonstanten von zwei Kristallgittern mit verschiedenem Kation so lange verschieden sein, solange sich die Anionen nicht berühren. In dem Augenblick, in dem nach unserer Vorstellung die Anionenkugeln aneinanderstoßen, werden die Gitterkonstanten für verschiedene Kationen bei gleichem Gitterbau gleich sein. Wir wollen dieses Verfahren an einem Beispiel erläutern (V. M. Goldschmidt). Wir vergleichen die Ionenabstände in folgenden Verbindungen, die alle im Steinsalzgitter kristallisieren:

MgO	..... 2,10 Å	MnO	..... 2,24 Å
MgS	..... 2,60 Å	MnS	..... 2,59 Å
MgSe	..... 2,73 Å	MnSe	..... 2,73 Å

Wir sehen, daß die Oxyde MgO und MnO noch verschiedene Ionenabstände aufweisen. Die Ionenabstände der Sulfide sind beinahe, die der Selenide einander völlig gleich. Wir müssen annehmen, daß sich die Anionen bei den Seleniden berühren, so daß also die ganze Struktur in diesem Falle eine dichteste Packung von Anionen darstellt, während die Kationen in den Zwischenräumen des Anionengitters liegen. Wie man sich eine solche Anordnung in einer Würfelnetzebene eines Gitters vom Steinsalztypus vorzustellen hat, veranschaulicht Abb. 27 (die großen Leerkreise sollen die großen Anionen, die kleinen Kreise die Kationen andeuten). Ist der Ionenabstand z. B. beim MgSe 2,73 Å, so ist, wie aus Abb. 27 ersichtlich, der doppelte Radius eines Se-Ions gleich $2{,}73 \cdot \sqrt{2}$ Å. Für den Radius des zweiwertig negativen Se-Ions ergibt sich demnach 1,93 Å. Jetzt können wir auch gleich den Radius des zweiwertig positiven Magnesiums bestimmen, wenn wir annehmen, daß die Anionen auch die benachbarten Kationen berühren. Der Radius des Mg^{2+} beträgt sonach 2,73 — 1,93 = 0,80 Å. Wir können diesen Wert gleich zur Berechnung des O^{2-}-Radius aus dem MgO-Gitter verwenden. Wir erhalten auf diese Weise für den Radius des zweiwertig negativen Sauerstoffions 1,30 Å. Nach diesem einfachen Verfahren können wir dann nacheinander die einzelnen Ionen- und auch Atomradien bestimmen.

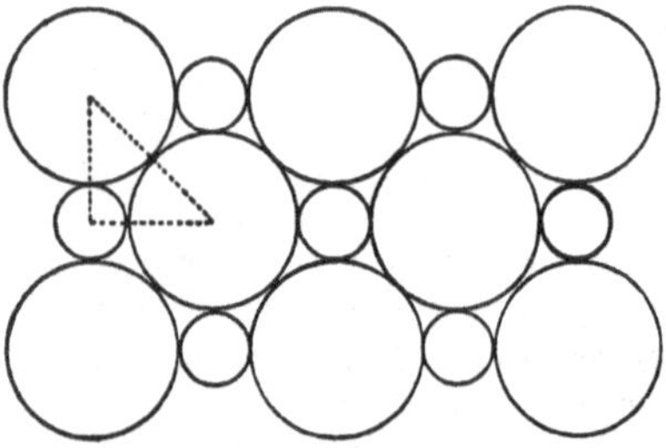

Abb. 27. (1 0 0)-Netzebene eines Gitters vom NaCl-Typus mit sich berührenden Anionen (große Kreise!)

Es ist allerdings noch ein anderer Weg eingeschlagen worden, der ebenfalls sehr einfach zur Ermittlung der Ionen- bzw. Atomradien aus den Gitterabständen führt. Als Grundlage für das zweite Berechnungsverfahren wurden die Ionenradien für das F^-- und das O^{2-}-Ion gewählt, die beide von J. A. Wasastjerna mit Hilfe optischer Untersuchungen bestimmt worden sind. Wasastjerna fand für den Radius des F^--Ions 1,33 Å und für den des O^{2-}-Ions 1,32 Å. Nun ist z. B. der Abstand Na^+—F^- im NaF-Gitter mit 2,31 Å auf röntgenographischem Wege ermittelt worden. Demnach ergibt sich dann für den Radius des Na^+-Ions der Wert 2,31 — 1,33 = 0,98 Å. Folgendes Rechenschema soll diese Methode ganz klar werden lassen:

Na^+—F^- = 2,31 Å (nach röntgenographischer Bestimmung)
F^- = 1,33 Å (nach optischen Bestimmungen)

Na^+ = 0,98 Å

Auf diese Weise lassen sich zunächst die Radien der Alkalimetallionen und die der Halogenionen bestimmen. Ganz analog können für sämtliche Elemente des periodischen Systems die Atom- bzw. Ionenradien aus den Gitterabständen berechnet werden. In der folgenden Tabelle (Seite 56 u. 57) sind die Ionen- und Atomradien der Elemente zusammengestellt (nach O. Hassel).

Man erkennt, daß die Atom- bzw. Ionenradien von der Ordnungszahl des betreffenden Elementes und von der Ladung abhängen. Mit wachsender Ordnungszahl (Kernladung) wachsen die Ionenradien innerhalb einer Spalte des periodischen Systems an, z. B. K^+ 1,33, Rb^+ 1,49, Cs^+ 1,65. Mit zunehmender negativer Ladung, also mit wachsender Zahl der peripheren Elektronen, steigt der Atom- oder Ionenradius an, z. B. O 0,60, O^{2-} 1,32. Dagegen nimmt mit steigender positiver Ladung der Ionenradius ab. Das kann man sehr schön beim Blei sehen: Pb^{4-} 2,15, Pb^0 1,74, Pb^{2+} 1,32, Pb^{4+} 0,84 oder auch beim Eisen: Fe^0 1,26, Fe^{2+} 0,83, Fe^{3+} 0,67.

Nähere Untersuchungen zeigen nun allerdings, daß die Radien der Ionen nicht absolut konstant sind. Vielmehr sind die Radien noch abhängig von der Art der umgebenden Partikeln und vor allem von der Koordinationszahl, d. h. der Zahl der unmittelbaren Nachbarionen. Wird beispielsweise die Koordinationszahl geringer, so werden die Ionenradien kleiner, während eine Vergrößerung der Koordinationszahl eine Vergrößerung der Ionenradien zur Folge hat. Beispielsweise kristallisiert NH_4Cl unterhalb 184° C im CsCl-Typ, also in [8]-Koordination, über 184° C im NaCl-Typ, also in [6]-Koordination. Der Abstand NH_4^+—Cl^- in [8]-Koordination beträgt 3,35 Å, bei [6]-Koordination 3,27 Å. Beim Übergang von der Achter- in die Sechserkoordination hat demnach der Partikelabstand und damit der Ionenradius um rund 3 % abgenommen.

Diese Erscheinung steht im Zusammenhang mit der **Polarisationswirkung** der Ionen (vgl. S. 45). Kommen zwei Ionen verschiedener Ladung miteinander in Berührung, so ist selbstverständlich zu erwarten, daß das positive Ion die Elektronenwolke des Anions zu sich heranzieht und damit also das Anion deformiert (**Ionendeformation**). Die Ionen erhalten dadurch elektrische Momente, die vom Grad der Deformierbarkeit des Anions und vom Grad der polarisierenden oder deformierenden Wirkung des Kations abhängen. Die deformierende Wirkung des Kations steigt mit wachsender Ladung und mit abnehmendem Ionenradius an. Andererseits steigt die Polarisierbarkeit oder Deformierbarkeit der Anionen mit zunehmendem Ionenradius an. Erfahrungsgemäß hängen die Polarisationserscheinungen auch ab vom Bau der betreffenden Ionenarten. So sind z. B. edelgasunähnliche Kationen stärker polarisierend als edelgasähnliche Kationen mit etwa gleich großem Radius: Beispielsweise wirkt Zn^{2+} stärker polarisierend als Mg^{2+}, Cd^{2+} stärker als Ca^{2+}, Ag^+ und Cu^+ stärker als die Alkalimetallionen, die Elektronenhüllen mit Edelgascharakter (Achterschalen) besitzen. Wir wollen uns die Wirkung der Polarisation

Atom- un

I	II	III	IV	V
H^{+} 1,27				
H^{-} 1,54				
Li 1,56	Be 1,05		C 0,77	N 0,71
Li^{+} 0,78	Be^{2+} 0,34			
Na 1,86	Mg 1,62	Al 1,43	Si^{4-} 1,98	
Na^{+} 0,98	Mg^{2+} 0,78	Al^{3+} 0,57	Si 1,13	
			Si^{4+} 0,39	
K 2,23	Ca 2,21	Sc 1,51	Ti 1,49	V 1,32
			Ti^{3+} 0,69	V^{3+} 0,65
K^{+} 1,33	Ca^{2+} 1,06	Sc^{3+} 0,83	Ti^{4+} 0,64	V^{4+} 0,61
Cu 1,27	Zn 1,33	Ga 1,33	Ge 1,22	As 1,16
	Zn^{2+} 0,83	Ga^{3+} 0,62	Ge^{4+} 0,44	As^{3+} 0,69
Rb^{+} 1,49	Sr^{2+} 1,27	Y^{3+} 1,06	Zr 1,62	Nb 1,43
			Zr^{4+} 0,87	Nb^{4+} 0,69
				Nb^{5+} 0,69
Ag 1,44	Cd 1,49	In 1,45	Sn^{4-} 2,15	Sb 1,34
Ag^{+} 1,13	Cd^{2+} 1,03	In^{3+} 0,92	Sn 1,40	Sb^{3+} 0,90
			Sn^{4+} 0,74	
Cs^{+} 1,65	Ba^{2+} 1,43		Hf 1,66	Ta 1,42
Au 1,44	Hg 1,49	Tl 1,99	Pb^{4-} 2,15	Bi 1,46
	Hg^{2+} 1,12	Tl^{+} 1,49	Pb 1,74	
		Tl^{3+} 1,05	Pb^{2+} 1,32	
			Pb^{4+} 0,84	
			Th 1,82	
			Th^{4+} 1,10	
La^{3+} 1,22	Ce 1,83			
	Ce^{3+} 1,18		Nd^{3+} 1,15	
	Ce^{4+} 1,02			
Gd^{3+} 1,11	Tb^{3+} 1,09			
	Tb^{4+} 0,89		Ho^{3+} 1,05	Er^{3+} 1,04

onenradien

VI	VII			
O 0,60	F^- 1,33			
O^{2-} 1,32				
S^{2-} 1,74				
S 1,04	Cl^- 1,81			
S^{6+} 0,34	Cl 1,07			
Cr 1,25	Mn 1,29	Fe 1,26	Co 1,26	Ni 1,24
Cr^{3+} 0,65	Mn^{2+} 0,91	Fe^{2+} 0,83	Co^{2+} 0,82	Ni^{2+} 0,78
	Mn^{3+} 0,70			
Cr^{6+} 0,3-0,4	Mn^{4+} 0,52	Fe^{3+} 0,67		
Se^{2-} 1,91	Br^- 1,96			
Se 1,13	Br 1,19			
Se^{6+} 0,3-0,4				
Mo 1,36		Ru 1,30	Rh 1,34	Pd 1,37
Mo^{4+} 0,68		Ru^{4+} 0,65	Rh^{3+} 0,69	
Te^{2-} 2,03	J^- 2,20			
Te 1,33	J 1,36			
Te^{4+} 0,89	J^{5+} 0,94			
W 1,37				
W^{4+} 0,68		Os 1,31	Ir 1,35	Pt 1,38
		Os^{4+} 0,67	Ir^{4+} 0,66	
U^{4+} 1,05				
Sm^{3+} 1,13	Eu^{3+} 1,13			
Tm^{3+} 1,04	Yb^{3+} 1,00	Cp^{3+} 0,99		

an einem Beispiel klarmachen: Der Ionenabstand im KCl-Gitter beträgt 3,14 Å. Der Radius des K^+-Ions ist 1,33 Å, der des Cl^--Ions 1,81 Å, so daß deren Summe gleich 3,14 Å ist. Betrachtet man dagegen die Verbindung AgCl, so beläuft sich die Summe der Ionenradien auf 1,13 + 1,81 = 2,94 Å, der experimentell bestimmte Ionenabstand beträgt dagegen nur 2,77 Å. Beim AgJ ist die Differenz noch größer. Hier beträgt der röntgenographisch ermittelte Abstand nur 2,81 Å, der additiv berechnete Wert dagegen 3,33 Å (1,13 + 2,20 Å). Eine entscheidende Wirkung der Polarisation ist also die Verkürzung der Ionenabstände. Einen noch tiefergehenden Einfluß kann die Polarisationswirkung auf den Gitterbau nehmen, indem bei hinreichend intensiver Ionendeformation neue Gittertypen auftreten können. Als Folge zunehmender Polarisationswirkung eines Kations auf ein Anion muß der Übergang der NaCl-Gitter in Gitter vom Zinkblende- bzw. Wurtzit-Typus gewertet werden. Dabei tritt eine Verminderung der Koordinationszahl von 6 auf 4 ein. Außerdem erfolgt, wie bereits früher (S. 45) vermerkt wurde, auch eine Annäherung an den homöopolaren Bindungstyp. Es sei in diesem Zusammenhang darauf hingewiesen, daß CuJ, CuBr und CuCl im Zinkblendegitter, AgJ im Wurtzitgitter kristallisieren. Die beiden Typen Zinkblende-Wurtzit stellen demnach Übergangstypen zwischen Ionen- und Atomgittern dar.

Für das Auftreten eines bestimmten Gittertyps ist außer der Polarisation selbstverständlich auch die relative Ionengröße verantwortlich zu machen. Hierbei spielen die Radienquotienten $R_A : R_X$ (A = Kation, X = Anion) eine entscheidende Rolle. Man hat beispielsweise festgestellt, daß bei den Verbindungen AX_2 der Grenzquotient zwischen dem CaF_2-Gitter mit [8]-Koordination des Kations und dem Rutilgitter mit [6]-Koordination des Kations bei einem Verhältnis $R_A : R_X = 0{,}73$ liegt. Beispiele: Beim Rutil TiO_2 hat der Radienquotient den Wert 0,49, CeO_2 mit dem Radienquotienten 0,78 kristallisiert bereits im Fluoritgitter, ebenso ThO_2 mit dem Radienquotienten von 0,83. Diese Gesetzmäßigkeit kann auf sehr einfachem, geometrischem Wege abgeleitet werden: Betrachten wir einmal die Diametralebene (1 1 0) beim CaF_2-Gitter in der Umgebung eines Ca^{2+}-Ions! Abb. 28 soll einen Schnitt parallel dieser Ebene durch die Ionenkugeln geben. Wenn R_A und R_X ungefähr gleich groß sind, werden sich die Anionen nicht berühren. Lassen wir nun die Anionen anwachsen, d. h. verkleinern wir den Radienquotienten $R_A : R_X$, so werden sich bei einem bestimmten Wert dieses Quotienten die Anionen berühren müssen. Das ist aber gerade der Grenzquotient. Denn bei einem kleineren

Verhältnis $R_A : R_X$ wäre die in Abb. 28 gezeichnete Anordnung nicht mehr möglich, wenn wir fordern, daß sich auch Kation und Anion berühren sollen. Der Grenzquotient läßt sich ganz einfach aus Abb. 28 entnehmen. Es ist:

$$R^2_X + 2 \cdot R^2_X = (R_A + R_X)^2$$

oder

$$\sqrt{3} \cdot R_X = R_A + R_X ,$$

schließlich

$$\frac{R_A}{R_X} \doteq \sqrt{3} - 1 = 0{,}73\dot{2} .$$

Das ist aber genau der Zahlenwert für den beobachteten Radienquotienten.

Eine verblüffende Abhängigkeit der Gittertypen von den geometrischen Verhältnissen der Bausteine ergeben sich auch bei den intermetallischen Verbindungen (vgl. auch S. 66). Als besonders schönes Beispiel seien die Laves-Phasen angeführt. Darunter versteht man eine zusammengehörige Gruppe intermetallischer Verbindungen, die in den drei Gittertypen $MgCu_2$, $MgZn_2$ und $MgNi_2$ kristallisieren. Die Strukturen dieser drei Verbindungen sind außerordentlich nahe miteinander verwandt. Betrachtet man im $MgCu_2$-Gitter zunächst nur die Mg-Atome, so zeigt sich eine Atomanordnung, die völlig der Diamantstruktur entspricht (Abb. 21, S. 29). Die Koordinationszahl für die Mg-Atome ist demnach 4. Auch die Cu-Atome bilden für sich einen gitterhaften Bauzusammenhang, jedoch mit der Koordinationszahl 6. Die Cu-Atome besetzen die Ecken von Tetraedern, deren Schwerpunkte die Zentren von vier alternierenden Achtelwürfeln der kubischen Elementarzelle darstellen. Beide Kugelpackungen ineinandergestellt bilden das $MgCu_2$-Gitter, wobei sich die Mg-„Kugeln" unter sich gegenseitig berühren, ebenso die Cu-„Kugeln". Es berühren

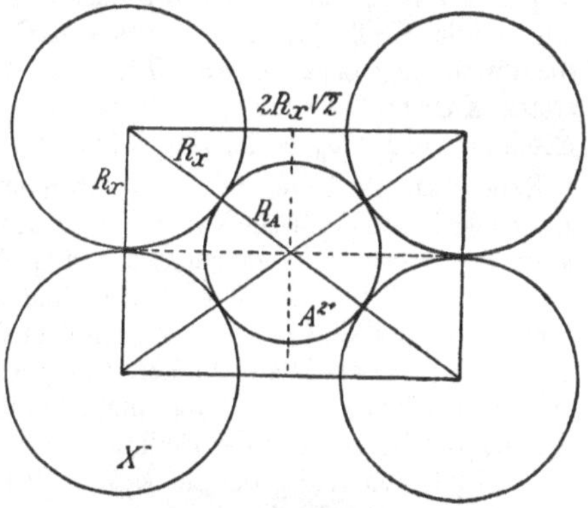

Abb. 28 Ionenanordnung in einer (1 1 0)-Ebene eines Gitters AX_2 vom Fluorittypus

aber einander nicht Mg- und Cu-„Kugeln“. Die nächsten Nachbarn eines Atoms sind also nicht die Atome der anderen Sorte, sondern jeweils die der eigenen. Durch diesen Befund wird Heteropolarität im wesentlichen ausgeschlossen. Auf Grund der Geometrie des $MgCu_2$-Gitters kann ein ideales Verhältnis der Radien der beiden Atomsorten berechnet werden. Und zwar ergibt sich dabei, daß sich der Radius des großen Atoms zum Radius des kleinen Atoms verhalten muß wie Raumdiagonale zur Flächendiagonale des Elementarwürfels, d.h. wie $\sqrt{3} : \sqrt{2} = 1{,}225$.

Sehr ähnlich wie $MgCu_2$ kristallisieren auch $MgZn_2$ und $MgNi_2$. Koordinationszahlen, Raumerfüllung und Bauzusammenhänge sind bei den drei Typen identisch. Unterschiede bestehen lediglich hinsichtlich der Symmetrie und der Größe der Elementarzelle. $MgCu_2$ kristallisiert in der kubisch dichtesten Kugelpackung (Abb. 9[14], S. 12), $MgZn_2$ in der hexagonal dichtesten Kugelpackung (Abb. 20, S. 29), während die $MgNi_2$-Struktur als Mischung der $MgCu_2$- und $MgZn_2$-Struktur aufgefaßt werden kann.

Experimentelle Untersuchungen haben nun tatsächlich ergeben, daß zahlreiche intermetallische Verbindungen AB_2 in den Lavesschen Phasen auftreten, wobei die Komponenten A und B über das ganze periodische System verteilt sind. Die Werte für die Radienverhältnisse — und das ist für uns hier das Wichtige — kommen dem theoretischen Wert allgemein recht nahe. Laves-Phasen finden sich experimentell nur bei einem Atomradienverhältnis zwischen 1,135 und 1,38 (Mittelwert etwa 1,21). Besonders instruktiv zeigt sich der Einfluß solcher geometrischer Bauprinzipien am Beispiel des KNa_2, das im $MgZn_2$-Gitter kristallisiert (Laves und Wallbaum). Der Radius des Kaliumatoms ist 2,36 Å, der des Natriumatoms = 1,92 Å. Das Atomradienverhältnis ist demnach = 2,36/1,92 = 1,227, ist also praktisch gleich dem theoretisch geforderten Wert. Abschließend sei betont, daß die geometrische Bedingung für das Auftreten von Laves-Phasen wohl eine notwendige, nicht aber hinreichende Bedingung darstellt. Z.B. wurde im System Na-Li (Radienquotient = 1,22) bisher überhaupt keine Verbindung festgestellt.

Wir haben gesehen, daß für den Aufbau der Kristallgitter zwei Faktoren von maßgeblichem Einfluß sind: die geometrischen Beziehungen zwischen den verschiedenen Bausteinen und ihre atomphysikalischen Eigenschaften. Im folgenden werden wir im wesentlichen zu zeigen haben, in welcher Weise diese Faktoren — nach unseren heutigen Kenntnissen — die physikalischen und physikalisch-chemischen Eigenschaften der Kristalle bestimmen.

2. Polymorphie, Isotypie und Isomorphie

Im vorangehenden Abschnitt ist auf die bemerkenswerte Tatsache hingewiesen worden, daß die Ausbildung eines bestimmten Gittertyps im wesentlichen an die Größenverhältnisse und die Polarisationseigenschaften der Ionen und Atome gebunden ist. Wie wir am Beispiel des NH_4Cl gesehen haben, kann ein derartiger Übergang von einem Gitter in ein anderes sogar bei ein- und derselben Substanz vorkommen. Dies ist mit großer Wahrscheinlichkeit immer dann zu erwarten, wenn der Radienquotient der betreffenden Verbindung in der Nähe eines Grenzquotienten liegt. Es kann dann z. B. durch Zuführung thermischer Energie bewirkt werden, daß dieser Grenzwert überschritten wird und sich das ursprüngliche Gitter in ein anderes umwandelt (kristallographische Umwandlung). Man bezeichnet diese Erscheinung als Polymorphie. Beispielsweise sind Calcit und Aragonit zwei polymorphe Modifikationen mit der gleichen chemischen Zusammensetzung $CaCO_3$. Das Calcitgitter wurde bereits auf S. 33 eingehend besprochen. Aragonit kristallisiert im Gegensatz zum rhomboedrischen Calcit rhombisch (Klasse V_h). Das Aragonitgitter kommt in seiner Symmetrie der hexagonal dichtesten Kugelpackung nahe, während das Calcitgitter ein deformiertes kubisch flächenzentriertes Gitter darstellt. Die Beziehungen zwischen den verschiedenen Modifikationen ein und derselben chemischen Substanz werden uns besonders deutlich werden, wenn wir die Reihe der Karbonate vom Typus ACO_3 in ihren strukturellen Verhältnissen miteinander vergleichen. In der folgenden Tabelle sind verschiedene dieser Karbonate mit den Radien der Kationen und ihrem Strukturtypus aufgezählt:

Formel	Kationenradius	Gittertypus
$BaCO_3$	1,43	Aragonit
$SrCO_3$	1,27	
$CaCO_3$	1,06	
$CaCO_3$	1,06	Calcit
$MnCO_3$	0,91	
$ZnCO_3$	0,83	
$FeCO_3$	0,83	
$MgCO_3$	0,78	

Diese Zusammenstellung zeigt sehr anschaulich, daß bei kleinerem Kation der Kalkspattypus vorherrscht, während der Aragonittyp bei größerem

Kationenradius wahrscheinlicher wird. Bei den Verbindungen mit mittlerem Radius treten beide Gitterarten auf, d. h. es liegt Polymorphie vor. Die Umwandlung Aragonit-Kalkspat verläuft nur in einer Richtung, sie ist, wie man sagt, monotrop. Man muß annehmen, daß Aragonit schon bei gewöhnlicher Temperatur instabil, Calcit dagegen die stabile Modifikation ist. Allerdings ist die Umwandlungsgeschwindigkeit so gering, daß die Modifikationsänderung bei niederen Temperaturen praktisch nicht eintritt. Erst bei etwa 400° C beginnt die Umwandlungsgeschwindigkeit merkbar zu werden.

Die Umwandlung eines Kristallgitters vollzieht sich nun nicht derart, daß sich das ganze Gitter schlagartig in die neue Form umbildet. Vielmehr entstehen an verschiedenen Stellen des ursprünglichen Gitters spontan Keime des neuen Gitters, die dann rasch zu wachsen beginnen. Auf diese Weise bildet sich im allgemeinen kein einheitliches Gitter mehr, sondern ein Kristallpulver. Da bevorzugte Bindungsrichtungen des ursprünglichen Gitters mit größerer Wahrscheinlichkeit erhalten bleiben, sind vielfach die einzelnen Kristallite des Pulvers statistisch orientiert; sie zeigen eine bestimmte „Textur". Beispielsweise ist bei der Umwandlung Aragonit → Calcit festzustellen, daß die neu entstandenen Calcitkriställchen mit ihren *c*-Achsen mehr oder weniger genau parallel der ursprünglichen *c*-Achse des Aragonitkristalls orientiert sind.

Auch bei den Nitraten $LiNO_3$, $NaNO_3$, KNO_3, die ebenfalls in den beiden Typen Aragonit und Calcit kristallisieren, läßt sich der Zusammenhang des Gitterbaus mit dem Kationenradius sehr schön feststellen. Hier ist es KNO_3, das polymorph ist, also in beiden Strukturtypen kristallisieren kann. Bei Zimmertemperatur ist die rhombische Modifikation (β-KNO_3) stabil, die bei 128° C in ein polykristallines Aggregat der rhomboedrischen Modifikation übergeht (α-KNO_3). Dieser Übergang α- $\rightleftharpoons$ β-KNO_3 ist reversibel oder enantiotrop. Geht man von einem normalen α-Einkristall aus und kühlt ab, so zeigen die Laue-Aufnahmen bei 123° C das deutliche Aussehen von Diagrammen deformierter Einkristalle. Bei 113° C erfolgt dann die Umwandlung in die β-Modifikation (Borchert-Leonhardt).

Die polymorphen Umwandlungen bei $CaCO_3$ und KNO_3, die bei Temperaturerhöhungen eintreten, wird man nicht auf eine Änderung der Größe des Kationenradius mit der Temperatur zurückführen können. Man versucht, diese Umwandlungen mit einer Temperaturabhängigkeit der Polarisationseigenschaften der Ionen in Zusammenhang zu bringen. Es ist anzunehmen, daß eine Erhöhung der Temperatur eine Vergrößerung der Polarisationswirkung bedingt. Wie wir gesehen haben, läuft die polarisierende Wirkung der Kationen umgekehrt wie der Ionenradius: Sie wächst mit abnehmendem Radius. Es ist somit durchaus verständlich, daß bei erhöhter Temperatur (= zunehmende Polarisationswirkung) und bei abnehmendem Kationenradius die Calcitstruktur als stabile Modifikation auftritt.

Es existiert noch eine merkwürdige Umwandlungsart, auf die wegen ihrer Besonderheit und mineralogischen Bedeutung hier kurz eingegangen werden soll. Eine Reihe von Mineralien der seltenen Erden treten in einem eigentümlichen, röntgenamorphen Zustand auf, den man als metamikt bezeichnet (Brögger). Die betreffenden Mineralien sind bei muscheligem Bruch glasartig, wobei aber häufig gleichzeitig wohlausgebildete Kristallflächen beobachtet werden können. Solche Mineralien sind u. a. Gadolinit $Y_2Fe[O \mid BeSiO_4]_2$, Fergusonit $Y(Nb, Ta) O_4$, Euxenit $(Y, Er, Ce, U, Pb, Ca) [(Ti, Nb, Ta)_2 (O, OH)_6]$, Zirkon $Zr [SiO_4]$. Werden Mineralien, die sich im metamikten Zustand befinden, auf höhere Temperaturen gebracht, so wird unter Verglimmungserscheinungen der kristalline Zustand wieder gebildet (Rekristallisation[1]). Bei der Rückbildung des kristallisierten Zustandes wird demnach Kristallisationswärme frei. Es wird angenommen, daß die metamikte Umwandlung durch α-Strahlung der radioaktiven Elemente, die in den betreffenden Mineralien vorhanden sind, erzeugt wird. Doch muß außerdem von vornherein eine gewisse Instabilität des Gitteraufbaus vorausgesetzt werden, damit die gitterzerstörende Wirkung der α-Strahlung zum Ausdruck kommen kann. Ob im metamikten Zustand die Mineralien stets amorph sind, ist noch nicht ganz sicher. So konnte z. B. beim Zirkon nachgewiesen werden, daß dort zum Teil ein Zerfall in die Komponenten ZrO_2 und SiO_2 eintritt, wobei das ZrO_2 kristallin ist (Chudoba und von Stackelberg).

Im Zusammenhang mit der Betrachtung der Polymorphie haben wir gleichzeitig eine weitere, sehr wichtige Eigenschaft der Kristalle kennengelernt: die Isotypie bzw. Isomorphie. Unter Isotypie versteht man die Erscheinung, daß verschiedene Stoffe mit analoger chemischer Formel gleichen Kristallbautypus aufweisen. Kristallarten, die dem gleichen

[1]) Hier handelt es sich tatsächlich um eine „Wieder"kristallisation, so daß nach einem Vorschlag von Chudoba die sinngemäß richtige Bezeichnung Rekristallisation verwendet wird. Die sonst, vor allem in der Metallkunde, so benannten Vorgänge werden besser als Um- oder Sammelkristallisation bezeichnet.

Bautypus angehören, werden als **isotyp** bezeichnet. Beispiel: Steinsalz NaCl, Bleiglanz PbS und Periklas MgO kristallisieren im B 1-Typus (S. 30). Eine noch engere Beziehung ist dann gegeben, wenn sich die Bausteine isotyper Kristallarten in ein und demselben Gitter wechselseitig ersetzen und so **isomorphe** Mischungen bilden können. Isomorph sind z. B. die Karbonate $CaCO_3$, $MnCO_3$, $ZnCO_3$, $FeCO_3$ und $MgCO_3$, ferner Gold und Silber u. a. Steinsalz (NaCl) und Sylvin (KCl) dagegen sind nur bei höheren Temperaturen isomorph. Der Begriff der Isotypie ist dem der Isomorphie übergeordnet: Isomorphe Kristallarten müssen auch isotyp sein, nicht umgekehrt. Derartige Isomorphiebeziehungen zwischen mehreren Kristallarten werden immer dann möglich sein, wenn die Größenverhältnisse und die Polarisationseigenschaften der Bausteine der beiden Gitter einander hinreichend ähnlich sind. Daß tatsächlich die Ionengröße und weniger der chemische Charakter eines Kristallbausteines von entscheidendem Einfluß auf die Isomorphiebeziehungen ist, zeigt sich z. B. darin, daß $PbCO_3$ im Aragonittypus kristallisiert, also isomorph ist mit $SrCO_3$ und $BaCO_3$, während $MgCO_3$ zum Kalkspattypus gehört und damit isomorph mit $FeCO_3$, $ZnCO_3$ und $MnCO_3$ ist. Der Radius des Pb^{2+}-Ions beträgt 1,32 Å (entsprechend Sr^{2+} 1,27, Ba^{2+} 1,43), der Radius des Mg^{2+} ist dagegen wesentlich niedriger, er beträgt nur 0,78 Å.

Nun kennt man Kristallgitter, die geometrisch beispielsweise mit denjenigen vom Fluorittypus übereinstimmen, in denen jedoch die Plätze der Kationen durch Anionen besetzt sind und umgekehrt. Hierher gehört die Verbindung Li_2O. Man kann dabei natürlich nicht ohne weiteres von einer Isomorphiebeziehung zwischen Li_2O und etwa ThO_2 reden. Einen derartigen Zusammenhang bezeichnet man als „**Antisomorphie**“. In dem angeführten Beispiel stellt man der Flußspatstruktur eine „Antiflußspatstruktur“ gegenüber. Auch für die Anti-Typen konnte der Einfluß der Radienquotienten der an der Verbindung beteiligten Komponenten auf die Ausbildung eines bestimmten Gitters nachgewiesen werden. Z. B. wurde für die Verbindungen A_3B mit $A = Li^+, Na^+, K^+$ und $B = (N, P, As, Sb, Bi)^{3-}$ folgende Beziehung gefunden: $R_{A^+}/R_{B^{3-}} < \sim 0{,}38$ Li_3Bi-Typ (Anti-BiF_3-Typ), $> 0{,}38$ und $< 0{,}59$ Na_3As-Typ (Anti-Tysonit-Typ), $> 0{,}59$ Li_3N-Typ.

Eine isomorphe Vertretbarkeit zweier Bausteine ist definitionsgemäß auch in ein und demselben Kristallgebäude möglich, wobei in der Regel die beiden sich vertretenden Elemente statistisch und ungeordnet auf gittergeometrisch identische Punktlagen verteilt sind. Man pflegt diese Erscheinung als „Mischkristallbildung" zu bezeichnen. Darunter versteht man also die Möglichkeit des Ersatzes (Substitution) einzelner Bausteine im Gitter, ohne daß sich dabei dieses Gitter in seinem Bauplan ändert. Bei der Mischbarkeit genügt es nun nicht allein, die Größenverhältnisse der Bausteine zu berücksichtigen. Es kommt hier auch auf die absolute Größe der Ionen an. Die Rolle. die der Partikelradius bei der isomorphen Vertretbarkeit spielt, kommt außerordentlich anschaulich bei der Feldspatgruppe zum Ausdruck. Die wichtigsten Feldspäte sind: Orthoklas $KAlSi_3O_8$, Albit $NaAlSi_3O_8$ und Anorthit $CaAl_2Si_2O_8$. Albit und Anorthit bilden bei gewöhnlicher Temperatur eine lückenlose Mischkristallreihe, während das für Orthoklas und Albit oder Orthoklas und Anorthit nicht zutrifft. Untersucht man die Strukturen der Albit—Anorthit-Mischkristalle (Plagioklase), so stellt man fest, daß die in das Albitgitter eintretenden Ca-Ionen einen Teil der Na-Plätze besetzen, während die Al-Atome zum Teil die Si-Plätze der SiO_4-Tetraeder des Albitgerüstes belegen. Man kann unmittelbar die wichtige Folgerung ziehen, daß es bei der isomorphen Vertretbarkeit auf die Wertigkeit der Bausteine nicht ankommt (Ca^{2+} und Na^+ ebenso wie Al^{3+} und Si^{4+} vertreten sich gegenseitig!). Ja, es ist bei der Isomorphie nicht einmal wesentlich, daß die vertretbaren Elemente chemisch sehr nahe verwandt sind. Denn während Ca^{2+} und Na^+ einander ersetzen können, ist dies für Na^+ und K^+ bei gewöhnlichen Temperaturen nicht der Fall. Dies gilt nicht nur für die Feldspäte, sondern auch z. B. für NaCl und KCl, die bei Zimmertemperatur trotz der chemischen Analogie keine Mischkristalle bilden. Selbstverständlich muß, wenn Na^+ durch Ca^+ ersetzt wird, durch eine andere Vertretung ein Wertigkeitsausgleich geschaffen werden, wie dies bei der Feldspatgruppe durch die Ersetzung des Si^{4+} durch Al^{3+} geschieht. Entscheidend für die Isomorphiebeziehung ist die Raumbeanspruchung, die wesentlich durch die Atom- bzw. Ionenradien wiedergegeben wird. So beträgt der Ionenradius für Na^+ 0,98, für K^+ 1,33 und für Ca^{2+} 1,06 Å. Sofort wird klar, daß eine Vertretbarkeit zwischen Natrium und Calcium wahrscheinlicher ist als zwischen Kalium und Natrium oder zwischen Kalium und Calcium. Für Al^{3+} finden wir einen Ionenradius von 0,57 und für Si^{4+} 0,39 Å. Im allgemeinen kann man damit rechnen, daß eine ausgedehnte isomorphe Mischbarkeit dann möglich ist, wenn der Radienunterschied der einander ersetzenden Bausteine unterhalb 15% des kleinsten Radius liegt.

Ein anderes sehr instruktives Beispiel sei noch angeführt: Früher nahm man an, daß bei den Mineralien Homilit und Gadolinit Ca^{2+} durch Be^{2+}

und Y^{3+} durch B^{3+} ersetzt werden. Vergleicht man die Ionenradien mit Ca^{2+} 1,06, Be^{2+} 0,35, Y^{3+} 1,06 und B^{3+} 0,20, so muß man nach dem eben Gesagten annehmen, daß Ca^{2+} und Y^{3+}, andererseits Be^{2+} und B^{3+} einander vertreten können. Die Formeln für die beiden Mineralien dürfen wir demnach nicht schreiben:

Homilit $FeCa_2B_2Si_2O_{10}$
Gadolinit $FeBe_2Y_2Si_2O_{10}$,

sondern in folgender Weise:

Homilit $FeCa_2B_2Si_2O_{10}$
Gadolinit $FeY_2Be_2Si_2O_{10}$.

Entscheidend ist auch an diesem Beispiel, daß bei der Vertretbarkeit nicht die Wertigkeit, sondern die Atom- und Ionengrößen von ausschlaggebender Bedeutung sind.

Zusammenfassend kann bezüglich der Ionengitter festgestellt werden: Die Erscheinung der Polymorphie läßt sich gittertheoretisch in vielen Fällen aus der Änderung der Größenbeziehung und Polarisationseigenschaften der Gitterbausteine als Folge einer Änderung der thermischen Energie verstehen. Die isomorphe Ersetzbarkeit andererseits beruht auf der Ähnlichkeit von Größe und Polarisationseigenschaften zweier Partikeln.

Polymorphie und Isotypie bzw. Isomorphie finden sich nun nicht nur bei Ionen- oder Atomgittern. Beide spielen auch bei den metallischen Elementen und intermetallischen Verbindungen eine große Rolle. Um diese Erscheinungen besser zu erfassen, ist es zweckmäßig, zunächst einmal kurz von einem höheren Standpunkte aus die Strukturbeziehungen der Metalle und Legierungen zu untersuchen, wie dies etwa von Laves durchgeführt worden ist. Zunächst ist es auffallend, daß ein sehr großer Anteil der metallischen Elemente in einigen wenigen Gittertypen kristallisiert. Es sind dies vor allem die drei Typen: kubisch-dichteste Kugelpackung (= flächenzentriertes kubisches Gitter, Koordinationszahl 12), hexagonal dichteste Kugelpackung (Koordinationszahl 12) und kubisch-raumzentriertes Gitter (Koordinationszahl 8). Es hat sich gezeigt, daß von den 78 bestimmten Metallstrukturen auf diese drei Typen allein 64, das sind 82%, entfallen. Einen Schritt weiter gelangt man, wenn man den Begriff der Koordinationszahl etwas weiter faßt. Wir verallgemeinern den Begriff so, daß nicht nur die nächsten Nachbarn mit gleichem, sondern auch solche mit „annähernd gleichem“ Abstand gezählt werden. Diese Erweiterung hat sich gerade bei den metallischen Elementen und intermetallischen Phasen als sehr fruchtbar erwiesen. Indem wir uns auf diesen umfassenderen Begriff stützen, können wir weiter feststellen, daß 55 Metallstrukturen die Koordinationszahl 12, 16 Metallstrukturen die Koordinationszahl 8 und nur 7 Metallstrukturen eine Koordinationszahl aufweisen, die kleiner als 8 ist. Es ist klar, daß der Raum immer dann am dichtesten mit Kugeln erfüllt ist, wenn die Koordinationszahl gleich 12 ist, d. h. wenn jede Atomkugel 12 nächste Nachbarn besitzt. Aus dem Umstand, daß von den 78 Metallstrukturen 55 die Koordinationszahl 12 aufweisen, können wir schließen, daß in den Strukturen der metallischen Elemente eine möglichst hohe Raumfüllung angestrebt wird.

Zu einer bemerkenswerten Gesetzmäßigkeit gelangen wir, wenn wir noch die Symmetrieverhältnisse der Metallstrukturen berücksichtigen. Man findet, daß unter den 55 Strukturen mit der Koordinationszahl 12 allein 48, das sind 87%, in der kubischen oder hexagonalen dichtesten Kugelpackung kristallisieren. Die übrigen 7 verteilen sich auf mehr oder weniger komplizierte Strukturtypen. Die meisten Metalle gehören also dem kubischen und dem hexagonalen System an. Dies sind aber gerade die höchstsymmetrischen Systeme. Wir finden daher, daß bei den Metallstrukturen diejenigen Anordnungen bevorzugt sind, die eine hohe Symmetrie aufweisen. Insgesamt können wir also feststellen, daß die Strukturen der metallischen Elemente durch hohe Raumerfüllung und hohe Symmetrie gekennzeichnet sind.

Wie bei den Ionenverbindungen können auch bei den Metallen und nichtmetallischen Elementen mehrere Modifikationen auftreten. Bei Elementen spricht man allgemein von allotropen Umwandlungen. Solche liegen vor z. B. bei Fe, Co und Ni oder C und P. Beim Eisen sind 4 Modifikationen unterschieden worden, die alle kubisch kristallisieren: α-, β-, γ- und δ-Eisen. Jedoch muß auf Grund röntgenographischer Untersuchungen angenommen werden, daß nur zwei verschiedene Strukturarten vorliegen: Das α-Eisen kristallisiert in einem raumzentrierten kubischen Gitter (bis 768° C). Bei 768° C liegt ein magnetischer Umwandlungspunkt vor, bei dem die α- in die β-Modifikation übergeht. Beide Modifikationen sind aber strukturell nicht voneinander zu unterscheiden. β-Eisen ist stabil bis 906° C. Dann geht sie in die γ-Modifikation über, die ein kubisch-flachenzentriertes Gitter aufweist und bis 1401° C stabil ist. Schließlich tritt das δ-Eisen auf, das wiederum kubisch-raumzentriert kristallisiert und bis zum Schmelzpunkt existenzfähig bleibt. Eine wichtige Rolle spielt demnach beim Eisen der Übergang zwischen kubisch-raumzentriertem Gitter

(β-Fe oder δ-Fe) und kubisch-flächenzentriertem Gitter (γ-Fe). Man kann sich den Übergang zwischen den beiden Gittertypen strukturgeometrisch folgendermaßen vorstellen: Man denke sich aus einem kubisch-raumzentrierten Gitter eine allseitig flächenzentrierte Anordnung derart herausgeschnitten, daß eine Zelle entsteht, deren Basiskanten die Flächendiagonalen des raumzentrierten Würfels darstellen, während die Höhe der Zelle der Kante dieses Würfels entspricht. Das ist zunächst eine Zelle mit tetragonaler Symmetrie. Bezeichnen wir die Kantenlänge des raumzentrierten Würfels mit a, so ist die Basiskante der tetragonalen Zelle gleich $a\sqrt{2}$, während die Höhe gleich a bleibt. Der Inhalt der tetragonalen Zelle ist demnach $2a^3$, also doppelt so groß wie jener des raumzentrierten Würfels. Nun müssen wir noch von der tetragonalen Zelle zum Würfel übergehen. Dies erreichen wir durch eine Deformation, und zwar durch eine Kontraktion der Basiskante und eine Dilatation der Höhe. Soll diese Deformation unter Beibehaltung des Volumens vor sich gehen, so muß für die Lange x der neuen Würfelkante gelten: $x^3 = 2a^3$, also $x = a\sqrt[3]{2} = 1{,}2599$ a oder $x : a = 1{,}2599 : 1$. Nun wurde für das raumzentrierte δ-Eisen bei 1425° eine Kantenlänge a = 2,93 Å gefunden. Bei der gleichen Temperatur noch vorhandenes γ-Eisen ergab eine Würfelkantenlänge x = 3,68 Å. Das für die gleiche Temperatur geltende Verhältnis der Kantenlänge von flächenzentriertem und raumzentriertem Würfel ergibt sich sonach zu $x : a = 3{,}68 : 2{,}93 = 1{,}256$. Das ist aber gerade die Verhältniszahl, die sich ergibt, wenn sich die Umwandlung in der geschilderten geometrischen Weise vollziehen würde (Niggli). Beim Kobalt sind zwei Modifikationen bekannt, von denen die eine, die α-Modifikation, kubisch-flächenzentriert ist, während β-Co in der hexagonal dichtesten Kugelpackung kristallisiert.

Das Streben nach hoher Raumerfüllung und hoher Symmetrie findet sich in gleicher Weise wie bei den Metallen auch bei den Strukturen der Legierungen. Man versteht unter Legierungen Substanzen, die Mischungen von mindestens zwei metallischen Komponenten darstellen. Man kann die Legierungen in zwei große Gruppen einteilen: Mischkristalle und Verbindungen. Nach Laves liegt eine Verbindung dann vor, wenn bei jeder kontinuierlichen Änderung der Zusammensetzung, die zu einer Verminderung der Komponenten führt, bei irgendeiner Zusammensetzung eine diskontinuierliche Änderung der Kristallstruktur eintritt. Ein Mischkristall liegt dagegen dann vor, wenn es möglich ist, durch kontinuierliche Änderung der chemischen Zusammensetzung die Anzahl der Komponenten zu vermindern, ohne diskontinuierliche Änderung der Kristallstruktur. Z. B. stellt $MgCu_2$ eine Verbindung, α-Messing einen Mischkristall dar. Bei dem System Cu-Zn (Messing) können 5 verschiedene Strukturarten (Phasen) unterschieden werden. Bei einem Zn-Gehalt von 0 bis gegen 40% Zn tritt bei Zimmertemperatur α-Messing auf, das wie Kupfer selbst in einem kubisch flächenzentrierten Gitter kristallisiert. Dabei besetzen die Zinkatome einen Teil der Cu-Plätze in statistischer (ungeordneter) Verteilung. Da die Zinkatome etwas größer sind als die Kupferatome, wird bei dieser Mischkristallbildung mit wachsendem Zinkgehalt das Gitter aufgeweitet: Die Gitterkonstante wird vergrößert. Von rund 40% bis etwa 46% Zn tritt zu dem α-Gitter noch eine weitere Phase, das β-Gitter, das im Bereich von 46—50% Zink allein stabil ist. Bei der β-Phase haben wir ein Gitter vom CsCl-Typ (vgl. S. 31): Die Ecken des Elementarwürfels sind von Zinkatomen, der Mittelpunkt jeweils von einem Kupferatom besetzt. Dieses Gitter entspricht genau dem Mischungsverhältnis 1 : 1, also der chemischen Zusammensetzung CuZn. Es kann nun noch etwas Zink bzw. etwas Kupfer in dieses Gitter eintreten, wobei dann einige Kupferatome durch Zinkatome bzw. einige Zinkatome durch Kupferatome ersetzt werden. Die γ-Legierung, die bei noch höheren Zinkgehalten auftritt, besitzt eine kompliziertere Struktur mit insgesamt 52 Atomen in der kubischen Elementarzelle. Die ε-Phase und die η-Phase sind zinkreiche Legierungen. Beim Gitter des reinen Zinks liegt eine hexagonal dichteste Kugelpackung vor. Auch in diesem Gitter können die Zinkatome zum Teil durch Kupferatome ersetzt werden, wobei jetzt natürlich eine Kontraktion der Gitterkonstanten eintritt.

Auch im System Au-Cu liegen Phasen vor, bei denen — wenigstens bei höheren Temperaturen — die Gitterplätze der kubisch-dichtesten Kugelpackung ungeordnet von Cu- bzw. Au-Atomen eingenommen werden. Bei bestimmten Zusammensetzungen, z. B. $AuCu_3$, kann es bei niedrigen Temperaturen zu einer Ordnung der verschiedenen Atomsorten kommen. In dieser Phase sind die Würfelecken mit Au-Atomen, die Flächenmitten der Elementarwürfel mit Cu-Atomen belegt. Eine derartige Bildung bezeichnet man als „Überstruktur". Da Punktlagen in den Ecken des Würfels und in den Flächenmitten bei dieser Überstrukturphase des $AuCu_3$ nicht mehr gleichartig besetzt sind, liegt naturgemäß kein flächenzentriertes Gitter mehr vor, sondern nur ein einfaches kubisches Gitter (Abb. 9[12]). Wie wir bereits auf S. 24 berichtet haben, kommen die verschiedenen Translationsgitter in den Röntgendiagrammen durch charakteristische „Auslöschungen" zum Ausdruck. Beim flächenzentrierten Gitter treten ganz bestimmte Linien nicht auf, z. B. (110) oder (210), während beim einfachen kubischen Gitter alle (*h k l*)-Reflexionen zu beobachten sind. Demnach ist im Röntgeninterferenzbild (z. B. Pulveraufnahme) ein charakteristischer Unterschied zwischen der ungeordneten Phase $AuCu_3$ und der geordneten (Überstruktur-) Phase $AuCu_3$ zu erkennen. Beim Übergang zur Überstruktur treten neue Linien auf, die beim flächenzentrierten Gitter „ausgelöscht" sind. Diese Linien bezeichnet man als „Überstrukturlinien".

Auch bei den intermetallischen Phasen ist isomorphe Vertretbarkeit dann zu erwarten, wenn die Atomradien der entsprechenden Komponenten einander ähnlich sind. Es hat sich ferner gezeigt, daß die isomorphe Vertretbarkeit um so weitgehender ist, je ähnlicher die Atomgrößen sind. Unterschiede in den Atomradien von 10% gestatten noch eine intensive Mischbarkeit. Beispielsweise kann im $MgCu_2$ das gesamte Kupfer (Atomradius = 1,28) durch Nickel (Atomradius = 1,24) und Zink (Atomradius = 1,37) ersetzt werden. Ist die Ähnlichkeit in den Atomradien groß, so kommt es im allgemeinen zu einer statistischen (ungeordneten) Verteilung der Komponenten auf gittergeometrisch gleichwertige Plätze. Sind die Atomgrößen weniger ähnlich, dann treten geordnete Verteilungen (Überstrukturen) auf. In vielen Fallen beobachtet man die ungeordnete Verteilung bei höheren Temperaturen und die geordneten bei tieferen Temperaturen (vgl. $AuCu_3$).

Auch bei den intermetallischen Systemen kann demnach der große Einfluß der Atomgrößen auf die Mischkristallbildung festgestellt werden.

3. Diffusion und Platzwechselvorgänge

Eine überraschende Erscheinung auf dem Gebiete der Kristallchemie war die Tatsache, daß Partikeln in einem Kristallgitter wandern können. Beispielsweise vermag Gold mit einer endlichen Geschwindigkeit in festes Blei einzuwandern, wenn man nur beide miteinander in Berührung bringt. Es kann also kein Zweifel darüber bestehen, daß eine Diffusion in einem Kristall möglich ist. Es fragt sich nun, wie eine derartige Erscheinung gittertheoretisch zu erklären ist. Wir müssen annehmen, daß ein Atom oder Ion aus seiner Lage im Gitter durch ein anderes verdrängt werden kann. Dabei kann der verdrängte Baustein den Platz des verdrängenden Atoms wieder einnehmen oder aber auch einen anderen Platz. Man spricht in jedem Falle von einem Platzwechsel. Ursache eines Platzwechsels können Erhöhungen thermischer oder mechanischer Energie sein.

Platzwechselvorgänge sind im einfachsten Falle so möglich, daß zwei benachbarte Atome, die regulare Punktlagen eines Gitters innehaben, ihre Plätze einfach vertauschen. Hierbei spielt im idealen Gitter die Platzfrage eine wesentliche Rolle. Können die beiden benachbarten Atome sich aneinander vorbeibewegen? Wir müssen dabei auch mit der Möglichkeit rechnen, daß sich ein Atom auf sogenannten Zwischengitterplätzen bewegt, d. h. auf Plätzen, die im idealen Gitter nicht von Atomen besetzt sind. Durch Austausch mit einem gittermäßig eingebauten Atom vermag schließlich der ursprünglich geordnete Aufbau wieder hergestellt zu werden, wobei nur eben zwei Atome ihre Plätze vertauscht haben. Verläßt ein Atom seinen regulären Gitterplatz, um einen Zwischengitterplatz einzunehmen, so wird eine Stelle im Gitter zunächst unbesetzt sein (Leerstelle). Solche Leerstellen spielen bei der Diffusion in einem Kristallgitter eine hervorragende Rolle. In diese Leerstellen können nämlich benachbarte Atome leicht einspringen, wobei wiederum ein anderer Gitterplatz leer wird. Auf diese Weise kann eine Leerstelle selbst durch das Gitter wandern, indem sich die Atome in entgegengesetzter Richtung bewegen.

Nun ist es leicht einzusehen, daß ein Gitter, in dem einige Punktlagen unbesetzt sind, kein ideales Gitter mehr darstellt. Leerstellen müssen sich in einem Gitter immer als Störstellen auswirken. Deshalb werden wir auf die Vorgänge der Diffusion an dieser Stelle nur soweit eingehen, als bei der theoretischen Betrachtung von einem idealen Gitterbau ausgegangen werden kann. Im übrigen wird auf die Wanderung von Atomen oder Ionen im Realkristall in Teil III des Buches näher eingegangen.

Wir wollen nun gittertheoretisch die wechselseitige Diffusion zweier Metalle untersuchen (Cichocki). Dabei gehen wir von einem kubischflächenzentrierten Gitter aus und berechnen zunächst die Wahrscheinlichkeit für das Wegwandern eines Atoms aus seinem normalen Gitterplatz bei einer bestimmten Temperatur T. Es soll eines der flächenzentrierenden Atome seinen Platz O verlassen und die sonst freie Mitte der Würfelkante O' besetzen (Zwischengitterplatz), vgl. Abb. 29. Ein derartiger Übergang wird dann möglich sein, wenn folgende Bedingungen erfüllt sind: 1. Wenn der um O' zur Verfügung stehende Raum genügend groß ist oder wenn die Bindungskräfte zwischen den O' benachbarten Atomen schwach genug sind, damit das Atom von O dort eindringen kann. 2. Wenn das Atom bei O hinreichend Energie besitzt, um die Bindungen mit seinen

Nachbarn zu zerreißen. Beiden Bedingungen kommen bestimmte Wahrscheinlichkeitsgrade zu, die wir mit p_1 und p_2 bezeichnen wollen. Es ergibt sich dann die gesuchte Wahrscheinlichkeit für den Sprung des Atoms von O nach O' zu $P = p_1 \cdot p_2$.

Wir müssen uns nun vorstellen, daß die Atome dauernd thermische Schwingungen ausführen, wobei die Größe des zwischen den schwingenden Atomen vorhandenen Raumes eine ständige Änderung erfährt. Die Gelegenheit für das Atom in O, nach O' zu wandern, wird stets dann am günstigsten sein, wenn alle 5 den Punkt O' umgebenden Atome gleichzeitig von O' wegschwingen. (Der Punkt O' ist insgesamt von 6 Gitterpunkten umgeben, von denen der Punkt O selbst nicht zu berücksichtigen ist. In Abb. 29 sind 2 von den in Frage kommenden Punkten nicht eingezeichnet. Es sind dies zwei Flächenzentren des über die Kante benachbarten Elementarwürfels.) Die Wahrscheinlichkeit, daß sich ein benachbartes Atom von O' wegbewegt, ist gleich $^1/_6$. Denn jedem Atom stehen insgesamt 6 Schwingungsmöglichkeiten innerhalb einer Schwingungsperiode zu, von denen in diesem Falle nur eine günstig ist. (Die 6 Schwingungen können auf die positiven und negativen Richtungen der 3 Würfelkanten bezogen werden.) Die Wahrscheinlichkeit dafür, daß innerhalb einer Schwingungsperiode alle fünf in Betracht kommenden Atome gleichzeitig die Bewegung von O weg ausführen, ist dann gleich $(^1/_6)^5$. Schließlich müssen die Atome' die den Punkt O' umgeben, mit einer hinreichend großen Amplitude, schwingen, damit das einwandernde Atom Platz hat, oder sie müssen eine hinreichend große thermische Energie besitzen. Bezeichnen wir diese Energie mit E_1, so ist die Wahrscheinlichkeit dafür, daß diese Energie von einem der umgebenden Atome tatsächlich erreicht und überschritten wird, $e^{-E_1/kT}$. Hierin bedeutet k die Boltzmannsche Konstante ($1{,}372 \cdot 10^{-16}$ erg $\cdot$ grad^{-1}) und T die absolute Temperatur. Die Wahrscheinlichkeit dafür, daß alle 5 Atome, die um den Punkt O' liegen, die Energie E_1 erreichen, beträgt schließlich $(e^{-E_1/kT})^5$. Der Wert p_1 setzt sich dann aus den beiden eben bestimmten Faktoren zusammen, und es ist:

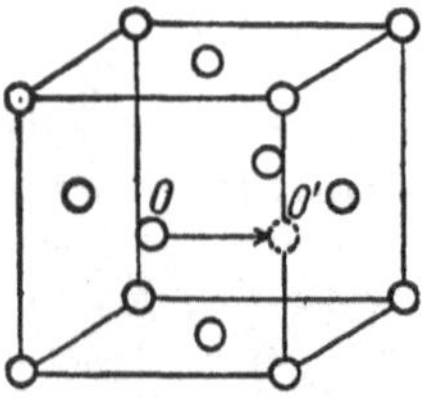

Abb. 29. Atomwanderung in einem flächenzentrierten kubischen Gitter

$$p_1 = 6^{-5} \cdot (e^{-E_1/kT})^5 .$$

Jetzt ist noch p_2 zu bestimmen. Hier haben wir ein ähnliches Produkt zu bilden, wie bei der Berechnung von p_1. Zunächst muß wieder die Wahrscheinlichkeit ermittelt werden dafür, daß das Atom in O gerade so schwingt, daß es nach O' gelangt. Diese Wahrscheinlichkeit aber ist, wie wir bereits oben gesehen haben, $1/6$. Als zweiten Faktor haben wir die Wahrscheinlichkeit zu berücksichtigen dafür, daß das Atom eine genügend große Energie erreicht, um die Bindungen zu seinen vier Nachbarn abzureißen. Es sei dieser Energiebetrag E_2. Ganz entsprechend wie für p_1 erhalten wir somit für p_2 den Wert: $1/6 \cdot e^{-E_2/kT}$. Für die Gesamtwahrscheinlichkeit P ergibt sich schließlich wegen $P = p_1 \cdot p_2$:

$$P = 6^{-6} \cdot e^{-(5E_1+E_2)/kT}.$$

Das ist also die Wahrscheinlichkeit für den Übergang eines Atoms von O nach O' während einer Schwingungsperiode. Wollen wir die Wahrscheinlichkeit dieses Übergangs für eine andere Zeiteinheit bestimmen, so müssen wir P noch mit dem entsprechenden Zeitfaktor t multiplizieren: $P \cdot t$. Fragen wir beispielsweise danach, wie oft innerhalb eines Tages ein Übergang $O \to O'$ eintreten kann, so wird $t = 24 \cdot 60^2 \cdot v$, wenn v die Zahl der Schwingungen eines Atoms pro sec ist.

Wir betrachten nun den Fall, daß sich zwei Metallkristalle M_1 und M_2 berühren. Es wird durch wechselseitige Diffusion an der Grenze eine intermediäre Phase aus M_1 und M_2 entstehen. Wir wollen nun den sogenannten Diffusionskoeffizienten der Atome M_1 und M_2 berechnen. Der Diffusionskoeffizient ist hierbei definiert als die Menge von M_1 in Gramm, die in der Zeiteinheit in der Richtung $x = \overrightarrow{OO'}$ die Flächeneinheit durchwandert. Es ist, wenn c_1 die Konzentration von M_1 und $\frac{dc_1}{dx}$ das Konzentrationsgefälle in der Richtung x bedeutet,

$$D = -\frac{dc_1}{dx} \cdot c_1 \cdot N \cdot P \cdot t \cdot m_1.$$

Hierin bedeutet N die Zahl der Atome pro Oberflächeneinheit und m_1 die Masse eines M_1-Atoms. Man erhält schließlich eine Beziehung folgender Art:

$$D = A \cdot e^{-b/T}.$$

Es ist dann

$$A = -K \cdot \frac{dc_1}{dx} \cdot c_1 \cdot m_1 \cdot \nu$$

und

$$b = 5\,E_1 + E_2 \text{ für } M_1.$$

K ist ein Zahlenfaktor. Es ist möglich, die einzelnen Faktoren für bestimmte Fälle wenigstens in Näherung zu berechnen. Folgende Tabelle gibt einen Vergleich beobachteter und berechneter Werte für die Diffusionskonstanten einiger Metalle M_1, die bei einer Temperatur von 285° C in Pb (M_2) diffundieren.

M_1	$D_{beob.}$	$D_{ber.}$
Au	$4 \cdot 10^{-1}$	$4{,}8 \cdot 10^{-1}$
Ag	$7{,}9 \cdot 10^{-3}$	$6{,}6 \cdot 10^{-3}$
Cd	$2 \cdot 10^{-4}$	$5 \cdot 10^{-4}$
Bi	$3{,}8 \cdot 10^{-5}$	$2{,}54 \cdot 10^{-5}$
β-Tl	$2{,}7 \cdot 10^{-5}$	$2{,}52 \cdot 10^{-5}$
β-Sn	$14 \cdot 10^{-6}$	$6 \cdot 10^{-6}$
Th-B	$6 \cdot 10^{-6}$	$2{,}2 \cdot 10^{-6}$

Auch der Gang mit der Temperatur wird durch die Formel größenordnungsmäßig gut beschrieben (vgl. folgende Tabelle).

Diffusion von Th—B in Pb

Temperatur in ° C	$D_{beob.}$	$D_{ber.}$
324	$1400 \cdot 10^{-7}$	$88 \cdot 10^{-7}$
320	470	76
310	57	54
300	25	36
280	15	17
260	6	7

4. Grenzflächenvorgänge

a) Aufbau und Abbau der Kristallgitter

Diffusion und Platzwechselvorgänge spielen insbesondere auch an den Grenzflächen der Kristalle eine Rolle. Da diese Erscheinungen für die Kristallbildung von wesentlicher Bedeutung sind, muß auf sie ausführlich eingegangen werden. Grenzflächenvorgänge bestimmen ja vor allem die Prozesse beim Wachstum und Abbau der Kristalle. Wir wollen nun zunächst einmal das Kristallwachstum vom Standpunkt der Gittertheorie aus behandeln. Wir folgen dabei der molekularkinetischen Theorie, wie sie von Kossel und Stranski entwickelt worden ist.

Wir gehen von einem heteropolaren Gitter vom NaCl-Typus aus. Wir bauen dieses Gitter auf, indem wir Schritt für Schritt ein Na^+-Ion an ein Cl^--Ion anfügen und umgekehrt. Die Energie, die bei jedem dieser einzelnen Schritte gewonnen wird, kann uns als Maß für die Wahrscheinlichkeit dieses Schrittes dienen. Denn je größer der Energiegewinn für

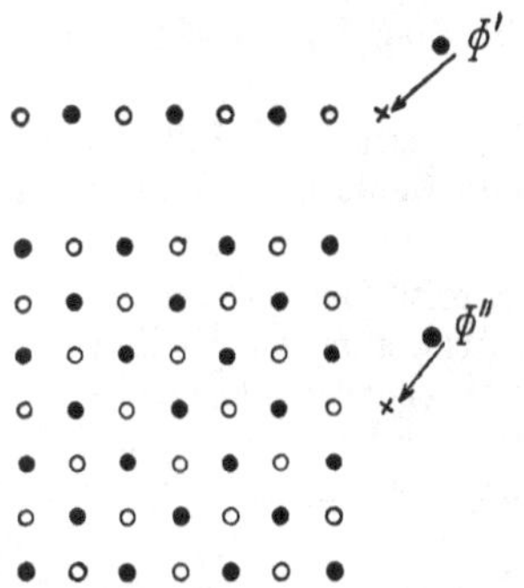

Abb. 30. Anlagerung eines Ions an eine Kette (*a*) und an eine Netzebene (*b*)

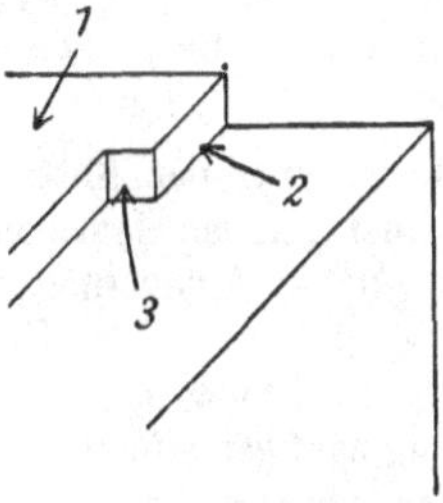

Abb. 31. Anlagerung von Ionen an einen Gitterblock

ein derartiges Ereignis ist, desto häufiger wird es eintreten. Die Berechnung der entsprechenden Energiebeträge vollzieht sich genau so, wie wir es bereits früher (S. 46) bei der Berechnung der Gitterenergie kennengelernt haben. Wir schreiben im folgenden die Energie in der Form $\Phi \cdot \frac{e^2}{r}$, wobei r der kürzeste Abstand zwischen Kationen und Anionen und e die Elektronenladung bedeutet. Φ wird für die einzelnen Schritte berechnet. Es genügt im wesentlichen, die Energiebeträge für drei ausgezeichnete Anlagerungsvorgänge zu kennen. Es sind das folgende:

a) Anlagerung an das Ende einer geraden Ionenkette (Abb. 30a).
Energiebetrag: Φ'.

b) Anlagerung an die Kante eines (1 0 0)-Netzes (Abb. 30b).
Energiebetrag: Φ''.

c) Anlagerung an die Oberfläche des räumlichen Gitters (Gitterblocks). (Schritt 1 in Abb. 31.)

Energiebetrag: Φ'''.

Für NaCl ist: $\Phi' = \ln 2 = 0{,}6932$

$\Phi'' = \quad = 0{,}1144$

$\Phi''' = \quad = 0{,}0662.$

Wir betrachten nun die Anlagerungsschritte an einen Gitterblock (Abb. 31):

1. Anlagerung mitten auf eine Netzebene des Gitterblocks (Schritt 1, Abb. 31), $\Phi''' = 0{,}0662$.

2. Beginn einer neuen Kette (Abb. 31, Schritt 2) = Auflagerung auf den Gitterblock (Φ''') + Anlagerung an die Kante einer Netzebene (Φ''), also $\Phi''' + \Phi'' = 0{,}1807$.

3. Fortsetzung der Kette (Abb. 31, Schritt 3) = Anlagerung an das Ende einer geraden Ionenkette (Φ') + Anlagerung an die Kante eines Netzes (Φ'') + Anlagerung an die Oberfläche des Blocks (Φ''') = $\Phi' + \Phi'' + \Phi''' = 0{,}8738$. Dieser Schritt 3 wird als der „wiederholbare Schritt" bezeichnet, da er gegenüber den übrigen Schritten unverhältnismäßig häufiger erfolgt.

Gehen wir von einem idealen NaCl-Würfel aus, so wird danach der Weiterbau des Kristallgitters folgendermaßen vor sich gehen: Zunächst wird auf die Mitte einer Würfelfläche ein Ion aufgelagert, wobei die Energie 0,0662 gewonnen wird. An dieses Ion wird sich ein anderes mit entgegengesetztem Vorzeichen anlagern, daran wieder eines der ersten Art usw., bis schließlich eine ganze Kette auf dem Gitterblock vollendet ist. Neben dieser Kette wird sich in der gleichen Weise eine zweite Kette bilden. Bereits für den Beginn einer Kette ist der Energiebetrag 0,1807 maßgebend, der merklich größer ist als der Energiebetrag für die Anlagerung mitten auf die Netzebene eines Gitterblocks. Beim ordnungsmäßigen Weiterbau einer Kette wird nun bei jedem Einzelschritt der Energiewert 0,8738 frei. Dieser „wiederholbare Schritt" wird also am häufigsten erfolgen müssen. Ein Vergleich der Energiebeträge lehrt, daß der Beginn einer Netzebene nur mit relativ geringem Energiegewinn erfolgt, er wird daher verhältnismäßig selten stattfinden. Sobald aber einmal ein Stück der neuen Netzebene gebildet ist, wird die Fortführung mit großen Energiegewinnen und daher rasch erfolgen können. Wir lernen daraus, daß die Geschwindigkeit des Fortwachsens einer Würfelfläche im wesentlichen durch Schritt 1 (Abb. 31) bestimmt wird. Ist eine neue Netzebene angefangen, so vollzieht sich ihre tangentiale Ausbreitung verhältnismäßig rasch. Von diesem Gesichtspunkt aus können wir den Wachstumsvorgang in zwei Komponenten zerlegen: eine normale Substanzanlagerung und eine tangentiale Substanzanlagerung. Der normale Prozeß verläuft dabei verhältnismäßig langsam, während die tangentiale Wachstumsgeschwindigkeit erheblich größer ist. Dadurch wird — wenigstens bei kleinen Flächen — eine ebene Ausbildung der wachsenden Fläche mehr oder weniger gewährleistet.

Die Anlagerungsenergie für Schritt 3 ist gerade gleich der halben Gitterenergie. Denn will man den Block zu einem ganzen (unendlich ausgedehnten) Gitter ergänzen, so muß man einfach den gleichen Block noch einmal spiegelbildlich hinzufügen. Die Gitterenergie beträgt danach also 1,7476, sie entspricht in dieser Schreibweise der Madelungschen Konstanten (vgl. S. 47).

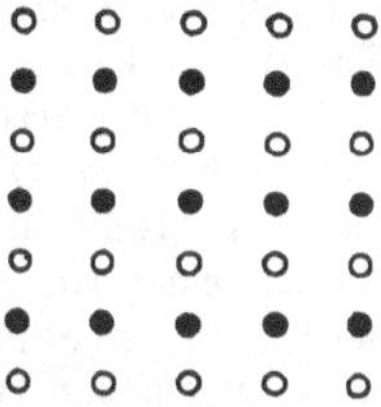

Abb. 32. (1 1 0)-Netzebene im Steinsalzgitter

Betrachten wir nun noch einige andere Netzebenen des NaCl-Gitters! Auf der Rhombendodekaeder- oder (1 1 0)-Fläche haben wir zunächst wieder einfache Ketten von abwechselnd positiven und negativen Ionen, wie auf der Würfelfläche. Nur liegen in einer (1 1 0)-Netzebene benachbarte Ketten anders zueinander. Jetzt hat jedes Ion einer Kette in der nächsten Kette als Nachbarn ein Ion gleicher Ladung (vgl. Abb. 32). Diese beiden Ionen müssen sich nach dem Coulombschen Gesetz abstoßen. Diese Einwirkung benachbarter Ionen mit gleicher Ladung überwiegt die anziehenden Kräfte, so daß Φ_{110}'' ein negatives Vorzeichen erhält, und zwar ist $\Phi_{110}'' = -0{,}02702$. Daraus müssen wir schließen, daß eine (1 1 0)-Fläche niemals so entstehen kann wie die (1 0 0)-Fläche, indem sich Kette neben Kette anreiht. Die Rhombendodekaederfläche der Kristalle vom Steinsalztypus ist sonach theoretisch instabil. Es ist nur möglich, daß Ketten parallel den Würfelkanten gebildet werden, die aber dann einen hinreichend großen Abstand voneinander haben müssen. D. h. mit anderen Worten: Die (1 1 0)-Fläche kann eigentlich nur als „Scheinfläche“ gebildet werden, die treppenartig aus kleinen Würfelflächen aufgebaut ist. Die vielfach beobachtete Rippung der (1 1 0)-Flächen beim Steinsalz könnte darin eine Erklärung finden. Das Aneinanderlagern von gleichen unmittelbar benachbarten Ketten ist offenbar energetisch ungünstiger, während der Beginn einer neuen Kette in der darüberliegenden Netzebene günstiger ist.

Schwierigkeiten bieten der molekularkinetischen Betrachtungsweise solche Netzebenen, in denen nur Ionen gleichen Vorzeichens liegen, wie beispielsweise die (1 1 1)-Fläche beim Steinsalz. Bei solchen Flächen hilft zunächst nur die Annahme weiter, daß die betreffenden Oberflächen eine besondere Treppenstruktur aufweisen.

In diesem Zusammenhang muß betont werden, daß die kinetische Theorie des Kristallwachstums für sich allein nicht in der Lage ist, die Entstehung der Kristallgestalten restlos zu erklären. Das liegt aber in der Natur der Sache. Die molekularkinetische Theorie Kossels und Stranskis vereinfacht ja wesentlich die tatsächlichen Vorgänge, die sich beim Aufbau eines Kristallgitters nach unseren heutigen Vorstellungen abspielen. In der Natur sind die Vorgänge beträchtlich kompliziert, allein schon wegen des Vorhandenseins von Fremdionen oder Fremdatomen, deren Adsorption die Energieverteilung an den Kristallgrenzflächen stark abändert. Auf derartige Betrachtungen wird man bereits geführt, wenn man einen anderen Gittertypus, beispielsweise schon das einfache CsCl-Gitter, diskutiert. CsCl kristallisiert in einem einfachen kubischen Gitter mit Cs^+ in (0 0 0) und Cl^- in $(\frac{1}{2}\,\frac{1}{2}\,\frac{1}{2})$. Die kürzesten Abstände zwischen Anionen und Kationen liegen in der [1 1 1]-Richtung (vgl. hierzu das raumzentrierte kubische Gitter, Abb. 9[13]). Beim systematischen Aufbau eines CsCl-Gitters müssen wir demnach mit einer [1 1 1]-Ionenkette beginnen. Weitere benachbarte und gleichwertige Ketten liegen in einer (1 1 0)-Ebene. Diese Netzebenen sind analog wie die (1 0 0)-Ebenen beim NaCl-Typus schachbrettartig aus positiven und negativen Ionen zusammengesetzt. Nur haben wir im Falle des CsCl-Gitters kein rechtwinkliges Netz mehr. Zur Herstellung des Gitterblocks werden über und unter der fertigen Netzebene weitere gleichartige Netzebenen angebaut. Ähnlich wie beim NaCl-Gitter unterscheiden wir 3 Anlagerungsvorgänge:

1. Anlagerung an das Ende der geraden Ionenkette [1 1 1].
   Energiebetrag: $\Phi'_{[\bar{1}11]}$.
2. Anlagerung an die Kante des ebenen Gitters (1 1 0).
   Energiebetrag: $\Phi''_{(110)}$.
3. Anlagerung an die Oberfläche des räumlichen Gitters.
   Energiebetrag: $\Phi'''_{(110)}$.

Der Gitterblock, für den $\Phi'''_{(110)}$ berechnet wird, stellt ein „kubisches Rhomboeder“ dar, das von 6 (1 1 0)-Flächen begrenzt wird. Die Rechnung liefert:

$$\Phi'_{[111]} = 0{,}6932\,,$$
$$\Phi''_{(110)} = 0{,}0751\,,$$
$$\Phi'''_{(110)} = 0{,}1144\,.$$

Daraus ergeben sich für die wichtigsten Anlagerungen:

1. Anlagerung frei auf die Unterlage der (1 1 0)-Ebene.
   Energiegewinn: $\Phi_I = \Phi'''_{(110)} = 0{,}1144.$
2. Anlagerung neben die letzte Reihe der bereits begonnenen Ebene.
   Energiegewinn: $\Phi_{II} = \Phi''_{(110)} + \Phi_{(110)} = 0{,}1895.$
3. Anlagerung am halben Kristall.
   Energiegewinn: $\Phi_{III} = \Phi'_{[111]} + \Phi''_{(110)} + \Phi'''_{(110)} = 0{,}8827.$

Die Rangordnung der Energiebeträge folgt jener beim NaCl-Gitter, nur daß jetzt an Stelle des Würfels eine von (1 1 0)-Flächen begrenzte Form getreten ist. Als stabilste Form des CsCl-Gitters ergibt sich sonach das Rhombendodekaeder. In der Tat kristallisiert CsCl zum Teil in Rhombendodekaedern, zum Teil aber auch in Würfeln. Beim CsBr und CsJ, die im gleichen Gittertypus kristallisieren, sind nur Rhombendodekaeder beobachtet worden. Beim Salmiak kommt ebenfalls die Bedeutung der [1 1 1]-Zone, das ist die Zone, die durch die Flächen (1 1 0) und (2 1 1) gegeben ist, deutlich zum Ausdruck. Immerhin ist die Entwicklung der Zone [1 0 0] beim Salmiak und beim CsCl auffallend und bemerkenswert. Der Eindruck ist nicht von der Hand zu weisen, daß auch den kürzesten Abständen gleichartiger Ionen Cs—Cs bzw. Cl—Cl doch eine gewisse Bedeutung zukommt. Straumanis vertritt die Ansicht, daß durch geeignete Versuchsbedingungen für die Theorie günstigere Resultate erzielt werden könnten. Das mag bis zu einem gewissen Grade der Fall sein. Jedoch bleibt die prinzipielle Bedeutung der [1 0 0]-Zone in Formen- und Zonensystem des Caesiumchlorids und Salmiaks davon unberührt.

Schwierig gestalten sich die entsprechenden Betrachtungen auch beim Gitter vom Fluorittypus (vgl. S. 32). Hauptwachstumsfläche des Flußspates ist die Würfelfläche. Aber gerade sie ist durch eine Parallelschar von Netzebenen charakterisiert, die jeweils nur mit gleichartigen Ionen besetzt sind. Derartige Netzebenen sind aber in idealer Ausbildung instabil, so daß auch hier eine Treppenbildung angenommen werden muß.

Auch die (1 1 1)-Netzebenen bestehen jeweils nur aus einer Ionenart. Die Reihenfolge der Schichten ist dabei folgende:

$$F^-—Ca^{2+}—F^-—F^-—Ca^{2+}—F^-—F^-—Ca^{2+}—F^-\ldots.$$

Nach Berechnungen von Bradistilov und Stranski ergibt sich als Gleichgewichtsform des Flußspates allein die einfache Oktaederform. Wohl spielt das Oktaeder beim Flußspat als Spaltform eine große Rolle, ist aber als Wachstumsform verhältnismäßig selten und unbedeutend. Zur Deutung dieses Verhaltens können zwei Möglichkeiten angegeben werden:

1. Die Wachstumsgeschwindigkeit der Würfelfläche wird beim Flußspat durch Adsorption von fremden Atomen, Ionen oder der Molekeln derart herabgesetzt, daß sie kleiner wird als jene der Oktaederfläche. Es ist das die gleiche Deutung, wie wir sie auch schon zum Verständnis für die Entstehung der Würfelflächen beim CsCl-Typus herangezogen haben. Auch beim NaCl spielt bekanntlich die Adsorption von Fremdmolekeln bei der Formenentwicklung eine entscheidende Rolle. So kristallisiert NaCl aus einer harnstoffhaltigen wässerigen Lösung nicht mehr in Würfeln, sondern in Oktaedern.

2. Die Verhältnisse sind beim Wachstum des Fluoritkristalls aus endlich übersättigter Lösung ohne Zusätze bereits derart, daß die Würfelfläche langsamer wächst als die Oktaederfläche. Das kann etwa durch die Bildung einer intermediären Struktur der (1 1 1)-Netzebenen möglich sein, indem sich die Ca++-Ionen leichter an nicht normalen Plätzen anlagern.

Die Rechnung zeigt, daß die zweite Deutungsmöglichkeit mit Sicherheit ausgeschlossen werden kann. Es ist demnach wahrscheinlich, daß bei allen diesen Vorgängen sekundäre Prozesse eine nicht zu vernachlässigende Rolle spielen können. Wie schon betont, handelt es sich dabei einmal um die Anlagerung von Fremdpartikeln, andererseits aber auch um kompliziertere Teilprozesse an der Kristalloberfläche. Es sei aber nochmals nachdrücklich darauf hingewiesen, daß die erwähnten experimentellen Ergebnisse nicht als Beweis gegen die Gültigkeit der Kossel-Stranskischen Theorie angeführt werden können. Wir dürfen nur schließen, daß die Vorgänge in der Natur meist wesentlich komplizierter sind. Und das ist kein Wunder, da ja die kinetische Wachstumstheorie die Verhältnisse bewußt vereinfacht.

Während bei der heteropolaren Bindung das Kraftgesetz im großen und ganzen bekannt ist, trifft dies für den Fall der homöopolaren (unter Einschluß der metallischen) Bindung nicht zu. Es läßt sich über die Kräfte, die zwischen den Bausteinen nicht polarer Kristalle wirken, zur Zeit nichts Genaueres sagen. Sehr wahrscheinlich ist die Annahme, daß zwischen den Bausteinen additive Kräfte wirken, die sehr rasch mit der Entfernung abnehmen. Zur Beurteilung der Größe der anziehenden Kräfte kann man dann einfach den Abstand der Atome heranziehen. In einem einfachen kubischen Gitter beispielsweise ist ein Atom von sechs nächsten Nachbaratomen (Abstand r_1) umgeben. 12 Atome umgeben das Zentralatom im Abstand $r_2 = r_1 \cdot \sqrt{2}$. Es folgen 8 Atome im Abstand $r_3 = r_1 \cdot \sqrt{3}$, 6 Atome im Abstand $r_4 = 2\,r_1$ usw. Kossel schreibt für diesen Fall der Atomgruppierung die Abtrennungsarbeit eines Atoms vom halben Kristall symbolisch mit $3 \mid 6 \mid 4 \mid 3 \cdots$. Diese Symbolik gibt an, wie viele Nachbarn der ersten, zweiten usw. Art vorhanden sind oder wie groß die Zahl der entsprechenden Energieeinheiten ist.

Würde man nun vor die Aufgabe gestellt, aus gleichen Atomen ein einfach kubisches Gitter aufzubauen, so würde man diese Aufgabe am einfachsten folgendermaßen lösen: Man baut zunächst eine Kette von Atomen, die der Würfelkante der Elementarzelle parallel läuft, dann durch paralleles Aneinanderlegen von gleichen Ketten eine Würfelnetzebene und schließlich aus parallelen Netzebenen das dreidimensionale Gitter. Wir bezeichnen die Energie, die bei der Anlagerung eines Atoms an eine unvollständige Kette gewonnen wird, mit Φ', die Energie, die sich auf die Anlagerung eines Atoms an eine unvollständige Netzebene bezieht, mit Φ'', und die Energie, die der Anlagerung an den Gitterblock entspricht, mit Φ'''. In der Kosselschen Schreibweise ist dann:

$$\begin{aligned} \Phi' &= 1 \mid 0 \mid 0, \\ \Phi'' &= 1 \mid 2 \mid 0, \\ \Phi''' &= 1 \mid 4 \mid 4. \end{aligned}$$

Dabei sind der Einfachheit halber immer nur drei Nachbarn berücksichtigt. Beim ersten Schritt (Φ') ist jeweils nur ein Nachbar im Abstand r_1 vorhanden. Der nächste Nachbar hat schon den Abstand $2\,r_1$, würde also erst an vierter Stelle zu setzen sein. Beim zweiten Schritt (Φ'') sind außerdem noch zwei Nachbarn in der Entfernung $r_1 \cdot \sqrt{2}$ zu berücksichtigen, und schließlich beim dritten Schritt (Φ''') sind ein Nachbar im Abstand r_1, 4 Nachbarn im Abstand $r_1 \cdot \sqrt{2}$ und 4 Nachbarn im Abstand $r_1 \cdot \sqrt{3}$ vorhanden. Beim Ausbau einer unvollständigen Netzebene am Gitterblock

(Schritt 3, Abb. 31) wird jeweils der Energiebetrag $\Phi' + \Phi'' + \Phi''' = 3 \mid 6 \mid 4 = \Phi_0$ gewonnen. Dieser Energiebetrag entspricht dem sogenannten „wiederholbaren Schritt". Ganz entsprechende Überlegungen gelten auch für die (1 1 0)-Fläche. Es ergibt sich für das Rhombendodekaeder des einfachen kubischen Gitters:

$$\Phi' = 1 \mid 0 \mid 0$$
$$\Phi'' = 0 \mid 1 \mid 2$$
$$\Phi''' = 2 \mid 5 \mid 2,$$

wobei hier auch wiederum $\Phi' + \Phi'' + \Phi''' = 3 \mid 6 \mid 4 = \Phi_0$ ist. Die Endsumme ist also die gleiche wie auch bei der (1 0 0)-Fläche, während den einzelnen Energieschritten andere Beträge zukommen. Für die Wachstumsgeschwindigkeit einer Fläche ist offenbar der Schritt entscheidend, durch den am Gitterblock eine neue Netzebene begonnen wird. Diesem Schritt aber entspricht jeweils der Energiebetrag Φ'''. Je größer dieser Wert ist, desto rascher wird sich das Normalenwachstum der betreffenden Fläche vollziehen. Man erkennt auf diese Weise sofort, daß beim einfach kubischen homöopolaren Gitter die Rhombendodekaederflächen schneller wachsen müssen als die Würfelflächen. Die entsprechenden Anlagerungsenergien für die (1 1 1)- bzw. (2 1 1)-Fläche des einfach-kubischen Gitters sind 3 | 3 | 4 bzw. 3 | 5 | 3. Somit wird im Endstadium des Wachstumsprozesses eines Kristalls vom einfach-kubischen Typus der Würfel als Hauptwachstumsform vorhanden sein.

Eine besondere Bedeutung kommt, wie wir bereits auch beim heteropolaren Gitter feststellen konnten, dem „wiederholbaren Schritt" zu (Schritt 3, Abb. 31). Ist der wachsende Gitterblock hinreichend groß geworden, so werden alle übrigen in Betracht kommenden Anlagerungen verschwindend selten im Verhältnis zu Schritt 3 vorkommen. Der Energiebetrag, der diesem Schritt entspricht, hat im Falle des einfach kubischen homöopolaren Gitters den Wert 3 | 6 | 4. Dieser Wert 3 | 6 | 4 wird sich beim Aufbauen des Gitters aus den einzelnen Atomen also außerordentlich oft wiederholen, so daß er genau dem Energiebetrag gleich sein muß, der umgekehrt jedem Atom im Durchschnitt zugeführt werden muß, um das Gitter vollständig aufzulösen. Das heißt aber, das Gleichgewicht zwischen kristallisierter und flüssiger Phase ist durch diesen Energiewert festgelegt. Wenn in bezug auf die Lage 3 am Kristall die Umgebung untersättigt ist, muß die Auflösung spontan einsetzen. Ist dagegen die Umgebung des Kristalls in bezug auf die Lage 3 übersättigt oder auch unterkühlt, so muß der Kristall wachsen. Das Gleichgewicht zwischen

Kristall und Umgebung wird also erst dann erreicht sein, wenn die Atome der Lage 3 im Gleichgewicht mit der Umgebung sind. Dies gilt naturgemäß ganz entsprechend auch für die heteropolaren Kristalle. Während aber bei den heteropolaren Kristallen (z. B. NaCl) die Ionen an den Ecken fester gebunden sind, als es dem „wiederholbaren Schritt" entspricht, ist das bei den homöopolaren Gittern umgekehrt. Dieses verschiedenartige Verhalten hat das sehr wichtige Ergebnis zur Folge, daß beim heteropolaren Gitter das Wachstum an den Ecken und Kanten, beim homöopolaren Gitter aber in den Flächenmitten einsetzen muß.

Beim einfach kubischen homöopolaren Gitter ist das Eckenatom am Würfel nur mit der Energie 3 | 2 | 1 gebunden, während dem „wiederholbaren Schritt" ein Energiebetrag von 3 | 6 | 4 entspricht. Im Falle des Gleichgewichts mit der Umgebung müssen aber alle Atome, die weniger fest gebunden sind — also insbesondere die Eckenatome —, abgelöst werden. Dem abgelösten Eckenatom aber folgen alle 3 Würfelkantenreihen. Der Abbau muß in diesem Falle so lange fortschreiten, bis außer der Form (1 0 0) noch (1 1 0), (1 1 1) und (2 1 1) vorhanden sind. Bei dem Kristallkörper mit den genannten 4 Formen ist jedes Atom an der Oberfläche mindestens ebenso fest gebunden wie ein Atom, das mit einem wiederholbaren Schritt angelagert wird.

Beim raumzentrierten kubischen, homöopolaren Gitter (vgl. Abb. 9[13]) haben wir für die

Flächen	1 1 0	2 1 1	1 0 0	1 1 1
die Abtrennungsarbeiten	2 | 2 | 5	3 | 3 | 5	4 | 1 | 4	4 | 3 | 3.

Die Abtrennungsarbeit des wiederholbaren Schrittes beträgt in diesem Falle 4 | 3 | 6. Ist die kürzeste Entfernung zwischen 2 Atomen des Gitters (= halbe Würfeldiagonale) gleich r_1, so sind noch die Nachbarn in folgenden Entfernungen berücksichtigt: $r_2 = r_1 \cdot \frac{2}{3}\sqrt{3}$, $r_3 = r_1 \cdot \frac{2}{3}\sqrt{6}$. Man erkennt aus den angegebenen Energiebeträgen, daß der (1 1 0)-Fläche (Rhombendodekaeder) der geringste Wert entspricht. Die Wachstumsgeschwindigkeit dieser Form muß also am geringsten sein, so daß das Rhombendodekaeder als Hauptform des kubisch raumzentrierten Gitters zu erwarten ist. Wie beim einfach kubischen Gitter aber im Falle des Gleichgewichts der Würfel als einzige Wachstumsform nicht möglich ist, so müssen auch beim kubisch innenzentrierten Gitter neben dem Rhombendodekaeder (1 1 0) noch weitere Formen auftreten. Wie die Rechnung zeigt, sind dies die Formen (2 1 1), (1 0 0) und (1 1 1).

Analog ergeben sich für das **flächenzentrierte kubische Gitter** die Energiebeträge:

111	100	110	311	210	531
3 | 3 | 9	4 | 1 | 2	5 | 2 | 10	5 | 3 | 10	6 | 2 | 10	6 | 3 | 9.

Der Energiegewinn beim wiederholbaren Schritt beträgt 6 | 3 | 12. Berücksichtigt sind bei dieser Aufstellung die Abstände r_1 (= halbe Diagonale der Würfelfläche), $r_2 = r_1 \cdot \sqrt{2}$ und $r_3 = r_1 \cdot \sqrt{3}$. Demnach kommt als Gleichgewichtsform (1 1 1) mit (1 0 0), (1 1 0), (3 1 1), (2 1 0) und (5 3 1) in Frage.

Auch für die hexagonal dichteste Kugelpackung (vgl. S. 29) sind die Anlagerungsenergien unter der Annahme unpolarer Bindung berechnet worden. Wir haben für die Flächen:

	(0001)	$(10\bar{1}0)$	$(01\bar{1}2)$	$(10\bar{1}1)$	$(11\bar{2}0)$
die Werte	3 | 3 | 1	4 | 4 | 0	4 | 2 | 1	5 | 2 | 0	5 | 2 | 1.

Die Energie des wiederholbaren Schrittes beträgt 6 | 3 | 1, wobei die Nachbarn in den Entfernungen r_1, $r_2 = r_1 \cdot \sqrt{2}$ und $r_3 = r_1 \cdot \sqrt{\frac{8}{3}}$ berücksichtigt sind. Die Basis (0 0 0 1) hat die geringste Wachstumsgeschwindigkeit. Als Formen des Gleichgewichts kommen außer (0 0 0 1) noch $(10\bar{1}0)$, $(11\bar{2}0)$, $(10\bar{1}1)$ und $(10\bar{1}2)$ vor.

Bemerkenswert sind in diesem Zusammenhang die Ergebnisse, die **Straumanis** auf Grund seiner experimentellen Untersuchungen über das unpolare Kristallwachstum gewonnen hat. **Straumanis** hat an kondensiertem Zink und Magnesium, die beide in der hexagonal dichtesten Kugelpackung kristallisieren, folgende Kristallformen beobachtet: an den Zinkkristallen (0 0 0 1), $(10\bar{1}0)$ und $(11\bar{2}0)$, am Magnesium (0 0 0 1), $(10\bar{1}0)$ und $(10\bar{1}1)$. Beim Zink fehlte zunächst gegenüber der theoretischen Voraussage $(10\bar{1}2)$, bei späteren Versuchen von **Stranski** und Mitarbeitern aber erschien auch die gesuchte Form $(10\bar{1}2)$, wenigstens in den ersten Wachstumsphasen, während beim Magnesium $(11\bar{2}0)$ und $(10\bar{1}2)$ nicht vorhanden sind.

Die Umkehrung des Wachstumsprozesses, die **Kristallauflösung**, läßt sich mit Hilfe der Vorstellung von **Kossel** und **Stranski** in ganz analoger Weise verstehen. Wir müssen nur die eine Annahme treffen, daß die Bausteine um so leichter von der Kristalloberfläche entfernt werden, je geringer die entsprechenden Abtrennungsarbeiten sind, d. h.

je geringer jeweils die Energie ist, die zur Loslösung der randlichen Bausteine aufgewandt werden muß. Es handelt sich hierbei um die gleichen Energiebeträge, die auch bei der Diskussion der Anlagerungsschritte gewonnen worden sind. Betrachten wir wieder das NaCl-Gitter (vgl. S. 75)! Am wenigsten Energie fordert die Entfernung eines Ions am Ende einer unvollständigen Kette (Schritt 3 in umgekehrter Richtung, Abb. 31). Die entsprechende Abtrennungsarbeit hat den Wert $\Phi = 0{,}8738$. Gehen wir vom vollständigen Würfelblock aus, so ergibt sich für ein Ion, das an einer Würfelecke sitzt, eine Abtrennungsarbeit von 1,3459. Die Arbeit, die zur Entfernung eines Ions mitten aus einer Würfelkante notwendig ist, ergibt sich zu 1,5910. Schließlich ist die Abtrennungsarbeit aus der Flächenmitte des vollständigen Gitterblocks 1,6814. Man sieht, daß die Abtrennungsarbeiten der randlichen Bausteine beträchtlich kleiner sind. Demnach müssen also die Ionenkristalle zuerst an den Ecken und Kanten abgetragen werden. Steinsalzwürfel werden in der Tat von den Ecken und Kanten her aufgelöst. Das gilt nun nicht nur für die heteropolaren Gitter, sondern auch für die unpolaren. Das sieht man sofort ein, wenn man bedenkt, daß ein Atom in der Mitte eines Gitterblocks mehr Nachbarn besitzt als ein Baustein an einer Ecke oder Kante des Gitterblocks. Die Atome an den Ecken oder Kanten sind beim nichtpolaren Typus daher weniger fest gebunden als in der Flächenmitte.

Auf Grund der molekularkinetischen Theorie ist es möglich, zwischen den Erscheinungen beim Wachstum und bei der Auflösung von Kristallen gesetzmäßige Beziehungen zu gewinnen. Dabei ist es wichtig, daß wir zunächst nicht die Vorgänge bei konvexen Ausgangskörpern, etwa an Steinsalzwürfeln, verfolgen. Vielmehr gelangen wir erst zu streng faßbaren Beziehungen, wenn wir den Vergleich zwischen Konvex- und Konkavformen herstellen. Versuche von N e u h a u s am Steinsalz haben gezeigt, daß bei der Auflösung von Hohlhalbkugeln die gleichen Flächen entstehen, die auch beim Wachstum einer Konvexkugel auftreten. Diese Erscheinung bezeichnet man als „q u a l i t a t i v e K o r r e l a t i o n". Der Korrelationssatz besagt, daß die Reihenfolge der Wachstums- und Auflösungsgeschwindigkeiten die gleiche sein muß. Wir wollen diesen Korrelationssatz mit Hilfe der molekularkinetischen Betrachtungsweise ableiten: Die Anlagerungsenergie des wiederholbaren Schrittes beträgt für den NaCl-Kristall

$$\Phi_0 = \Phi' + \Phi'' + \Phi'''$$

(vgl. S. 76). Nun ist diese wiederholbare Anlagerung stets eine Anlagerung an den h a l b e n Kristall. (Würden wir nämlich den Gitterblock der Abb. 31

durch einen gleichen Block ergänzen, so erhielten wir ein vollständiges ideales Gitter, wenn wir dieses Gitter — wie es bei der Rechnung tatsächlich geschieht — als unendlich, d. h. ohne Begrenzungen, annehmen.) Demnach muß die Energie, die bei der Einfügung eines Ions inmitten des Kristallkörpers gewonnen wird, gleich $2\Phi_0$ sein. *AB* sei die Spur einer Netzebene (Abb. 33), der Gitterblock liege links von dieser Netzebene. Es fehle nun an dieser Oberfläche ein Ion (durch die Lücke angedeutet). Es ist ohne Schwierigkeit einzusehen, daß sich die Ausfüllung der Lücke von der Einlagerung inmitten des Gitters nur dadurch unterscheidet, daß der Halbkörper rechts fehlt (gestrichelt gezeichnet!). Demnach ist die Energie, die bei der Ausfüllung der Lücke links gewonnen wird:

$$\Phi_L = 2 \cdot \Phi_0 - \Phi''' .$$

Abb. 33. Abtrennung bzw. Anlagerung von Ionen an komplementären Gitterblocken

Diese Bezeichnung wird nun besonders bemerkenswert, wenn wir die Größe Φ_L nicht als Einlagerungsenergie, sondern als Arbeitsbetrag deuten, der bei der Bildung der Lücke aufzuwenden ist. Beide Energiewerte müssen ja einander gleich sein. Diese Lückenbildungsenergie ist für den gesamten Prozeß der Kristallauflösung von entscheidender Bedeutung. Denn wird ein Atom aus einer vollständigen Netzebene der Gitteroberfläche entfernt, so ist damit die erste Lücke in den Gitterblock gebrochen, und die Entfernung weiterer Bausteine vollzieht sich dann erheblich leichter. Φ_L ist diese Lückenbildungsarbeit. Aus der obigen Gleichung ersieht man, daß die Lückenbildungsenergie einen eindeutigen Zusammenhang mit der Ebene aufweist, die gewonnen wird, wenn man auf die gleiche Netzebene ein Ion auflagert. Es ist: $\Phi_L + \Phi''' = 2\Phi_0$. Es ergibt sich daraus folgendes: Ist Φ''' besonders klein, wie beispielsweise bei der Würfelfläche von NaCl, so ist die Anlagerung neuer Ionen auf die Oberfläche benachteiligt, d. h. die Fläche wächst langsam. Aus der Gleichung ist zu folgern, daß in diesem Falle Φ_L groß ist. Demnach ist dann auch die Herauslösung von Ionen mitten aus einer vollständigen Netzebene der Oberfläche benachteiligt, d. h. die Fläche wird nur langsam abgebaut. Kurz zusammengefaßt besagt die einfache Gleichung: Eine Kristallfläche, die langsam wächst, wird auch langsam abgetragen, und eine Fläche, die rasch wächst, wird auch wieder rasch abgetragen. Damit haben wir also einen sehr einfachen und übersichtlichen Ausdruck für das Korrelationsprinzip gewonnen. Der Satz läßt sich leicht auf Kristallkörper mit beliebigen Grenzflächen erweitern: Wir erhalten dann das Korrelationsprinzip in folgender verallgemeinerten Form: Die Summe aus einer Lückenbildungsarbeit und dem Energiegewinn bei der zugeordneten Auflagerung auf den Komplementärkörper ist konstant (Kossel). Dabei bezeichnen wir als Komplementärkörper jene Kristallgestalt, die den ursprünglichen Kristall zu einem unendlich ausgedehnten, vollständigen Kristall ergänzt (z. B. Konvexkugel — Hohlkugel!). Dieser Satz wird durch die Erfahrung weitgehend bestätigt.

b) Oberflächendiffusion

Wie der Vergleich zwischen experimentellen und theoretischen Ergebnissen gezeigt hat, können Wachstum und Abbau der Kristalle nicht allein auf Grund der Kossel-Stranskischen Anlagerungen verstanden werden. Wie schon betont wurde, sind dabei Sekundärprozesse an den Gitteroberflächen weitgehend in Betracht zu ziehen. Die Bedeutung des wichtigsten dieser Prozesse, nämlich der Oberflächendiffusion, soll durch folgendes typische Beispiel beleuchtet werden (Volmer):

Läßt man unter geeigneten Versuchsbedingungen im hochevakuierten Glasgefäß Quecksilber auf eine tiefgekühlte Fläche aufdampfen, wobei im Dampfraum praktisch Sättigungsdruck des Quecksilbers herrscht, so bilden sich einzelne kleine blättchenartige Kristallflitterchen. Eine Überlegung zeigt, daß die Kriställchen in die Breite etwa 1000mal schneller, in die Dicke etwa 10mal langsamer gewachsen sind, als nach der Stoßtheorie die Kondensation berechnet werden kann. Danach besteht nur die Möglichkeit, daß die auf die breiten Flächen der wachsenden Kristalle auftreffenden Atome für das Wachstum der wesentlich schmaleren Flächen verwertet worden sind.

Diese Erscheinung kann nur erklärt werden durch die Annahme, daß die Atome auf den breiten Flächen zwar festgehalten werden, aber noch nicht endgültig „kondensiert“ sind. Sie behalten vielmehr eine gewisse Bewegungsfähigkeit längs der Oberfläche bei, bis sie schließlich am Rand an einem Platz intensiverer Bindung dauernd festgehalten werden.

Allgemein gewinnen wir folgendes Bild vom Kondensationsprozeß bei Metallen: Die überwiegende Zahl der vom Dampfraum auf den Metallkristall auftreffenden Atome wird zunächst auf Plätze der Gitteroberfläche gelangen, denen eine relativ geringe Bindungsenergie zukommt. Bei nicht zu tiefen Temperaturen werden die Atome an den energetisch ungünstigen Plätzen der Gitteroberfläche wieder abgelöst und kehren in den Gasraum zurück, sie werden also „reflektiert". Demgegenüber müssen die Fälle, bei denen ein Platz mit großer Bindungsenergie (z.B. Lage „am halben Kristall"; Schritt 3 in Abb. 31) beim statistischen Aufprallen erreicht wird, verhältnismäßig selten sein. Danach müßte man bei einem Metallkristall eine sehr kleine Kondensations- und auch Verdampfungsgeschwindigkeit erwarten. Tatsächlich werden auch an kristallinen Metallen annähernd die maximalen Verdampfungs- und Kondensationsgeschwindigkeiten gefunden. Zwanglos kann diese Erscheinung durch die Oberflächenwanderung der Kristallbausteine erklärt werden, die sich bei der Kondensation und bei der Verdampfung vermittelnd einschaltet. Verdampfung und Kondensation erfolgen demnach praktisch überwiegend indirekt (Volmer).

Weitere instruktive Versuche, die die Bedeutung der Oberflächendiffusion nahelegen, wurden von Niggli und Bader durchgeführt. Es handelt sich dabei um die Umbildung von Eiskristallen nach der Ablagerung: Frische Eiskristalle wurden in einen abgeschlossenen Luftraum gebracht unter Versuchsbedingungen, bei denen ein Verdunsten ausgeschlossen war. Dabei wurden nach einiger Zeit die dendritischen Formen in gerundete oder auch kristallographisch begrenzte Vollkristalle umgewandelt. Diese Umbildung kann zunächst über den Weg der Dampfphase erfolgen, indem an stärker gerundeten Stellen der Dendriten (Spitzen) die Molekeln sublimieren und an anderen Stellen wieder angelagert werden. Daneben aber spielt auch die Bewegung der Molekeln längs der Kristalloberfläche eine nicht untergeordnete Rolle: Die Molekeln scheinen innerhalb der Phasengrenzschicht zu „fließen".

Schließlich sei noch auf eine weitere Erscheinung hingewiesen, die als Wirkung der Oberflächendiffusion aufgefaßt werden muß: Der sog. Gleichstromeffekt. Hierunter wird folgender Vorgang verstanden: Ein ursprünglich runder und glatter Einkristalldraht (z.B. Wolfram) wird längere Zeit (100 und mehr Stunden) mit Gleichstrom geglüht. Dabei gewinnt der Draht eine ganz charakteristische Oberflächenstruktur: Es entsteht eine typische Zahnung, deren Ausbildung von der kristallographischen Orientierung der Oberflächenbereiche abhängt (Richard W. Schmidt). Es ist wohl außer Zweifel, daß der Gleichstromeffekt durch die Oberflächendiffusion bedingt ist.

Über den Mechanismus der Oberflächendiffusion kann im einzelnen folgende Vorstellung entwickelt werden: Beim Wachstumsprozeß aus der

Dampfphase prallen die Ionen, Atome oder Molekeln auf die Gitteroberfläche auf, werden z. T. wieder reflektiert oder an bestimmten Oberflächenplätzen des Gitterblocks angelagert. Für die adsorbierten Partikeln ergeben sich folgende drei Möglichkeiten: 1. Die Partikeln bleiben nur vorübergehend angelagert und gehen nach einer bestimmten kurzen Verweilzeit wieder in die Umgebung zurück, 2. die Partikeln werden endgültig am ersten Anlagerungsplatz festgehalten, 3. die Partikeln wandern auf der Gitteroberfläche (Platzwechsel an der Oberfläche).

Die mittlere Platzwechselzahl während der Verweilzeit kann mit Hilfe einer einfachen Modellbetrachtung am homöopolaren Gitter abgeschätzt werden (Volmer). Dabei ist zu beachten, daß der Platzwechsel über den Sattel zwischen zwei Aufenthaltsplätzen der Oberfläche führt. Bezeichnet man mit ε_0 die potentielle Energie eines freien Bausteins und mit ε_s die potentielle Energie eines Bausteins auf dem Sattel zwischen zwei Ruhelagen, so ergibt sich für die mittlere Platzwechselzahl z:

$$z \sim e^{\frac{\varepsilon - \varepsilon_s}{kT}}.$$

Eine thermodynamische Abschätzung dieser Größe liefert den Wert $5 \cdot 10^4$. Diese mittlere Platzwechselzahl kann nun in Beziehung zu dem Verhältnis der indirekten zur direkten Verdampfung bzw. Kondensation gebracht werden. Es zeigt sich, daß die aus der Oberfläche an die Wachstumsstelle gelangenden Partikeln $z$mal (also $5 \cdot 10^4$mal) so zahlreich sind wie die direkt aus dem Dampf in die Wachstumsstelle einfallenden Teilchen. Ebenso ist die Zahl der mittelbar über die Oberfläche weggeführten Bausteine $z$mal größer als die Zahl der direkt von der Wachstumsstelle in die Umgebung abgehenden Partikeln.

Im allgemeinen dürfte der Weg zur Anlagerung aus der Dampfphase dreistufig verlaufen: 1. Übergang aus der Dampfphase und Anlagerung auf die Oberfläche des Gitterblocks, 2. Wanderung innerhalb des Oberflächenfilms und Anlagerung an eine Stufe (Stelle 2 in Abb. 31), 3. Wanderung längs der Stufe und dauernde Fixierung an eine Wachstumsstelle (Stelle 3 in Abb. 31). Ganz analog ergeben sich für den Verdampfungsprozeß drei Stufen: 1. Ablösung von der Kette und Wanderung längs der Stufe, 2. Ablösung von der Stufe und Wanderung längs der Oberfläche, 3. Ablösung vom Block und Übergang in die Dampfphase.

Der für die mittlere Platzwechselzahl gefundene Wert gestattet die Schlußfolgerung, daß Verdampfung und Kondensation praktisch indirekt erfolgen. Weitere experimentelle Befunde legen die Verallgemeinerung dieser Ergebnisse auch für Abbau und Aufbau von Kristallen aus der Schmelze und Lösung nahe.

Offenbar spielt die Oberflächendiffusion beim Kristallwachstum eine ordnende und ausgleichende Rolle, die bei übermäßig rascher Stoffanlagerung nicht mehr zur Geltung kommen kann und dann zu der bekannten Dendritenbildung führt (Kleber). Bei hohen Überschreitungen (Übersättigungen, Unterkühlungen) reicht das Tempo der Oberflächenwanderung nicht mehr aus, um die statistisch auftreffenden Partikeln zu Wachstumsstellen hin zu transportieren, so daß es vor allem an Ecken und Kanten zu extremen Materialanhäufungen kommt. So hat die Oberflächendiffusion beim Kristallisationsprozeß eine wesentlich regulative Funktion zu erfüllen.

c) Grenzflächenreaktionen

Mit Grenzflächenreaktionen haben wir es zu tun, wenn die Partikeln einer Kristalloberfläche mit Molekeln der Umgebung reagieren, so daß neue Produkte entstehen. Es handelt sich dabei also allgemein um Reaktionen, bei denen mindestens eine kristallisierte Phase beteiligt ist. Solche Reaktionen sind als „Kristallreaktionen" bezeichnet worden (Kleber). Zu ihnen gehören auch die Umwandlungsvorgänge, bei denen kein weiterer Reaktionspartner beteiligt ist (Reaktionen I. Ordnung, z. B. polymorphe Umwandlungen, Entmischungen usw.). In diesem Abschnitt sollen nur solche Reaktionen betrachtet werden, bei denen noch weitere Reaktionsteilnehmer mitwirken (Reaktionen II. Ordnung). Je nach der Phase der entstehenden Produkte können wir diese Grenzflächenreaktionen einteilen in solche, bei denen

1. Gase,
2. flüssige Phasen,
3. kristallisierte Phasen

entstehen. Selbstverständlich können auch mehrere Phasen zusammen als Reaktionsprodukte auftreten, z. B. ein Gas und eine Flüssigkeit (etwa: Auflösung eines Kristalls unter Gasentwicklung). Diese Gruppen von Reaktionen können wiederum nach der Art der einwirkenden Reaktionsteilnehmer klassifiziert werden: Feste, flüssige und kristallisierte Substanzen können auf die Kristalloberfläche einwirken.

Ein recht interessantes Beispiel für den Fall, daß sowohl das Produkt als auch das einwirkende Agens gasförmig ist, stellt die Primärreaktion zwischen Sauerstoff und Graphit dar. Es existieren dabei zwei Reaktionstypen mit einem Übergangsgebiet zwischen 1200° C und 1600° C. L. Meyer kommt zu folgenden Anschauungen über den Mechanismus der bei tiefen Temperaturen vorherrschenden Primärreaktion zwischen Sauerstoff und Graphit: Der Sauerstoff wird nicht nur an der Oberfläche adsorbiert, sondern er dringt auch in größeren Mengen ziemlich tief in das Graphitgitter selbst ein. Mehrere Kohlenstoffatome (mindestens 4) treten bei dieser Reaktion gleichzeitig aus dem Gitterverband aus. Man muß zunächst annehmen, daß unter der obersten Schicht von Kohlenstoffringen des Graphitgitters (vgl. Abb. 22) O_2-Molekeln eingelagert werden, so daß eine Sauerstoffmolekel an eine C—C-Bindung durch Restvalenzen gebunden ist. Trifft nun aus dem Gasraum eine O_2-Molekel auf die Graphitschicht so auf, daß es auf eine nicht mit O_2 besetzte C—C-Bindung stößt, so wird damit rein sterisch der experimentell gefundene Primärprozeß vorbereitet. Es ist dann:

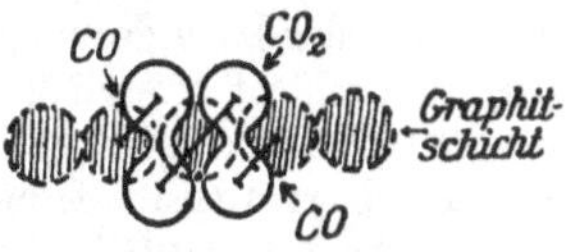

Abb. 34. Adsorption von zwei Sauerstoffmolekeln an ein Graphitgitter

$$4\,C + 3\,O_2 = 2\,CO_2 + 2\,CO.$$

Beim zweiten Reaktionstyp, der von etwa 1600° C ab einsetzt, erfolgt der Primärprozeß nach der Gleichung:

$$3\,C + 2\,O_2 = CO_2 + 2\,CO.$$

Es wird angenommen (Eucken), daß zwei O_2-Molekeln an die Kante eines Graphitprismas angelagert und dort adsorbiert werden (vgl. Abb. 34). Die beiden Sauerstoffmolekeln reagieren mit den drei benachbarten Kohlenstoffatomen. Die Reaktionsprodukte sind also auch in diesem Falle geometrisch vorgebildet.

Die Vorgänge, bei denen eine flüssige Phase mit einer kristallisierten reagiert, bezeichnet man als Ätzung. Über den Mechanismus des Ätzprozesses an heteropolaren Einkristallen ist folgende Vorstellung entwickelt worden (Kleber): Wir wählen zunächst als einfaches Beispiel die Reaktion:

$$CaF_2 + H_2SO_4 \rightarrow CaSO_4 + 2\,HF,$$

also die Ätzung eines Fluoritkristalls durch Schwefelsäure! Wir können annehmen, daß in der wässerigen Säurelösung die neben den undissoziierten H_2O-Molekeln vorhandenen H^+- und SO_4^{2-}-Ionen nicht als freie, selbständige Ionen vorliegen, sondern hydratisiert sind. Wir haben demnach in der Lösung Anionen und Kationen, die an die Wasserdipole gekoppelt sind, also Komplexe der Art $[SO_4^{2-} \cdot x H_2O]$ bzw. $[H^+ \cdot y H_2O]$. Wir stellen uns vor, daß sich diese Komplexe in der Lösung in einer ständigen lebhaften Bewegung befinden und in bestimmten Zeitintervallen, die sich aus dem Wärmeinhalt des Systems ergeben, auf die Kristalloberfläche auftreffen. Dort werden die Ionenkomplexe zeitweise oder „endgültig" angelagert. Diese Anlagerung kann als Beginn eines Adsorptionsaktes gedacht werden. Dabei kann das monomolekulare Adsorpt immer noch innerhalb der Grenzschicht beweglich sein, bis die einzelnen Ionen schließlich an energetisch bevorzugten Stellen der Gitteroberfläche gebunden werden. Die adsorbierten positiven und negativen Komplexe wirken nun intensiv auf die Anionen bzw. Kationen der Kristalloberfläche ein. Im Gefolge dieser Einwirkungen entstehen Adsorptionsverbindungen (z. B. $Ca^{2+}[SO_4^{2-} \cdot x H_2O]$ und $[H^+ \cdot y H_2O] \cdot F^-$). Solche Verbindungen werden sich um so leichter bilden, je weniger fest die Ionen an die Gitteroberfläche gebunden sind, d. h. je geringer ihre Abtrennungsarbeiten sind. Die neu entstandene Verbindung ist naturgemäß nun nicht mehr stabil im ursprünglichen Gitter eingebaut und wird daher im allgemeinen diesen Gitterverband verlassen, d. h. das neue Ionenpaar wird in Lösung gehen. Ist die Löslichkeit der Adsorptionsverbindung aber gering, so wird sie auf dem Gitterblock haftenbleiben und so schließlich auf der Oberfläche des alten ein neues Gitter aufbauen. Das geschieht beispielsweise dann, wenn Fluorit (CaF_2) mit konzentrierter Schwefelsäure geätzt wird. Das entstandene Adsorptionsprodukt ($CaSO_4 \cdot 2\,H_2O$) wird nicht weggelöst, sondern bildet auf der Fluoritoberfläche kleine Kriställchen. Findet eine solche Bedeckung der ursprünglichen Kristalloberfläche statt, so ist damit selbstverständlich ein weiteres Ätzen unmöglich geworden. Derartige Vorgänge spielen praktisch auch bei der Metallkorrosion eine große Rolle.

Wir können demnach den Ätzprozeß in folgende 4 Elementarakte gliedern:

1. Diffusion der gelösten, komplexen Anionen und Kationen zur Kristalloberfläche,

2. Adsorption dieser Komplexe auf der Kristalloberfläche,

3. Bildung von Adsorptionsverbindungen in der Grenzschicht kristallisiert—flüssig,

4. Ablösen der Adsorptionsverbindungen von der festen Oberfläche.

Der Einfluß des Kristallgitters muß sich bei den Elementarakten 2, 3 und 4 mehr oder weniger geltend machen. Daß auch bei der Adsorption der Komplexe die Struktur der adsorbierenden Kristalloberfläche eine entscheidende Rolle spielt, haben die Versuchsergebnisse der Einkristallätzung mit optisch-aktiven Substanzen eindeutig bewiesen.

Es ist eine schon lange bekannte Erfahrung, daß Kristallflächen beim Anätzen nicht gleichmäßig in parallelen Schichten abgetragen werden. Es entstehen vielmehr auf den Kristallflächen mehr oder weniger regelmäßige Unebenheiten, die man als „Ätzfiguren" bezeichnet. Auf wichtigen Kristallflächen treten insbesondere Vertiefungen auf, die „Ätzgruben" genannt werden. Das Zustandekommen der Ätzgruben kann man sich gittertheoretisch etwa folgendermaßen vorstellen: Wie wir schon gesehen haben, sind an den Ecken und Kanten eines Gitters die Atome bzw. Ionen verhältnismäßig locker gebunden, so daß dort der Ätzvorgang zuerst einsetzen wird. Dies gilt naturgemäß auch für Kanten und Ecken, die an Rissen, Rillen u. a. zufälligen Vertiefungen einer Kristalloberfläche auftreten können. An solchen Inhomogenitätsstellen der Oberfläche (Baufehler) wird demnach zuerst der Ätzprozeß einsetzen. Auf diese Weise entstehen Vertiefungen, die im Verlauf des Ätzens immer breiter werden. Der Abbau erfolgt längs Gittergeraden, so daß die „Ätzgruben" durch das Gitter bedingte, also regelmäßige Begrenzungen aufweisen. Es ist dann selbstverständlich, daß die Ätzfiguren der Symmetrie des Kristallgitters entsprechen müssen. So entstehen beispielsweise auf Würfelflächen vom Flußspat beim Ätzen mit Salzsäure Hohlpyramiden mit quadratischen Grundflächen, deren Seiten parallel den Würfelkanten verlaufen. Diese Ätzgruben weisen eine Symmetrie auf, die vollkommen der wachstumsmorphologischen Symmetrie der Würfelfläche entspricht: Die Symmetriegruppe besteht aus der Kombination einer vierzähligen Drehachse mit 4 Symmetrieebenen, die senkrecht auf der Würfelfläche stehen. Dieser Satz, daß die Symmetrie der Ätzfiguren der Symmetrie der betreffenden Kristallfläche entsprechen muß, gilt nun allerdings nicht ausnahmslos. Vielmehr hat es sich gezeigt, daß die Symmetrie der Ätzfiguren auch durch das Ätzmittel beeinflußt werden kann. Ätzt man beispielsweise Kalkspat mit Salzsäure, so entstehen auf den Rhomboederflächen monosymmetrische Ätzfiguren, deren Symmetrie also vollkommen der Flächensymmetrie des Rhomboeders entspricht (eine Symmetrieebene steht senkrecht auf der Fläche). Wenn man dagegen ein Kalkspatrhomboeder mit einer optisch-aktiven Säure, z. B. Weinsäure, anätzt, so bilden sich asymmetrische Ätzgruben, also Formen, die kein Symmetrieelement mehr erkennen lassen. Damit wird die Symmetrie des Kristalls scheinbar um eine Symmetrieebene vermindert.

Zusammenfassend sind es folgende Ergebnisse, die bei den Ätzversuchen an Einkristallen mit optisch-aktiven Substanzen gewonnen wurden:

1. Flächen ein und derselben Form, die durch eine Spiegelebene und nur durch eine Spiegelebene ineinander überführt werden, zeigen gänzlich verschiedene Ätzfiguren. Die Ätzfiguren der Linksflächen und der Rechtsflächen verhalten sich nicht mehr spiegelbildlich, wie das beim Ätzen mit inaktiven Säuren der Fall ist. Dadurch wird die Kristallsymmetrie insgesamt scheinbar herabgesetzt: Es fehlen die Symmetrieebenen. Gleiches gilt für Flächen, die durch ein Inversionszentrum oder allgemeiner durch eine Inversionsachse ineinander überführt werden.

2. Flächen, auf denen eine und nur eine Symmetrieebene senkrecht steht, zeigen asymmetrische Ätzfiguren. Dadurch erscheint die Flächensymmetrie herabgesetzt: Es ist keine Symmetrieebene mehr vorhanden.

3. Vertauscht man das aktive Ätzmittel mit dem entsprechenden optischen Antipoden, so sind Erscheinungen zu beobachten, die sich in folgender Weise zuordnen lassen: Die Ätzerscheinungen, die mit der Rechtssäure erzeugt werden, verhalten sich spiegelbildlich zu den Erscheinungen, die mit der Linkssäure gewonnen werden. Insbesondere sind die Ätzfiguren auf einer monosymmetrischen Fläche, die mit einer Rechtssäure angeätzt wurde, spiegelbildlich zu den Ätzfiguren, die auf der gleichen Fläche mit der entsprechenden Linkssäure gewonnen wurden. Bei Ätzung mit der razemischen Säure erscheint die volle Kristall- bzw. Flächensymmetrie.

4. Auf Flächen, auf denen eine Symmetrieachse senkrecht steht, treten beim Ätzen mit optisch-aktiven Substanzen nicht immer Symmetrieverminderungen auf.

Die Deutung dieser Beobachtungen auf Grund der oben entwickelten Vorstellung vom Mechanismus der Einkristallätzung mit optisch-aktiven Substanzen ist recht einfach:

Zu 1. Bei der Adsorption eines komplexen Ions oder einer Molekel auf einer Kristalloberfläche wird sowohl der strukturelle Aufbau der Gitteroberfläche als auch der räumlich-geometrische Bau der Molekel von Einfluß sein. Flächen, die sich kristallmorphologisch spiegelbildlich verhalten, müssen Oberflächenstrukturen aufweisen, die ebenfalls spiegelbildlich zueinander sind. Die Anordnung der Atome oder Ionen in zwei spiegelbildlichen Grenzflächen muß sich verhalten wie die Anordnung der Atome in zwei optischen Antipoden. Die Adsorption des asymmetrischen Komplexes muß daher auf den beiden Oberflächen verschieden erfolgen. Das heißt eine Rechtsmolekel wird sich auf eine Rechtsfläche anders auflagern als eine Linksmolekel auf eine Rechtsfläche. Ebenso muß die Auflagerung einer Rechtsmolekel auf eine Linksfläche anders erfolgen als die Auflagerung einer Linksmolekel auf eine Linksfläche. Daher verhalten sich spiegelbildliche Flächen gegenüber optisch-aktiven Säuren verschieden, und die Kristallsymmetrie wird scheinbar um Spiegelebenen vermindert.

Zu 2. Auf einer monosymmetrischen Fläche werden asymmetrische Molekeln an zwei Flächenelementen eines Baufehlers bzw. einer Ätzgrube, die spiegelbildlich zur Symmetrielinie liegen, verschieden adsorbiert. Solche Flächenelemente können sich gegenüber der asymmetrischen Molekel nicht mehr gleichartig verhalten. Das heißt aber, es entstehen auf monosymmetrischen Flächen asymmetrische Ätzfiguren.

Zu 3. Eine Linksmolekel kann sich, geometrisch gesehen, auf eine Rechtsfläche auflagern wie eine Rechtsmolekel auf eine Linksfläche, entsprechend eine Linksmolekel auf eine Linksfläche wie eine Rechtsmolekel auf eine Rechtsfläche. Daher werden alle Erscheinungen, die mit der Linksform einer optisch-aktiven Substanz erzeugt sind, sich spiegelbildlich verhalten zu den Erscheinungen, die mit der entsprechenden Rechtsform erzeugt werden können. Bezeichnen wir die Rechtsfläche eines Kristalls mit D, die entsprechende Linksfläche mit L, ferner die Rechts- bzw. Linksform einer optisch-aktiven Säure mit d bzw. l, so können die beobachteten Erscheinungen durch folgende schematische Reaktionsgleichungen beschrieben werden:

$$D, L + d \rightarrow dD + dL,$$
$$D, L + l \rightarrow lD + lL.$$

Abb. 35 soll die vier Möglichkeiten und ihre Symmetriebeziehungen anschaulich erläutern.

Zu 4. Flächen bzw. Flächenelemente, die durch Drehachsen miteinander zur Deckung gebracht werden können, besitzen vollständig gleiche Oberflächenstrukturen. Die Drehachsensymmetrie kann daher durch die Einwirkung optisch-aktiver Säuren nicht abgeändert werden.

Die Anwendung der Kossel-Stranskischen Theorie auf die Metallkorrosion führte zu ähnlichen Vorstellungen, wie sie für die Ätzung heteropolarer Einkristalle entwickelt worden ist. Übermikroskopische

Untersuchungen an geätzten Aluminium-Einkristallen (Mahl und Stranski) haben ergeben, daß die Al-Oberfläche ein würfelförmiges Ätzrelief aufweist, im Gegensatz zur Forderung der Theorie, wonach oktaedrische Ätzfiguren entstehen müßten. Aus dieser Beobachtung wird gefolgert, daß die Ätzfiguren nicht durch Reagieren des Al-Kristalls selbst verursacht werden. Mahl und Stranski nehmen an, daß auf der geätzten Oberfläche sich eine Oxydschicht ausbildet, die alsbald wiederum durch das Lösungsmittel abgelöst wird. Diese zweidimensionale Al-Oxydschicht hat eine Struktur, die dem NaCl-Typ entspricht, so daß die Lösungsformen — im Einklang mit der Theorie — würfelartig sind. Danach ist also auch bei der Metallkorrosion die Ausbildung einer Adsorptionsverbindung anzunehmen, die die Vorgänge an der Gitteroberfläche entscheidend zu beeinflussen vermag.

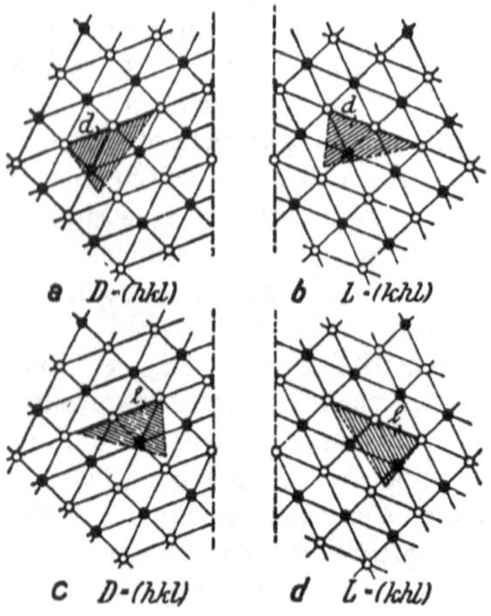

Abb. 35. Adsorption von Rechts- bzw. Linksmolekeln (d, l) auf eine Rechts- bzw. Linksflache (Netzebene) D bzw. L

Es muß aber erwähnt werden, daß die Vorstellung von Mahl und Stranski nicht unwidersprochen geblieben ist. Straumanis hat einige berechtigte Argumente gegen das neue Bild vorgebracht. Insbesondere hat er darauf hingewiesen, daß die Theorie mit den beobachteten großen Unterschieden in den Auflösungsgeschwindigkeiten des reinsten und des eisenhaltigen Aluminiums in Widerspruch steht. Als einzigen Ausweg aus dieser Lage sieht Straumanis die Forderung an, daß man unter Beibehaltung der Stranskischen Ansicht den Oxydationsvorgang in Abhängigkeit von der Tätigkeit der Lokalelemente bringt. Auch dann ist die Deutung allerdings noch nicht einwandfrei möglich. Trotzdem dürfte kein Zweifel darüber bestehen, daß allgemein auch beim Korrosionsvorgang kompliziertere Sekundärprozesse an den Grenzflachen der kristallisierten Phase eine prinzipielle Rolle spielen.

Das obenerwähnte Beispiel der Flußspatätzung mit konzentrierter Schwefelsäure leitet bereits zu einer dritten Gruppe von Grenzflächenvorgängen über, bei denen feste (kristallisierte) Phasen entstehen. Die Oberfläche des Gitters kommt bei diesen Vorgängen in Berührung mit einer reagierenden Phase, die selbst wieder gasförmig, flüssig oder kristallisiert sein kann. Dabei bildet sich dann an der Phasengrenzfläche ein neues Kristallgitter aus. Hierher gehören insbesondere die Anlaufvorgänge, bei denen beispielsweise ein Metall unter Bildung einer kristallisierten Anlaufschicht mit einer angreifenden Phase reagiert. Wesentlich geschwindigkeitsbestimmend bei diesen Vorgängen ist die Diffusion in der festen Grenzschicht. Weiter gehört zu diesem Reaktionstypus die Pseudomorphosenbildung. Unter diesen Bildungen versteht man Kristallaggregate, die ein ursprünglich einkristallines Material vollständig verdrängt haben, wobei die äußere Form des ursprünglichen Kristalls erhaltengeblieben ist. Im Grunde handelt es sich um nichts anderes als um weit fortgeschrittene Anlaufvorgänge. Hält man beispielsweise Gips in eine warme, wässerige Lösung von Natriumkarbonat, so überzieht sich der Gipskristall mit einer weißen Rinde. Der Verdrängungsvorgang wird so lange fortgesetzt, bis der Gips unter Beibehaltung seiner Kristallform vollständig in Aragonit (rhombisches $CaCO_3$) umgewandelt ist. Die Einzelakte entsprechen hierbei genau denen der Einkristallätzung, nur daß jetzt die Adsorptionsverbindungen, die auf der Gitteroberfläche entstehen, nicht weggelöst werden.

Daß auch beim Kristallwachstum Sekundärprozesse an der Gitteroberfläche eine wesentliche Rolle spielen können, darauf wurde bereits früher kurz hingewiesen. Hier sind es in erster Linie Adsorptionsvorgänge, die den Kristallisationsablauf entscheidend lenken und modifizieren können. Durch die Adsorption von Fremdmolekeln werden die Wachstumsgeschwindigkeiten der Kristallflächen selektiv beeinflußt („Lösungsgenossen"), so daß andere Flächenkombinationen in Erscheinung treten werden. So sind beispielsweise beim Wachstum von Steinsalzkristallen in harnstoffhaltiger NaCl-Lösung neben den Würfelflächen auch Oktaederflächen zu beobachten. Die Vorstellung einer orientierten Adsorption, wie sie im Zusammenhang mit der Deutung des Ätzprozesses entwickelt worden ist, legte es nahe, auch beim Kristallwachstum nach einem derartigen Effekt zu suchen. Damit müßten wesentlich einschneidendere Konsequenzen für die kristallmorphologischen Verhältnisse resultieren: Spiegelbildlich gebaute Flächen ein und desselben Kristallkörpers können bei einer orientierten Anlagerung asymmetrischer Komplexe nicht mehr gleichartig, insbesondere nicht mehr mit den gleichen Verschiebungsgeschwindigkeiten wachsen. Auch hier muß die Anlagerung einer Rechtsmolekel auf einer Rechtsfläche anders erfolgen als die Anlagerung einer Rechtsmolekel auf einer Linksfläche. Liegen solche Verhältnisse vor, so entstehen asymmetrische Kristallformen, denen Symmetrieebenen fehlen. Ein Beispiel liefert uns sehr wahrscheinlich der Cuprit (Cu_2O). Cuprit gehört wachstumsmorphologisch eindeutig der pentagonikositetraedrischen Kristallklasse (O) an. Insbesondere sind bisher nur Rechtsformen beobachtet worden. Die allgemein anerkannte, röntgenanalytisch bestimmte Cu_2O-Struktur ist aber ohne Zweifel holoedrisch gebaut (Klasse: O_h); d. h. ihr gehören Symmetrieebenen an, die den Rechtsformen offenbar fehlen. Nimmt man an, daß die Bildung der Rechtsformen durch selektive Adsorption asymmetrischer Molekeln oder Komplexe bedingt ist, so löst sich die geschilderte Diskrepanz zwischen Struktur und Morphologie zwanglos.

B. Die physikalischen Eigenschaften der Kristalle

1. Mechanische Eigenschaften

Wird ein Kristall mechanisch, durch Druck oder Zug, beansprucht, so treten Formänderungen oder Deformationen auf. Diese Formänderungen können auch dann bestehenbleiben, wenn der erzeugte Spannungszustand im Kristall aufgehoben ist. Man spricht in solchen Fällen von plastischen Deformationen. Vor dem Eintritt von plastischen Deformationen sind stets elastische Formänderungen vorhanden, das sind Formänderungen, die nach der Aufhebung der mechanischen Beanspruchung wieder verschwinden. Die elastischen Vorgänge sind also reversibel. Für kleine Formänderungen ist die Größe der Deformation proportional der Beanspruchung. Wird z. B. ein Kristallstab durch Zug in der Stabrichtung (etwa: angehängtes Gewicht) belastet, so erfährt er eine Längenänderung (Dilatation). Ist die angelegte Zugspannung σ (Kraft pro Flächeneinheit), so wird $\frac{\Delta l}{l} = s \cdot \sigma$, wenn Δl die Längenänderung (Streckung) und l die Gesamtlänge des Kristallstabes ist. Oder es gilt auch $\sigma = E \cdot \frac{\Delta l}{l}$. s bezeichnet man als den Elastizitätskoeffizienten, E als den Elastizitätsmodul, in diesem Falle mit $E = \frac{1}{s}$. Die Proportionalität zwischen Spannung und relativer Längenänderung ist als Hookesches Gesetz bekannt. Während in einem isotropen Körper Elastizitätskoeffizient und entsprechend auch der Elastizitätsmodul in allen Richtungen derselbe ist, trifft dies für den anisotropen, insbesondere den kristallisierten Körper nicht mehr zu. Bei einem Kristall müssen wir demnach mehrere Elastizitätskoeffizienten bzw. -moduln angeben, deren Zahl mit der Kristallsymmetrie variiert. So verallgemeinert sich das Hookesche Gesetz für einen triklinen Kristall in folgender Weise:

$$\begin{aligned}
\sigma_x &= c_{11}\,\varepsilon_x + c_{12}\,\varepsilon_y + c_{13}\,\varepsilon_z + c_{14}\,\gamma_{yz} + c_{15}\,\gamma_{zx} + c_{16}\,\gamma_{xy}\\
\sigma_y &= c_{12}\,\varepsilon_x + c_{22}\,\varepsilon_y + c_{23}\,\varepsilon_z + c_{24}\,\gamma_{yz} + c_{25}\,\gamma_{zx} + c_{26}\,\gamma_{xy}\\
\sigma_z &= c_{13}\,\varepsilon_x + c_{23}\,\varepsilon_y + c_{33}\,\varepsilon_z + c_{34}\,\gamma_{yz} + c_{35}\,\gamma_{zx} + c_{36}\,\gamma_{xy}\\
\tau_{yz} &= c_{14}\,\varepsilon_x + c_{24}\,\varepsilon_y + c_{34}\,\varepsilon_z + c_{44}\,\gamma_{yz} + c_{45}\,\gamma_{zx} + c_{46}\,\gamma_{xy}\\
\tau_{zx} &= c_{15}\,\varepsilon_x + c_{25}\,\varepsilon_y + c_{35}\,\varepsilon_z + c_{45}\,\gamma_{yz} + c_{55}\,\gamma_{zx} + c_{56}\,\gamma_{xy}\\
\tau_{xy} &= c_{16}\,\varepsilon_x + c_{26}\,\varepsilon_y + c_{36}\,\varepsilon_z + c_{46}\,\gamma_{yz} + c_{56}\,\gamma_{zx} + c_{66}\,\gamma_{xy}.
\end{aligned}$$

In diesen 6 Gleichungen ist σ_x (bzw. σ_y σ_z) die Normalspannung, die auf einer zur x- (bzw. y-, z-) Achse senkrecht stehenden Ebene einwirkt. ε_x ist die Abstandsänderung zweier paralleler, zur x-Achse senkrecht stehender Ebenen, deren ursprünglicher Abstand gleich 1 war. Entsprechendes gilt für die Größen ε_y und ε_z. τ_{yz} ist die Tangential- oder Schubspannung in der y-Richtung in einer zur z-Achse senkrecht stehenden Ebene, analog τ_{zx} und τ_{yx}. γ_{yz} bedeutet die Verschiebung in der y-Richtung zweier zur z-Achse senkrecht stehender Ebenen vom ursprünglichen Abstand 1. Löst man die 6 Gleichungen nach den Deformationsgrößen ε und γ auf, so ergeben sich sechs entsprechende Beziehungen:

$$\begin{aligned}
\varepsilon_x &= s_{11}\,\sigma_x + s_{12}\,\sigma_y + s_{13}\,\sigma_z + s_{14}\,\tau_{yz} + s_{15}\,\tau_{zx} + s_{16}\,\tau_{xy}\\
&\vdots\\
\gamma_{yz} &= s_{14}\,\sigma_x + s_{24}\,\sigma_y + s_{34}\,\sigma_z + s_{44}\,\tau_{yz} + s_{45}\,\tau_{zx} + s_{46}\,\tau_{xy}\\
&\vdots
\end{aligned}$$

Die Konstanten c_{ik} werden als Moduln, die Konstanten s_{ik} als Koeffizienten bezeichnet. Im allgemeinen Falle (triklines System) sind demnach insgesamt 21 Konstanten vorhanden. Mit höher werdender Kristallsymmetrie wird die Anzahl der Konstanten immer niedriger. Im kubischen System sind nur noch 3 Konstanten, c_{11}, c_{12} und c_{44}, zu berücksichtigen. Für dieses System lauten die 6 Gleichungen:

$$\begin{aligned}
\sigma_x &= c_{11}\,\varepsilon_x + c_{12}\,\varepsilon_y + c_{12}\,\varepsilon_z\\
\sigma_y &= c_{12}\,\varepsilon_x + c_{11}\,\varepsilon_y + c_{12}\,\varepsilon_z\\
\sigma_z &= c_{12}\,\varepsilon_x + c_{12}\,\varepsilon_y + c_{11}\,\varepsilon_z\\
\tau_{yz} &= c_{44}\,\gamma_{yz}\,; \qquad \tau_{zx} = c_{44}\,\gamma_{zx}\,; \qquad \tau_{yz} = c_{44}\,\gamma_{yx}.
\end{aligned}$$

Das verallgemeinerte Hookesche Gesetz läßt sich ohne Schwierigkeiten auch aus der Gittertheorie der Kristalle ableiten. Wir müssen nur voraussetzen, daß sich die Atome im Kristallgitter in einer stabilen Ruhelage befinden. Werden einzelne Atome aus ihrer Ruhelage herausgebracht, so wirken auf sie Zentralkräfte ein, die die Atome wieder in die stabile Lage zurückzutreiben suchen. Wirken insbesondere äußere Kräfte auf das Kristallgitter ein, so werden die Atome so weit aus ihren stabilen Lagen verrückt, bis die resultierenden Kräfte mit der äußeren Kraft im Gleichgewicht stehen. Wir entwickeln zunächst das Potential nach Potenzen der Dilatationskomponenten. Dabei verschwinden die linearen Glieder wegen der vorausgesetzten stabilen Ausgangslage, und die Glieder dritter und höherer Ordnung werden vernachlässigt. Wir müssen demnach voraussetzen, daß die potentielle Energie des Kristallgitters sowie ihre ersten beiden Ableitungen stetige Funktionen sind, deren erste Differentialquotienten an einer Stelle verschwinden, während dort nicht alle zweiten Differentialquotienten Null werden. Es zeigt sich bei dieser Betrachtung, daß die Verzerrung des Gitters aus zwei Teilen zusammengesetzt werden kann: Einmal erfährt das Translationsgitter in seiner Gesamtheit eine Verzerrung, und außerdem können die einzelnen Teilgitter des zusammengesetzten Gitters sich gegeneinander verschieben.

Den Ansatz, den wir für die potentielle Energie des Kristallgitters aufstellen, wollen wir zunächst an einem einfachen Beispiel plausibel machen, und zwar wollen wir die Einwirkung zweier Teilchen aufeinander betrachten. Wir nehmen an, daß das eine Teilchen im Nullpunkt eines rechtwinkligen Koordinatensystems festliegt, während das andere die Koordinaten x, y, z besitzt. Die potentielle Energie zwischen beiden Teilchen ist dann im allgemeinen eine Funktion $\Phi\,(x\,y\,z)$ aller 3 Koordinaten. Dieses Potential entwickeln wir in eine Taylorsche Reihe, wobei wir dann natürlich für Φ die notwendigen Voraussetzungen treffen müssen (also etwa Stetigkeit der Funktion und ihrer Ableitungen). Die Reihenentwicklung an der Stelle $x_0\,y_0\,z_0$ sieht dann folgendermaßen aus:

$$\Phi = \Phi(x_0\,y_0\,z_0) + (x - x_0)\left(\frac{\partial\,\Phi}{\partial\,x}\right)_0 + (y - y_0)\left(\frac{\partial\,\Phi}{\partial\,y}\right)_0 + \cdots$$
$$+ \frac{1}{2}(x - x_0)^2\left(\frac{\partial^2\Phi}{\partial\,x^2}\right)_0 + \cdots (x - x_0)(y - y_0)\left(\frac{\partial^2\Phi}{\partial x\,\partial y}\right)_0 + \cdots$$
$$+ \frac{1}{6}(x - x_0)^3\left(\frac{\partial^3\Phi}{\partial x^3}\right)_0 + \cdots .$$

Entspricht der Punkt $x_0 y_0 z_0$ der stabilen Ruhelage, so muß

$$\left(\frac{\partial\,\Phi}{\partial x}\right)_0 = \left(\frac{\partial\,\Phi}{\partial y}\right)_0 = \left(\frac{\partial\,\Phi}{\partial z}\right)_0 = 0$$

gelten. Vernachlässigen wir noch die Glieder höherer als zweiter Ordnung (d. h. nehmen wir die Verschiebungen als klein an), so erhalten wir die Entwicklung:

$$\Phi = \Phi_0 + \frac{1}{2}(x - x_0)^2\left(\frac{\partial^2\Phi}{\partial x^2}\right)_0 + \cdots$$
$$+ (x - x_0)(y - y_0)\left(\frac{\partial^2\Phi}{\partial x\,\partial y}\right)_0 + \cdots .$$

Wir wollen nun ein einfaches kubisches Gitter mit nur einer Atomart voraussetzen. Die Ruhelagen mögen mit den Eckpunkten des kubischen Gitters zusammenfallen. Die potentielle Energie für diese Ruhelage sei U_0. Wir verschieben nun die einzelnen Partikeln aus ihren Ruhelagen. Die Verschiebung eines Atoms mit den Indizes $l m n$ (vgl. S. 13) sei $\mathfrak{u}_{l\,m\,n}$, wobei $\mathfrak{u}$ einen Vektor darstellt. Wir können nun, analog wie oben, das Potential des verzerrten Gitters U nach Potenzen der Verschiebungen bzw. ihrer Komponenten in eine Reihe entwickeln, wobei wir zunächst nur die Einwirkung unmittelbar benachbarter Atome berücksichtigen wollen. Dabei müssen naturgemäß nicht die Verschiebungen selbst, sondern nur deren Differenzen eingesetzt werden, denn es kommt hier ja nur auf die Abstandsveränderungen an. Wir geben also für die potentielle Energie folgenden Ansatz:

$$U = U_0 + \frac{\alpha}{2}\sum_{l m n}\left[(\mathfrak{u}_{l+1,\,m,\,n} - \mathfrak{u}_{l\,m\,n})_x^2 + (\mathfrak{u}_{l,\,m+1,\,n} - \mathfrak{u}_{l\,m\,n})_y^2 + (\mathfrak{u}_{l,\,m,\,n+1} - \mathfrak{u}_{l\,m\,n})_z^2\right]$$
$$+ \frac{\beta}{2}\sum_{l m n}\Big\{(\mathfrak{u}_{l+1,\,m,\,n} - \mathfrak{u}_{l\,m\,n})_y^2 + (\mathfrak{u}_{l+1,\,m,\,n} - \mathfrak{u}_{l\,m\,n})_z^2$$
$$+ (\mathfrak{u}_{l,\,m+1,\,n} - \mathfrak{u}_{l\,m\,n})_x^2$$
$$+ (\mathfrak{u}_{l,\,m+1,\,n} - \mathfrak{u}_{l\,m\,n})_z^2$$
$$+ (\mathfrak{u}_{l,\,m,\,n+1} - \mathfrak{u}_{l\,m\,n})_x^2$$
$$+ (\mathfrak{u}_{l,\,m,\,n+1} - \mathfrak{u}_{l\,m\,n})_y^2\Big\}.$$

Die 9 Summanden dieser Energieformel kann man sich folgendermaßen anschaulich klarmachen: Zunächst haben wir vorausgesetzt, daß nur die benachbarten Atome des Gitters aufeinander einwirken. Jedes Atom ist im einfach kubischen Gitter von 6 Nachbarn umgeben. Wir denken uns ein Zentralatom mit seinen 6 Nachbarn durch Stäbe verbunden. Das eine Paar dieser Verbindungsstäbe verläuft in Richtung der x-Achse ($l \pm 1$), das zweite Paar in der y-Richtung ($m \pm 1$) und das dritte Paar in der z-Richtung ($n \pm 1$). Jedes dieser Stabpaare kann entweder eine Verkürzung oder Dehnung in der Längsrichtung erfahren. Dieser Verzerrung entsprechen die drei ersten Summanden mit dem Koeffizienten $\frac{\alpha}{2}$. Die Stabpaare können aber auch in zwei senkrecht aufeinander stehenden Richtungen verbogen werden. Diesem Vorgang geben die 6 Summanden mit dem Koeffizienten $\frac{\beta}{2}$ Rechnung. Es muß nun noch begründet werden, warum in der Beziehung für U nur quadratische Glieder und nicht gemischte Glieder (z.B. $\mathfrak{u}_x \mathfrak{u}_y$) angeschrieben worden sind. Gemischte Glieder würden darauf hinweisen, daß auch Querveränderungen im Gitter auftreten können, d.h. daß z.B. eine Verschiebung in der y-Achse eine Kraft in Richtung der z-Achse hervorruft. Das ist aber infolge der Symmetrie des einfachen kubischen Gitters nicht möglich, wenn nur die Atome aufeinander einwirken sollen, deren Verbindungslinie parallel zu einer Koordinatenachse liegt (das sind gerade die nächsten Nachbarn). Solche Produkte, wie z.B.

$$(\mathfrak{u}_{l,m,n+1} - \mathfrak{u}_{lmn})_y \cdot (\mathfrak{u}_{l,m+1,n+1} - \mathfrak{u}_{lmn})_z$$

werden also dann auftreten müssen, wenn wir annehmen, daß auch weiter entfernte Atome aufeinander einwirken.

Wir behalten zunächst die Annahme bei, daß nur unmittelbar benachbarte Teilchen aufeinander einwirken. Weiterhin wollen wir homogene Deformationen voraussetzen, d.h. es soll gelten:

$$\begin{aligned}
\mathfrak{u}_x &= u_{xx} \cdot x + u_{xy} \cdot y + u_{xz} \cdot z \\
\mathfrak{u}_y &= u_{yx} \cdot x + u_{yy} \cdot y + u_{yz} \cdot z \\
\mathfrak{u}_z &= u_{zx} \cdot x + u_{zy} \cdot y + u_{zz} \cdot z,
\end{aligned}$$

worin $u_{xy} = u_{yx}$ usw.

u_{xx} (u_{yy}, u_{zz}) bedeutet dabei Dehnung um den Betrag u_{xx} (u_{yy}, u_{zz}) nach der x- (y-, z-) Achse. Die übrigen Größen u_{zx} usw. sind maßgeblich für eine scherende Deformation. Setzt man diese Größen in die Gleichung für U ein, so ergibt sich:

$$U = U_0 + N \frac{\alpha}{2} r_0^2 (u_{xx}^2 + u_{yy}^2 + u_{zz}^2) + N \beta r_0^2 (u_{yz}^2 + u_{zx}^2 + u_{xy}^2),$$

worin N die Gesamtzahl der Partikeln im Kristall und r_0 die Gitterkonstante (= Abstand benachbarter Teilchen) bedeutet. Die Komponenten der **Spannungen** erhält man, wenn das Potential nach den Verzerrungskomponenten u_{xx}, u_{yy} usw. differenziert wird. Da $N \cdot r_0^3$ das Gesamtvolumen des Gitters ist, erhalten wir:

$$K_{xx} = \frac{1}{N \cdot r_0^3} \frac{\partial U}{\partial u_{xx}} = \frac{\alpha}{r_0} u_{xx}; K_{yy} = \frac{\alpha}{r_0} u_{yy}; K_{zz} = \frac{\alpha}{r_0} u_{zz},$$

$$K_{xy} = K_{yx} = \frac{1}{2Nr_0^3} \cdot \frac{\partial U}{\partial u_{xy}} = \frac{\beta}{r_0} u_{xy}; K_{yz} = \frac{\beta}{r_0} u_{yz};$$

$$K_{zx} = \frac{\beta}{r_0} u_{zx}.$$

Wird nun noch berücksichtigt, daß auch weiter entfernte Atome aufeinander einwirken, so erhalten wir für diese Spannungsgrößen etwas komplizierte Ausdrücke. Diese haben die Form:

$$K_{xx} = c_{11} \cdot u_{xx} + c_{12} \cdot (u_{yy} + u_{zz}),$$
$$K_{xy} = c_{44} \cdot u_{xy}.$$

Die Elastizitätsmoduln c_{ik} ergeben sich dabei als einfache Summenausdrücke. Damit haben wir für den Fall des einfachen kubischen Gitters die **Hookesche** Beziehung unmittelbar aus der Gittertheorie gewonnen. Ganz entsprechend läßt sich auch für den Fall des allgemeinen (triklinen) Gitters jenes Gesetz ableiten. Als Höchstzahl der Konstanten c_{ik} in der verallgemeinerten **Hookeschen** Gleichung werden bei dieser Ableitung 21 gewonnen. Dabei ist ein zusammengesetztes Gitter vorausgesetzt, das aus mehreren ineinandergestellten Translationsgittern aufgebaut ist. Die Anzahl der Konstanten verringert sich, wenn die Verschiebungen der ineinandergestellten einfachen Gitter nicht berücksichtigt werden. Für diesen Fall ergeben sich folgende 6 Relationen zwischen den c_{ik}:

$$c_{23} = c_{44} \qquad c_{56} = c_{14}$$
$$c_{31} = c_{55} \qquad c_{64} = c_{25}$$
$$c_{12} = c_{66} \qquad c_{45} = c_{36}$$

Es sind dies die sogenannten Cauchyschen Relationen, durch die die Zahl 21 der c_{ik} auf 15 herabgemindert wird. Diese Gleichungen gelten immer dann, wenn jeder Gitterpunkt gleichzeitig ein Symmetriezentrum darstellt. Diese Eigenschaft darf natürlich auch bei einer beliebigen Verzerrung nicht verlorengehen, so daß gegenseitige Verrückungen der ineinandergestellten Gitter auch in diesen Fällen ausgeschlossen sind. Beispielsweise ist im NaCl-Gitter jedes Na-Ion und jedes Cl-Ion von 6 Ionen der anderen Art oktaedrisch umgeben. Jeder dieser Gitterbausteine besitzt demnach in seinem Schwerpunkt ein Symmetriezentrum. Demnach müssen für die Gitter vom NaCl-Typus die Cauchyschen Relationen gelten. Für NaCl z.B. ist $c_{12} = 1{,}37 \cdot 10^{11}$ Dyn/cm², $c_{66} = 1{,}28 \cdot 10^{11}$ Dyn/cm² oder für NaBr $c_{12} = 1{,}31 \cdot 10^{11}$ Dyn/cm², $c_{66} = 1{,}33 \cdot 10^{11}$ Dyn/cm². Die erwartete Beziehung ist also befriedigend erfüllt. Demgegenüber gelten die Cauchyschen Relationen nicht z.B. für Fluorit, wo $c_{12} = 4{,}48$, $c_{66} = 3{,}38 \cdot 10^{11}$ Dyn/cm² ist. Im Flußspatgitter ist jedes Ca-Ion von 8 F-Ionen in Form eines Würfels umgeben und jedes F-Ion tetraedrisch von 4 Ca-Ionen (vgl. S. 32). Daraus ersieht man sofort, daß die Schwerpunkte der F-Ionen keine Symmetriezentren sein können. Demnach können vom gittertheoretischen Standpunkt aus für Kristalle vom Fluorittypus die Cauchyschen Relationen nicht gültig sein. Es ist nun eine bemerkenswerte Tatsache, daß bei Metallen (z.B. Kupfer), für die die Cauchyschen Relationen theoretisch Gültigkeit haben sollten, c_{12} und c_{66} nach experimentellen Bestimmungen stark voneinander abweichen. So wurde z.B. für Kupfer c_{12} zu $12{,}3 \cdot 10^{11}$, dagegen c_{66} zu $7{,}52 \cdot 10^{11}$ Dyn/cm² ermittelt. Es ist also zu vermuten, daß bei Metallen die Valenzelektronen als selbständige Gitterbestandteile, die sich gegenüber dem Kationengitter verschieben können, betrachtet werden müssen.

Die Abhängigkeit der elastischen Eigenschaften von dem Kristallbau läßt sich sehr anschaulich auch bei der linearen Kompressibilität verfolgen. In der folgenden Tabelle sind vier hexagonale Metalle zusammengestellt, die in der hexagonal dichtesten Kugelpackung kristallisieren. Angegeben ist das Verhältnis der linearen Kompressibilitäten parallel und senkrecht zur hexagonalen Achse ($K_{\parallel}/K_{\perp}$). Dabei versteht man unter der linearen Kompressibilität die Längenänderung pro Längeneinheit und pro Einheit des hydrostatischen Druckes. In der dritten Spalte sind die Achsenverhältnisse angegeben.

Metall	$K_{\parallel}/K_{\perp}$	c/a
Be	0,78	1,58
Mg	1,00	1,63
Zn	8,5	1,86
Cd	8,7	1,89

Der idealen, dichtesten hexagonalen Kugelpackung entspricht ein Achsenverhältnis von 1,63. In diesem Falle, der ziemlich genau für Magnesium verwirklicht ist, wird $K_{\parallel}/K_{\perp} = 1$. Die Struktur des Be mit $c/a = 1{,}58$ erscheint als hexagonal dichteste Kugelpackung, die in Richtung der c-Achse etwas zusammengedrückt ist. Es ist verständlich, daß für diesen Fall $K_{\parallel} < K_{\perp}$ ist. Entsprechend erscheint die Kugelpackung im Zn- und Cd-Gitter in Richtung der c-Achse auseinandergezogen. Hier ist dann erwartungsgemäß $K_{\parallel} > K_{\perp}$.

Wird bei der Beanspruchung eines Kristalls, etwa bei Zugbelastung eines Kristallstabes, die Elastizitätsgrenze überschritten, so erleidet der Kristall eine bleibende, sogenannte plastische Verformung. Charakteristisch sind solche plastischen Deformationen in erster Linie für die Metalle, spielen aber auch bei den heteropolaren Kristallen eine wichtige Rolle. Beispielsweise lassen sich Steinsalz und Gips, insbesondere bei höheren Temperaturen, bleibend verformen. Die plastische Deformation von Einkristallen verläuft nach bestimmten Gesetzen, auf die wir ganz kurz eingehen wollen. Wird ein Kristall über die Elastizitätsgrenze hinaus mechanisch beansprucht, so tritt eine bleibende Formänderung auf, indem sich kleine Schichtpakete gegeneinander verschieben. Und zwar erfolgen diese „Gleitungen" parallel ganz bestimmten kristallographischen Ebenen und in ganz bestimmten kristallographischen Richtungen. Wir müssen daher jeweils eine „Gleitebene" und eine „Gleitrichtung" unterscheiden. Der Gleitprozeß setzt dabei immer erst dann ein, wenn die Tangentialspannung in der Gleitrichtung (Schubspannung) einen bestimmten Mindestwert überschreitet (Schubspannungsgesetz). Das Gleiten eines Kristalls beginnt also nicht schon bei einer beliebig kleinen mechanischen Beanspruchung. Wird nun ein Kristall weiter verformt, so muß zur Erreichung eines vorgegebenen Dehnungsgrades eine entsprechende Verformungsspannung aufgewendet werden. Will man bei dem gleichen, bereits verformten Kristall noch einmal den gleichen Verformungsgrad erzeugen, so muß man, wie die Erfahrung zeigt, eine höhere Spannung aufwenden, als es beim erstenmal nötig war. Man bezeichnet diese Erhöhung der

Verformungsspannung bei wachsender Verformung als „Verfestigung". Es ist zu bemerken, daß bei der plastischen Deformation eines Kristalls sein Zusammenhang und seine Struktur vollkommen erhaltenbleiben.

Im einzelnen unterscheidet man zwei Arten plastischer Deformationen: die Translation und die mechanische Zwillingsbildung (= einfache Schiebung). Die Translation besteht in einem einfachen Gleiten von parallelen Schichtpaketen längs kristallographischer Richtungen und Ebenen, wobei der Gleitbetrag beliebige Werte annehmen kann. Bei der mechanischen Zwillingsbildung tritt ebenfalls ein Gleiten paralleler Schichtpakete auf, aber die Gleitbeträge der einzelnen Schichten sind gesetzmäßig festgelegt. DieAbgleitung der einzelnen Schichten erfolgt jeweils um einen Betrag, der dem Abstand zwischen der betrachteten Gleitschicht und der Trennungsebene vom undeformierten zum deformierten Kristallteil proportional ist. Dabei entsteht ein Zwilling derart, daß der deformierte Teil zum undeformierten Teil in bezug auf die Trennungsebene (Zwillingsebene) spiegelbildlich liegt.

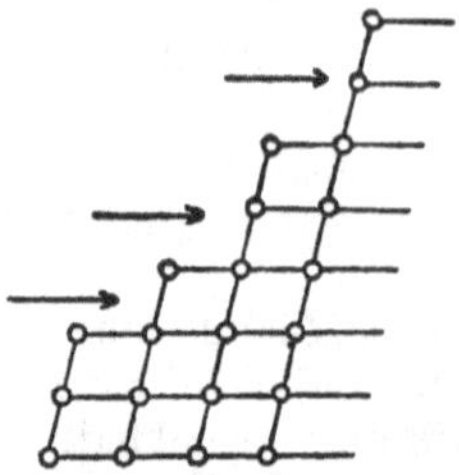

Abb. 36. Translation in einem einfachen Gitter

Die Beziehung der Translationsfähigkeit und mechanischen Zwillingsbildung zur Kristallstruktur ist noch nicht in jeder Hinsicht geklärt. Immerhin ist festzustellen, daß Translationen parallel relativ dicht besetzten Netzebenen und in Richtungen relativ dichtbesetzter Gittergeraden erfolgt. Auf diesen Zusammenhang weist schon der Umstand hin, daß die Translationselemente einfach indizierbaren Strukturelementen parallel laufen. Beim Gips z. B. ist (0 1 0) Translationsebene, [0 0 1] Translationsrichtung. Beim Steinsalz sind es die Elemente (1 1 0) und [1 $\bar{1}$ 0]. Eine große Rolle spielen die Translationselemente bei den Metallen. Bei den Metallen, die im kubisch-flächenzentrierten Gitter kristallisieren (Al, Cu, Au, Ag, Ni, Pb), ist die Oktaederfläche (1 1 1) Translationsebene und die Richtung [1 0 $\bar{1}$] Translationsrichtung. Wir müssen annehmen, daß beim Gleitprozeß sich die Atome auf den Gittergeraden verschieben und danach wiederum Gitterplätze besetzen (vgl. Abb. 36).

Die Beziehung zwischen Gleitelementen und Idealgitterbau für einige wichtige Strukturtypen soll folgende Tabelle (nach Smekal und Seifert) verdeutlichen:

Kristall-system	Gittertyp	Dichtest besetzte Gitter-gerade	Gemein-same Gleit-richtung der beob. Gleitebenen	Ebenen relativ kleinster molekularer Trennungs-energie	Dichtest besetzte Gitter-ebenen	Beobach-tete Gleit-ebenen
Kubisch	Steinsalz	[101]	[101]	(100) (110) (111)	(100) (110) (111)	(100) (110) (111)
Kubisch	Diamant	[101]	[101]	(111) (110) (100)	(110) (111) (100)	(111)
Kubisch	flächen-zentriert	[101]	[101]	(111) (100) (110)	(111) (100) (110)	(111) (100) (110)
Kubisch	raum-zentriert	[111]	[111]	(110) (112) (100)	(110) (100) (111)	(110) (112) (100)
Hexagonal	dichteste Kugel-packung	[11$\bar{2}$0]	[11$\bar{2}$0]	(0001) (10$\bar{1}$0) (01$\bar{1}$2) (10$\bar{1}$1) (11$\bar{2}$0)	(0001) (11$\bar{2}$0) (10$\bar{1}$0) (11$\bar{2}$2) (10$\bar{1}$1)	(0001) (10$\bar{1}$1) (11$\bar{2}$0)

Es ist einleuchtend, daß bei Gittern mit ausgesprochenem Schichttypus, z. B. Graphit (vgl. S. 30), eine ausgeprägte Translation parallel den Strukturschichten erfolgen kann. In solchen Gittern ist ja der Zusammenhang innerhalb der Schichten besonders stabil, da hier die Atomabstände die niedrigsten Werte annehmen. Senkrecht zu den Schichten sind wegen der relativ großen Abstände die Bindungen wesentlich geringer. Vielfach ist auch die Bindungsart innerhalb der Schichten eine wesentlich intensivere als senkrecht zu den Schichten. So haben wir beim Graphit innerhalb der Schichten eine (homöopolare) Valenzbindung zwischen den Kohlenstoffatomen, die ja bekanntlich sehr stark ist. Die Schichten untereinander werden dagegen durch andere, verhältnismäßig schwache Kräfte (metallische Bindung, vgl. S. 44) gebunden. So wird es verständlich, daß sich solche Schichten, wie die Blätter eines Kartenspieles, leicht gegeneinander verschieben lassen.

Beim Steinsalz kann man sich das Gleiten parallel [1 1 0] in den (1 1 0)-Ebenen qualitativ so verständlich machen, indem man beachtet, daß die Gittergeraden [1 1 0] immer von Ionen gleicher Ladung besetzt sind. Außerdem liegen stets Gittergeraden mit verschiedenen Vorzeichen nebeneinander. Wenn also Schichtpakete in einem NaCl-Gitter parallel zur Netzebene (1 1 0) und parallel der Gittergeraden $[1\,\bar{1}\,0]$ gleiten, so bewegen sich immer verschieden geladene Gittergeraden unmittelbar aneinander vorbei (vgl. Abb. 37). Demgegenüber wäre eine Gleitung paralell [1 0 0], wie sich ebenfalls aus Abb. 37 ohne weiteres ergibt, nicht denkbar, da dabei eine Stellung erreicht würde, in der je zwei gleichgeladene Ionen in einem verhältnismäßig geringen Abstand einander gegenüberstehen müßten. Wegen der abstoßenden Coulomb-Kräfte ist das aber nicht möglich, ohne daß der Zusammenhang des ganzen Kristalls verlorenginge.

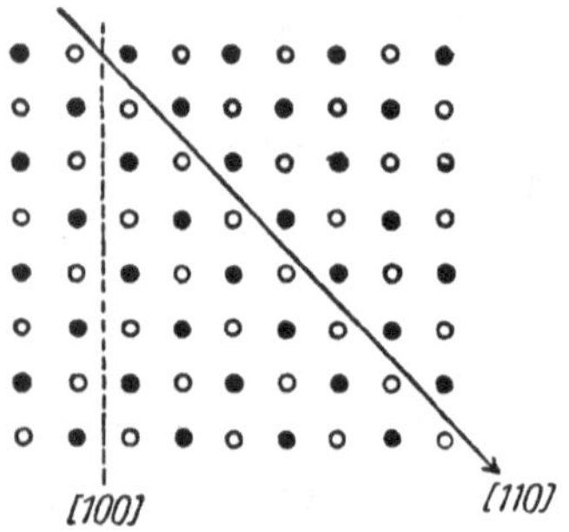

Abb. 37. Translation || [1 1 0] im Steinsalzgitter

Neuerdings hat Seifert die Elemente der Translation und mechanischen Zwillingsbildung vom Standpunkt der idealen Gittertheorie eingehend untersucht. Dabei wurden — speziell für heteropolare Kristalle — folgende Ergebnisse gewonnen:

1. Es werden im wesentlichen die bereits früher formulierten Gesetzmäßigkeiten im großen und ganzen bestätigt. Sie lauten (Smekal):

a) Die Gleitrichtungen sind rationale, von gleichartigen Bausteinen dichtest besetzte Richtungen des Idealgitters,

b) die Gleitebenen sind rationale Ebenen relativ kleiner molekularer Trennungsenergie; sie liegen meis , aber nicht ausnahmslos, parallel dichtest besetzten Netzebenen.

Diese Regeln gelten in erster Linie für sehr einfache und hochsymmetrische Strukturen, während bei den komplizierteren Gittern mit niedrigerer Symmetrie kristallchemische Faktoren (Bautypus, Koordinationszahl usw.) stärkeren Einfluß gewinnen, so daß Abweichungen von den einfachen Regeln auftreten.

2. Weitgehend wird auch die Annahme bestätigt, daß Gleitrichtungen einionig dichtest und dicht besetzten Gitterrichtungen parallel laufen.

3. Gelegentlich erscheinen aber auch bipolar gebaute Ketten als Gleitrichtungen. So ist z. B. beim Anhydrit [1 0 0] als Gleitrichtung angegeben worden. [1 0 0] bildet beim Anhydrit eine + — + — . . . Kette analog wie die Würfelkantenrichtung beim NaCl. Allerdings wird die Gleitrichtung [1 0 0] beim Anhydrit als fraglich bezeichnet. Offenbar treten Gleitmechanismen mit bipolar gebauten Ketten als Gleitrichtungen bevorzugt bei höheren Temperaturen, also auch bei größeren Beweglichkeiten im Kristallgitter auf.

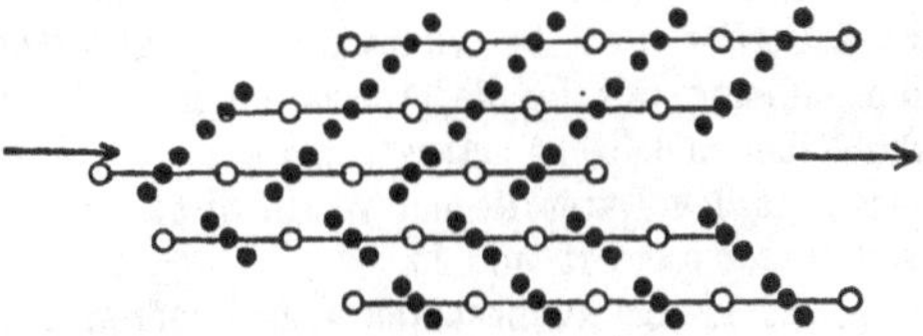

Abb. 38. Mechanische Zwillingsbildung nach Ewald. [Die Leerkreise deuten die Ca-Ionen, die Vollkreise die CO_3-Gruppen an. Die Darstellung entspricht nicht streng den Verhältnissen beim Kalkspat, sondern ist nur als Schema aufzufassen].

4. Bei niedriger symmetrischen Strukturen scheint die Gleitfläche gegenüber der Gleitrichtung eine größere Rolle zu spielen (z. B. Baryt).

5. Wichtig ist, daß Kationenreihen als effektive Gleitrichtungen gegenüber den Anionenreihen, vor allem, wenn es sich bei diesen um kompliziert gebaute Ketten handelt, bevorzugt erscheinen.

Bei einer Translation bleibt die parallele Anordnung der einzelnen Partikeln und Partikelgruppen im Gesamtgitter erhalten, während dies bei der mechanischen Zwillingsbildung nicht der Fall ist. Für das Beispiel der Kalkspatschiebung veranschaulicht Abb. 38 die Vorgänge. Bei der einfachen Schiebung des rhomboedrischen $CaCO_3$ (Gitterbeschreibung vgl. S. 33) ändert sich die Lage der CO_3-Gruppen. Diese Gruppen wirken nach Ewald wie Sperrnocken, die benachbarte Netzebenen entweder in der einen oder in der anderen Orientierung festhaken. Schiebold (Abh. d. math. phys. Kl. d. Sächs. Akad. Wiss. Leipzig 36. II. 1919. 1-147.) geht auf den Mechanismus der Calcitschiebung ausführlich vom strukturellen Standpunkt ein. Dabei konnte analytisch gezeigt werden, daß für die CO_3-Gruppen drei Bewegungsmöglichkeiten in Betracht zu ziehen sind:

Der eine Fall besteht in einer Kippung der CO_3-Ebene, der zweite in einer geringen Drehung mit Translation. Nach Schiebold kommt der letzteren Bewegungsart die größere Wahrscheinlichkeit zu. Danach wäre der Ewaldsche Mechanismus zu modifizieren.

Zur Deutung des Schubspannungsgesetzes kann man annehmen, daß sich zwei gegenüberliegende Netzebenen wie zwei einander berührende Feilen verhalten („Feilenmodell"). Will man ein solches Feilenpaar gegeneinander verschieben, so muß man sie naturgemäß vorher etwas voneinander abheben. Wir müßten danach vermuten, daß auch im Gitter vor jedem Gleitschritt erst eine Dehnung normal zur Translationsebene erfolgen muß. Demnach muß vor dem Gleiten gegen die Kohäsionskräfte Arbeit geleistet werden. Berechnet man nun gittertheoretisch die kritische Schubspannung, mit der die Translation einsetzt, auf Grund der Vorstellung des Feilenmodells, so gelangt man dabei zu Werten, die weit über den experimentellen Daten liegen. Worin diese Unstimmigkeit begründet ist, soll später erörtert werden.

Die Probleme, die hierbei zu beachten sind, gehören nicht mehr zur Physik der idealen Kristallgitter.

Auch für die Erscheinung der Verfestigung, die ja darin besteht, daß mit zunehmender Verformung die Verformungsspannung ansteigt, ist eine restlos befriedigende gittertheoretische Deutung heute noch nicht möglich. Es ist bereits eine Anzahl von Theorien entwickelt worden, hier sei aber nur auf eine eingegangen. Zunächst müssen wir von der zusätzlichen Annahme ausgehen, daß die Gleitschichten während des Gleitprozesses auch elastische Verbiegungen erfahren („Biegegleitung"). Dieser Vorgang unterscheidet sich im wesentlichen von der homogenen Verformung dadurch, daß die Gleitlamellen gekrümmt werden. Bei der Biegegleitung verschieben sich die einzelnen Gitterschichten nicht mehr parallel zueinander, sondern sie erfahren eine Krümmung um eine Achse, die in der Gleitebene liegt und senkrecht auf der Gleitrichtung steht. Wegen der Verbiegung sind die einzelnen Gitterbereiche jetzt nicht mehr parallel orientiert. Laue-Aufnahmen von solchen gebogenen Bereichen zeigen daher nicht mehr die normalen Punkte, sondern gestreckte Flecken („Asterismus"). Man erkennt anschaulich, daß bei der Biegegleitung eine Verkrümmung und in gewissem Sinne eine Verhakung längs der inneren Gleitflächen eintritt. Dadurch wird offenbar aber eine weitere Gleitung parallel der Translationsebenen erschwert. Auf diese Weise findet die Verfestigung eine wenigstens anschauliche strukturtheoretische Deutung.

Sehr weitgehend abhängig vom strukturellen Aufbau der Kristalle müssen insbesondere auch ihre Kohäsionseigenschaften sein. Es ist zu erwarten, daß der Zusammenhalt kristallisierter Substanzen im wesentlichen durch die Bindungskräfte und durch den Gitterbau bedingt wird. Als Kohäsionseigenschaften sind zu nennen: Zerreißfestigkeit, Spaltbarkeit und Härte.

Zerreißfestigkeit. Wenn wir einen Kristallstab durch Zug oder Druck beanspruchen, wird er, wie wir gesehen haben, zunächst nur elastische Deformationen erleiden. Beim Überschreiten der Elastizitätsgrenze treten plastische Verformungen auf, insbesondere kommen die verschiedenen Gleitsysteme des Kristalls zur Wirkung. Wird der Kristallstab nun mit noch höheren Spannungen belastet, so zerreißt er schließlich. Der Spannungsbetrag, bei dem der Kristall gerade zerreißt, wird als „Zerreißfestigkeit" bezeichnet. Das Zerreißen erfolgt nach glatten Flächen (Reißflächen), die kristallographisch wichtigen Ebenen entsprechen und stets mit den Spaltflächen (vgl. weiter unten) zusammenfallen. Experimentelle Untersuchungen haben gezeigt, daß die Zerreißfestigkeit stark von dem Winkel zwischen Reißfläche und Zugrichtung abhängt. Ferner wurde festgestellt, daß das Zerreißen eines Kristalls dann eintritt, wenn senkrecht zur Reißfläche eine bestimmte kritische Normalspannung erreicht ist (Sohnckesches Normalspannungsgesetz). Dieses Gesetz wurde insbesondere durch Versuche am Steinsalz, aber auch an verschiedenen Metallen, bestätigt. Im Prinzip ist es einfach, auf Grund der Gittertheorie die Zerreißfestigkeit zu berechnen. Solche Rechnungen sind vor allem bei Ionenkristallen durchführbar, da bei ihnen über die Natur der Bindungskräfte und des Kraftgesetzes am meisten bekannt ist. Für das NaCl-Gitter verläuft die Berechnung etwa folgendermaßen: Wir denken uns das NaCl-Gitter in Richtung einer Hauptachse durch Zug gedehnt. Dabei sollen zwei Ionen im Abstande $\frac{a}{2}$ ($a =$ Gitterkonstante) auf eine Entfernung x gebracht werden. In Richtung der beiden anderen Achsen lassen wir keine Kräfte einwirken, so daß dort nur eine Querkontraktion zu berücksichtigen ist. Durch diese Querkontraktion werden aus den Quadraten mit der Seitenlänge $\frac{a}{2}$ in den zur x-Achse senkrechten Ebenen solche mit den Seiten y. Dieses y hängt dann zwangsweise von x ab, so daß die elastische Energie $U(x, y)$ des deformierten Kristallgitters nur eine Funktion von x sein wird. Die Ableitung $\frac{dU}{dx}$ ist ein Maß für die Kraft in der x-Richtung. Sie wächst zunächst mit x bis zu einem Maximalwert, um dann mit $x \to \infty$ gegen Null zu gehen. Dieser Maximalwert fällt mit der Zerreißfestigkeit zusammen, falls ein prismatischer Stab mit der Grundfläche 1 cm^2 angenommen wird. Für die Reißfestigkeit muß also gelten:

$$\frac{d^2U}{dx^2} = 0 .$$

$U(x, y)$ ist aber nichts anderes als die Gitterenergie (vg. S. 48), die als Funktion von x und y angeschrieben werden muß. Die Rechnung liefert dann die für die Reißstelle charakteristischen Werte x_0, y_0:

$$x_0 = 1{,}14\frac{a}{2}, \quad y_0 = 0{,}977\frac{a}{2}.$$

Daraus wird dann für die Zerreißfestigkeit $R = U(x_0, y_0)$ der Wert $2 \cdot 10^{10}$ Dyn/cm^2 gewonnen. Experimentell wurde demgegenüber beim Steinsalz $R = 5{,}31 \cdot 10^7$ Dyn/cm^2 gefunden. Der theoretische Wert ist demnach nahezu 400mal zu groß. Um diesen Widerspruch zu klären, müssen Zusatzannahmen vorausgesetzt werden. Auf eine Lösung wird später, im Abschnitt III, eingegangen.

Die Zerreißfestigkeit und ihre Abhängigkeit vom Ordnungszustand spielen bei vielen Kunststoffen und natürlichen Werkstoffen eine große praktische Rolle. So hängt z. B. die Festigkeit von Stoffen, die aus Kettenmolekeln aufgebaut sind, z. B. Cellulose, sehr stark vom Grad der Parallelorientierung der Molekelfäden ab. Auf Grund röntgenographischer Untersuchungen konnte festgestellt werden, daß Cellulose aus Hauptvalenzketten aufgebaut ist, die aus miteinander über Sauerstoffbrücken verkoppelten β-Glukoseringen zusammengesetzt sind. Dabei werden je zwei β-Glukosereste zur Cellobiose-Einheit zusammengefaßt, bei der die zwei Ringe um 180° gegeneinander verdreht sind. Die Strukturformel für die Cellobiose ist demnach folgende:

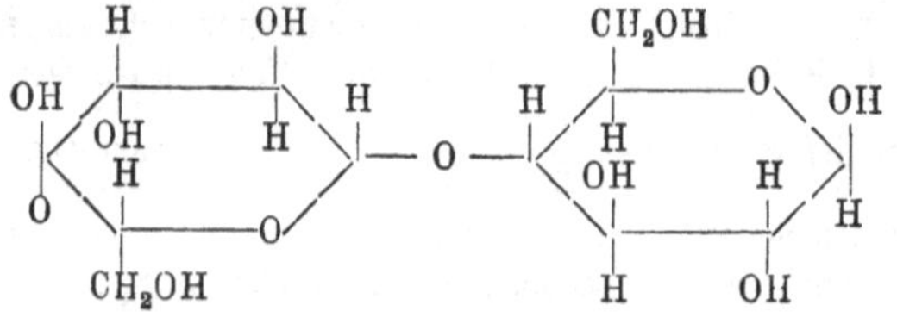

50—100 Glukoseketten, die jeweils aus etwa 2000 Glukoseresten bestehen, bauen in streng gittermäßiger Anordnung die sog. Micellen auf (Meyer und Mark). Schließlich treten die Micellen zu noch größeren Einheiten, den Fibrillen einer Faser, zusammen. Es ist anschaulich klar, daß die Zerreißfestigkeit um so höher liegt, je besser die Orientierung der einzelnen Molekeln in der Faserachse durchgeführt ist. Bei einer guten Orientierung in der Fadenrichtung müssen ja wesentlich mehr primäre Bindungen beim Bruch durchrissen werden als dann, wenn keine Vorzugsrichtung vorhanden wäre.

In diesem Zusammenhange sei noch auf die bemerkenswerten Beziehungen zwischen Struktur und Dehnung beim Kautschuk kurz eingegangen. Rohkautschuk verhält sich im ungedehnten Zustand röntgenographisch völlig amorph. Dagegen liefert gedehnter Kautschuk Röntgeninterferenzen, die auf das Vorhandensein von Kristalliten hinweisen, die in der Dehnungsrichtung orientiert sind, senkrecht dazu aber ungeordnet liegen. Die Röntgeninterferenzen treten erst bei einer Dehnung von 70% ab auf, während bei geringeren Dehnungen nur eine Andeutung der Kettenparallelstellung zu beobachten ist. Die Menge des kristallisierten Anteils nimmt dann mit der Dehnung linear zu bis zur maximalen Dehnung von etwa 800%, während gleichzeitig der amorphe Teil abnimmt. Im ganzen bleibt aber doch ein unkristallisierter Restbetrag an Ketten von rund 20—30% übrig. Ein noch höherer Ordnungszustand — also Orientierung der Kristallite auch senkrecht zur Dehnungsachse — kann durch geeignete Behandlung erzeugt werden. Die Elementarzelle des gedehnten Kautschuks ist aus Isoprenresten $-CH_2-C(CH_3)=CH-CH_2-$ aufgebaut, die in ihrer Längsrichtung parallel der c-Achse angeordnet sind. Die Kristallite haben eine Größe von $150 \times 500 \times > 600$ Å.

Auch über die Beziehung zwischen Struktur und Spaltbarkeit läßt sich quantitativ kaum etwas aussagen. Unter Spaltbarkeit versteht man die Eigentümlichkeit vieler Kristalle, unter mechanischen Einwirkungen nach bestimmten kristallographischen Flächen zu spalten. Allgemein kann nur festgestellt werden, daß die Spaltebenen Netzebenen dichtester Belastungen mit Massenteilchen (Atomen usw.) bevorzugen. Das ist ja auch zu erwarten, da innerhalb relativ dicht besetzter Netzebenen die Atomabstände entsprechend gering sind, während dagegen die Abstände zwischen diesen Ebenen verhältnismäßig groß sind. Die Ebenen werden also in sich fest zusammenhalten, während die Bindung senkrecht zu ihnen nicht so stark sein kann. Ein Musterbeispiel für dieses Verhalten stellt der Graphit dar, dessen Gitter (vgl. S. 30) ausgeprägte Schichten aufweist, nach denen die Kristalle vollkommen spalten. Analog dem Graphit ist auch der Glimmer gebaut, nur daß hier an Stelle der C-Atome SiO_4-Tetraeder zu denken sind. Auch Glimmer besitzt eine ausgezeichnete Spaltbarkeit nach den Strukturschichten. Beim Steinsalz weisen die (1 0 0)-, (0 1 0)- bzw. (0 0 1)-Netzebenen bei starker Belastung größere Abstände auf als die Ebenen (1 1 0) oder (1 1 1). Sehr anschaulich lassen sich die Verhältnisse für Steinsalz aus der Abb. 37 entnehmen. Wir brauchen uns nur vorzustellen, daß durch einen Schlag einzelne Gitterblöcke des NaCl-Kristalls so gegeneinander verschoben werden, daß nun senkrecht zu einer Würfelfläche nicht mehr ungleichartige, sondern gleichartige Ionen einander gegenüberliegen. Jetzt müssen sich derartige Flächen bzw. Flächenstücke abstoßen, so daß es zu einer explosionsartigen Trennung parallel den Würfelflächen kommt.

Beim Flußspat liegt die Spaltfläche parallel der Oktaederfläche (1 1 1). Betrachten wir die Anordnung der Netzebenenscharen parallel (1 1 1), so fällt dabei auf, daß sich immer Schichten von je drei verschiedenen Netzebenen wiederholen (vgl. S. 80): Einer Netzebene, die nur mit positiv geladenen Calciumionen besetzt ist, folgt oben und unten je eine Netzebene, die nur aus negativ geladenen Fluorionen besteht. Eine solche Gruppe von Netzebenen wird naturgemäß in sich fest zusammenhalten, da ja innerhalb dieser Pakete die verhältnismäßig intensiven elektrostatischen Anziehungskräfte wirken. Da jeweils immer eine Ca-Schicht und zwei F-Schichten zusammengehören, so erscheinen die Ladungen nach außen hin abgesättigt. Zwischen den Schichtpaketen können daher höchstens nur noch Restvalenzen wirken. Die Bindung zwischen den Paketen ist also wesentlich lockerer schon deshalb, weil hier Netzebenen gleicher Ladungen unmittelbar aufeinander folgen. Noch ausgeprägter wird diese Schichtenbildung bei einem Gitter, wie es beim Bruzit $Mg(OH)_2$ vorliegt. In diesem Gitter sind scharf voneinander getrennt jeweils Schichtenpakete mit 3 Netzebenen: eine Mg-Netzebene, die oben und unten von je einer (OH)-Schicht abgeschirmt wird.

Auch die bemerkenswerten Unterschiede in der Spaltbarkeit bei den Pyroxenen (Augiten) und Amphibolen (Hornblenden) lassen sich ohne Schwierigkeit aus den Struktureigentümlichkeiten der beiden Mineralarten ablesen. Hornblenden und Augite spalten nach den Flächen (1 1 0). In einem Schnitt senkrecht zur *c*-Achse bilden die Spaltrisse beim Augit Winkel von 87°, bei der Hornblende dagegen 124°. Bei der mikroskopischen Bestimmung der beiden Mineralarten im Dünnschliff ist dieser Spaltwinkel ein wichtiges Unterscheidungsmerkmal. Die Verschiedenheit des Spaltwinkels liegt in folgendem Umstand begründet: Beim Augit bilden die SiO_4-Tetraeder einfache Ketten parallel der *c*-Achse, während bei der Hornblende Doppelketten vorliegen (vgl. S. 35). Es ist klar, daß die Bindung zwischen Silicium und Sauerstoff die stärkste in diesen Kristallgittern darstellt. Die Bindung Si—O liegt aber nur innerhalb der Ketten vor. Es ist somit schon von vornherein zu vermuten, daß die Spaltbarkeit nicht irgendwie d u r c h die Ketten hindurchgeht, sondern parallel zu ihnen verläuft, wie es ja auch tatsächlich der Fall ist. Abb. 39 gibt die Verhältnisse in schematischer Darstellung wieder. Die SiO_4-Ketten sind in eine Ebene senkrecht zur *c*-Achse projiziert. Die Projektionen der Ketten sind in leicht verständlicher Weise als Vierecke dargestellt (vgl. Abb. 39 oben). Die Spuren der Spaltebenen sind durch starke Linien angedeutet. Man erkennt sofort, wie die unterschiedlichen Winkel in den beiden Fällen herauskommen. In Abb. 39 wurde von der Annahme ausgegangen (S t r u n z), daß die Spaltbarkeit im „Rücken" der Ketten vorbeiläuft, da dort offenbar die geringeren Bindungen zu benachbarten Kationen vorliegen. Tatsächlich ist diese Anschauung plausibler als die ältere von W a r r e n. Besonders bei den Amphibolen fallen diese Verhältnisse unmittelbar ins Auge.

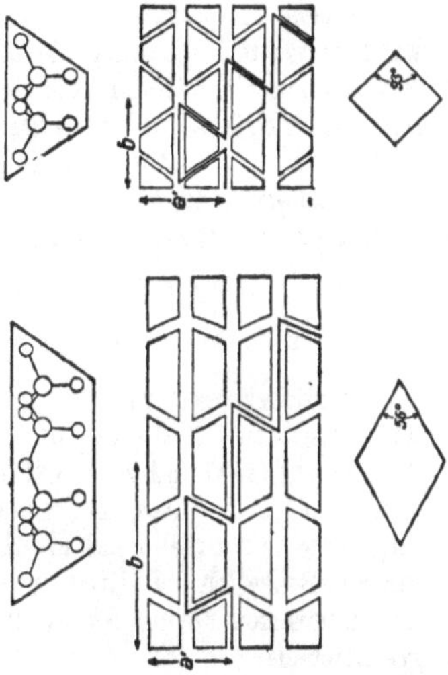

Abb. 39.
Strukturelle Deutung der Spaltbarkeit bei den Pyroxenen und Amphibolen (nach W a r r e n und S t r u n z)

Eine weitere sehr wesentliche, aber physikalisch nur schwer faßbare

Kohäsionseigenschaft ist die Härte. Man pflegt verschiedene Arten von Härten zu unterscheiden: Bohrhärte, Schleifhärte und Ritzhärte und versteht darunter jeweils den Widerstand, den ein Kristall dem Bohren, Schleifen oder Ritzen entgegensetzt. Die größte Bedeutung, vor allem auch in der Praxis, hat die Ritzhärte erlangt. Qualitativ bestimmt man die Ritzhärte eines Minerals, indem man es mit Vergleichsmineralien (Mohssche Härteskala) zu ritzen versucht. Auch die Härte ist selbstverständlich bedingt durch die Bindungsfestigkeit zwischen den einzelnen Kristallbausteinen. Es müssen sich daher Zusammenhänge zwischen Ritzhärte und Kristallstruktur erkennen lassen, wenn diese zunächst auch noch nicht quantitativ zu erfassen sind. Man wird vor allem vermuten, daß Ritzhärte und Gitterenergie zusammenhängen. Nach S. 47 ist die Gitterenergie eines binären Kristalls:

$$-U = N \cdot \alpha \cdot \frac{z^2 \cdot e^2}{2r}.$$

Als möglicher Weg wäre daher vorgezeichnet zu versuchen, eine Abhängigkeit der Ritzhärte vom Abstand der Kristallbausteine (r), von der Ladung ($z \cdot e$) und vom Gittertyp (α) herauszuschälen. Zunächst zeigt sich bei den Alkalihalogenidkristallen vom NaCl-Typ im allgemeinen, daß die Härte mit zunehmendem Abstand zwischen Kation und Anion abnimmt. Bezüglich der Ritzhärte ergibt sich folgende Rangordnung (unter der chemischen Formel ist jeweils der entsprechende Partikelabstand angeschrieben):

LiF	> NaF	> LiCl	≧ KF	> LiBr	≦ ? NaCl >
2,02	2,31	2,57	2,66	2,75	2,81
NaBr	> KCl	≦ NaJ	> KBr	≦ ? RbCl	> KJ
2,98	3,14	3,23	3,29	3,29	3,53

Man erkennt, daß wohl in den weitaus meisten Fällen, aber nicht immer, Härte und Partikelabstand entgegengesetzt laufen. Der Abstand ist demnach innerhalb des gleichen Strukturtypus nicht allein maßgebend, es müssen vielmehr noch andere Eigenschaften der Ionen eine Rolle spielen. Es werden dies in erster Linie wohl die Polarisationseigenschaften sein (vgl. S. 55). Für Verbindungen zweiwertiger Elemente vom NaCl-Typus sind in folgender Tabelle Ritzhärte (nach Mohs) und Partikelabstand in Å zusammengestellt:

		Mg	Ca	Sr	Ba
O	Abstand Harte	2,10 6,5	2,40 4,5	2,57 3,5	2,77 3,3
S	Abstand Härte	2,59 4,5—5	2,84 4,0	3,00 3,3	3,18 3
Se	Abstand Härte	2,74 3,5	2,96 3,2	3,12 2,9	3,31 2,7
Te	Abstand Härte	— —	3,17 2,9	3,32 2,8	3,49 2,6

Auch hier ist im allgemeinen eine Abnahme der Ritzhärte mit steigendem Abstand Anion—Kation bei Substitution in homologen Reihen zu beobachten, und zwar sowohl beim Ersatz des Kations als auch beim Ersatz des Anions durch die höheren Homologen. Auch bei Kristallen mit Fluoritstruktur ist die gleiche Gesetzmäßigkeit zu beobachten, z. B.

	CaF_2	SrF_2	BaF_2	$SrCl_2$
Abstand	2,36	2,50	2,68	3,02
Härte	4	3,5	3	2,7

Um die Abhängigkeit der Ritzhärte von der Wertigkeit zu untersuchen, müssen wir als Beispiele Kristalle vom gleichen Gittertyp und nahezu gleichem Gitterabstand wählen. Solche Beispiele sind von V. M. Goldschmidt zusammengestellt worden. Folgende Reihe soll die vorliegenden Gesetzmäßigkeiten erläutern (NaCl-Typus):

Kristallart	NaF	MgO	ScN	TiC
Wertigkeit	1	2	3	4
Partikelabstand	2,31	2,10	2,23	2,23
Härte	3,2	6,5	7—8	8—9

Man sieht deutlich, daß mit zunehmender Valenz der Kristallbausteine die Härte beträchtlich ansteigt. Als weiteres Beispiel sei eine Vergleichsreihe mit Kristallen des Zinkblende- und Wurtzittypus angeführt;

Kristallart	CuCl	ZnS	GaP	AsAl
Wertigkeit	1	2	3	3
Partikelabstand	2,34	2,35	2,35	2,44
Härte	2,5	4	5	5

Von V. M. Goldschmidt wurde für Kristalle der chemischen Zusammensetzung AX bei konstantem Strukturtypus folgender Ausdruck für die Härte angegeben:

$$H = s \cdot \frac{e_A \cdot e_X}{r^m}.$$

e_A bzw. e_X bedeuten die Valenzen der Ionen A bzw. X, s ist eine Konstante, die vom Strukturtypus abhängt, und r der Partikelabstand. Der Exponent m hängt ebenfalls vom Typus ab und beträgt beim NaCl-Typ 4 bis 6, beim Wurtzit–Zinkblende–Diamanttypus liegt er zwischen 5 und 15. Man sieht, daß diese Beziehung dem Ausdruck für die Gitterenergie durchaus analog aufgebaut ist.

Erwartungsgemäß besteht eine deutliche Abhängigkeit der Ritzhärte vom Strukturtypus. Es ist klar, daß diese Beziehung wesentlich komplizierter zu übersehen ist. Beispielsweise zeigt es sich, daß Kristalle mit Wurtzit–Zinkblendestrukturen, bezogen auf gleichen Partikelabstand und auf gleiche Wertigkeit der Partikeln, eine geringere Härte besitzen als Kristalle vom NaCl-Typus. Folgende Fälle sollen diese Zusammenhänge erläutern:

1. BaO (Partikelabstand 2,77) ist wenig härter (3,3) als CdS (Abstand 2,52, Härte 3,2, Wurtzittypus).

2. SrTe (Partikelabstand 3,32) ist gleich hart (2,8) wie CdTe (Partikelabstand 2,80), obwohl ein Unterschied im Abstand von 16% vorliegt. SrTe kristallisiert im NaCl-, CdTe im Wurtzitgitter.

2. Thermische Eigenschaften

Bei unseren bisherigen Betrachtungen hatten wir allgemein angenommen, daß sich die Bausteine des Gitters in Ruhe befinden. Dies gilt in Wirklichkeit naturgemäß nur für den absoluten Nullpunkt. Mit steigender Temperatur beginnen sich die Atome, Ionen u. dgl. im Gitter zu bewegen, indem sie um ihre Schwerpunktlagen Schwingungen ausführen. Diese

Schwingungen bestimmen z. B. den Schmelzpunkt, die spezifische Wärme, die Wärmeausdehnung und selbstverständlich auch die Temperaturabhängigkeit aller physikalischen Eigenschaften (wie Elastizität, Plastizität usw.). Wir können annehmen, daß es sich dabei zunächst um harmonische Schwingungen handelt, d. h. wir setzen voraus, daß die rücktreibende Kraft bei einer Verschiebung eines Atoms aus seiner Ruhelage in erster Näherung proportional zu dieser Verschiebung gesetzt werden kann (quasielastische Kraft).

Um uns die Schwingungsvorgänge in einem Gitter anschaulich klarzumachen, wollen wir einmal die Schwingungen einer Kette aneinandergereihter gleicher Partikeln (eindimensionales Gitter) untersuchen. In der Ruhelage sind die Partikeln auf einer Geraden im konstanten Abstand r_0 angeordnet. Werden die Partikeln aus ihrer Ruhelage herausgebracht, so führen sie um diese Bewegungen aus. Solche Bewegungen können wir jeweils in 3 Komponenten zerlegen: Verschiebungen in Richtung der Kette (longitudinale Schwingung), Verschiebungen in zwei Richtungen senkrecht zur Richtung der Kette (transversale Schwingungen). Wir nehmen an, daß die zur Ruhelage rücktreibende Kraft quasielastisch ist und proportional den Verschiebungen benachbarter Partikeln gesetzt werden kann. Ferner nehmen wir zunächst an, daß die Kette nicht begrenzt sei. Wir denken uns die einzelnen Atome, von irgendeinem als Nullpunkt ausgehend, fortlaufend numeriert. Die Verschiebung des n-ten Atoms aus der Ruhelage sei u_n, seine Masse sei m und die Direktionskraft (also die rücktreibende Kraft für die Verschiebung 1) α. Die Bewegungsgleichungen erhalten dann folgende Form, wenn wir annehmen, daß nur benachbarte Atome aufeinander einwirken:

$$m\,\ddot{u}_n = \alpha\,(u_{n+1} - u_n) + \alpha\,(u_{n-1} - u_n) \text{ mit } \ddot{u} = \frac{d^2u}{dt^2}.$$

Der Ansatz zur Lösung dieser Differentialgleichung lautet:

$$u_n = U \cdot e^{i\,(2\,\pi\,\nu\,t - \varphi \cdot n)}$$

Hierin bedeutet ν die Frequenz der Schwingung, φ die Phasendifferenz zwischen zwei benachbarten Partikeln und U die Amplitude der Schwingung. Setzt man diesen Ausdruck für u_n in die Differentialgleichung ein, so ergibt sich:

$$\nu = \frac{1}{\pi}\sqrt{\frac{\alpha}{m}} \cdot \sin\frac{\varphi}{2}.$$

Für $\varphi = \pi$ erreicht die Frequenz ν ein Maximum, und es ist:

$$\nu_{max} = \frac{1}{\pi}\sqrt{\frac{\alpha}{m}}\,.$$

Die Bedingung $\varphi = \pi$ bedeutet, daß zwei benachbarte Atome mit entgegengesetzter Phase schwingen, die rücktreibende Kraft erreicht in diesem Falle ihren Höchstwert.

Betrachten wir eine Kette mit zwei verschiedenen Teilchenarten (etwa positive und negative Ionen), die abwechselnd angeordnet sind, so gelangen wir in diesem Falle zu einer größeren Anzahl von Schwingungsmöglichkeiten. Ist $\varphi = 0$, so ist wie bei der einatomigen Kette $\nu = 0$, d. h. die ganze Kette bewegt sich starr, und eine rücktreibende Kraft tritt nicht auf („akustischer" Schwingungstypus). Weiter besteht die Möglichkeit, daß die Schwingungsrichtung der beiden Teilchen gleichgerichtet ist, wenn auch die Amplitude jeweils verschieden sein kann. Dann ordnen sich die Teilchen der beiden Arten in die gleiche Welle ein. Ein dritter Fall wird dadurch charakterisiert, daß die Partikeln der einen Art vollständig in Ruhe bleiben, während die Teilchen der anderen Art abwechselnd nach entgegengesetzten Seiten schwingen. Schwingen benachbarte Partikeln verschiedener Art mit entgegengesetzter Phase, so entsteht dadurch ein neuer Schwingungstypus. Schließlich können die Teilchen der einen Art zusammen in starrer Linie Schwingungen um die Ruhelage ausüben, während die Partikeln der anderen Art in gleicher Weise, aber mit entgegengesetzter Phase schwingen.

Wollen wir lange Wellen in einem Kristall bzw. in unserem Kettenmodell mit einbeziehen, so dürfen wir nicht mehr voraussetzen, daß die Kette unendlich lang ist, sondern wir müssen eine endliche Zahl von Atomen annehmen. Bei den langen Wellen wird daher auch die äußere Kristallform von Bedeutung sein.

Wir betrachten jetzt zunächst als eindimensionales Modell eine mit N Atomen besetzte Gittergerade endlicher Länge. Es liegt dabei nahe, als Randbedingung festzulegen, daß die Grenzpunkte des Gitters an der Schwingung nicht teilnehmen. Es zeigt sich aber, daß dadurch der mathematische Aufwand beträchtlich vermehrt wird. Man ersetzt daher diese Bedingung durch die physikalisch gleichwertige Voraussetzung, daß im unendlich ausgedehnten Gitter 2 Atome, zwischen denen N—2 Atome liegen, stets den gleichen Abstand haben sollen. Die Eigenschaften eines unendlich ausgedehnten Gitters mit dieser Periodizitätsbedingung sind die gleichen wie die eines endlichen Gitters mit N Atomen, dessen Endpunkte in Ruhe bleiben sollen.

Wir gehen wieder von unserer Bewegungsgleichung aus:

$$m\,\ddot{u}_n = \alpha\,(u_{n+1} - u_n) + \alpha\,(u_{n-1} - u_n) = \alpha\,(u_{n+1} + u_{n-1} - 2\,u_n)\,.$$

Jetzt machen wir zur Lösung dieses Gleichungssystems den Ansatz:

$$u_n = \eta_n \cdot \cos\,(2\,\pi\,\nu\,t + \beta)\,.$$

ν ist dabei eine der Eigenfrequenzen und η_n eine zeitunabhängige Größe, die der Periodizitätsbedingung $\eta_n = \eta_{n+N}$ genügen muß. Gehen wir mit diesem Ansatz in die Differentialgleichung ein, so ergibt sich:

$$-\,4\,\pi^2\nu^2 m\,\eta_n = \alpha\,(\eta_{n+1} + \eta_{n-1} - 2\,\eta_n)\,.$$

Durch die Ausdrücke

$$\eta_n = \cos\frac{n\varphi}{2} \qquad \text{bzw.} \qquad \eta_n = \sin\frac{n\varphi}{2}$$

wird diese Gleichung gelöst, wenn gleichzeitig

$$\nu = \frac{1}{\pi}\sqrt{\frac{\alpha}{m}} \cdot \sin\frac{\varphi}{2}$$

gilt. Jede lineare Kombination der beiden Funktionen für η_n stellt somit eine Lösung dar. Damit die Bedingung $\eta_n = \eta_{n+N}$ gilt, muß $\frac{\varphi}{2\pi} \cdot N = 2\,k$ sein, worin k eine ganze Zahl ist. Damit wird:

$$\eta_n = \cos\frac{2\pi k}{N} \cdot n \qquad \text{bzw.} \qquad \eta_n = \sin\frac{2\pi k}{N \cdot}\, n\,.$$

Für jeden Wert von k existieren demnach zwei Lösungen. Für zwei Werte von k, deren Summe oder Differenz gleich einem ganzzahligen Vielfachen von N ist, findet man gleiche und entgegengesetzt gleiche Lösungen. Demnach erhält man sämtliche Lösungen, wenn man für gerades N die Werte $k = 0, 1, 2 \ldots \frac{N}{2}$ und für ungerades N die Werte $k = 0, 1, 2 \ldots \frac{N-1}{2}$ berücksichtigt. Für $k = 0$ bzw. $k = \frac{N}{2}$ gibt es nur eine Lösung, die andere verschwindet. Jedem anderen k-Wert entsprechen zwei unabhängige

Lösungen, so daß die Gesamtzahl der Lösungen stets gleich N ist. Für die Frequenz erhält man schließlich:

$$\nu = \frac{1}{\pi}\sqrt{\frac{a}{m}} \cdot \sin\frac{2\pi k}{N}.$$

Für das eindimensionale Gitter gibt es also N Eigenfrequenzen. Die Gesamtzahl der Eigenschwingungen für ein dreidimensionales Gitter beträgt entsprechend $3\,N$, wenn die Zahl der Atome in dem (einfachen) Kristallgitter N ist.

In heteropolaren Gittern sind es Ionen, also elektrisch geladene Partikeln, die in Wärmeschwingung geraten. Bei Schwingungen elektrisch geladener Teilchen entstehen elektromagnetische Wellen. So senden die polaren Kristalle durch Schwingungen der Ionen elektromagnetische Wellen großer Wellenlängen (20—200 μ) aus. Diese liefern charakteristische Spektren im Ultrarot, die man als Reststrahlenspektren bezeichnet. Kubische heteropolare Salze vom Typus AX, z. B. NaCl, zeigen in ihren Reststrahlenspektren nur ein einziges, scharf ausgeprägtes Maximum. Dieses Maximum entspricht einer Schwingung der beiden Teilgitter (z. B. Na-Gitter und Cl-Gitter) gegeneinander. Diese Schwingungen liegen für NaCl, KCl, KJ, TlCl, TlJ entsprechend bei 52, 63, 94, 100 und 150 μ. Bei komplizierter gebauten Gittern treten entsprechend kompliziertere Schwingungen auf. Insbesondere können charakteristische Schwingungen in einem Gitter mit komplexen Radikalen (z. B. SO_4, CO_3 usw.) auftreten. Die Ionen innerhalb eines Radikals können dann in bezug auf dessen Schwerpunkt Schwingungen ausführen. Beispielsweise bilden im $CaCO_3$-Gitter die CO_3-Gruppen gleichseitige Dreiecke, bei denen die O-Teilchen die Ecken und die C-Teilchen die Mittelpunkte besetzen. Hierbei können nun die O-Partikeln in der Richtung C—O Schwingungen ausführen, die zu einer Frequenz von 9 μ Veranlassung geben. Schließlich können die C-Partikeln einerseits und die O-Partikeln andererseits mit entgegengesetzter Phase senkrecht zur Dreiecksebene schwingen. Dadurch wird eine Frequenz bei 11 μ erzeugt. Es ist mehrfach gezeigt worden, daß sich diese Frequenzen im Spektrum, die Radikalionen zugeordnet werden können, nur wenig ändern, wenn das gleiche Radikal in verschiedenen Kristallgittern untersucht wird.

Das Verfahren, die ungeordnete Wärmebewegung in einem binären, polaren Gitter durch eine Schwingung zweier in sich starrer „Teilgitter“ (z. B. aller positiven Ionen einerseits und aller negativen Ionen andererseits) zu ersetzen, hat auch zu einem wenigstens näherungsweise gültigen Bild vom Schmelzvorgang geführt (Braunbeck). Es wird also angenommen, daß die beiden Gitter (etwa das Na^+-und das Cl^--Gitter) als starre Gebilde gegeneinander schwingen, und zwar soll diese Schwingung längs einer Translationsrichtung erfolgen, wobei eine möglichst geringe Energieschwelle überschritten wird. Das geschieht für NaCl längs der Richtung [1 1 0]. Die Koordinate in Richtung der Verschiebung sei u. Das gegenseitige Potential für eine solche Verschiebung sei eine periodische Funktion von u, also $P = f(u)$, wobei $P = 0$ für $u = 0$. Die kinetische Energie L beträgt für den Fall, daß der gemeinsame Schwerpunkt der beiden Teilgitter mit den Atomgewichten M_1 und M_2 ihrer Bestandteile in Ruhe bleiben soll:

$$L = \frac{\mu}{2} \cdot \dot{u}^2 = U - P = U - f(u),$$

wenn $\frac{1}{\mu} = \frac{1}{M_1} + \frac{1}{M_2}$ und U die Gesamtenergie des Systems ist $\left(\dot{u} = \frac{du}{dt}\right)$.

Daraus:

$$\dot{u} = \sqrt{\frac{2}{\mu}(U - f(u))}$$

oder

$$dt = \frac{du}{\sqrt{\frac{2}{\mu}(U - f(u))}}$$

Die zeitlich mittlere kinetische Energie $\overline{L}$ ist dann:

$$\overline{L} = \frac{\int L\, dt}{\int dt} = \frac{\int \sqrt{U - f(u)}\, du}{\int \frac{du}{\sqrt{U - f(u)}}} = \varphi(U).$$

Es wird nun entsprechend der kinetischen Theorie der Materie gesetzt:

$$\overline{L} = n \cdot \frac{3R}{2} \cdot T$$

(n = Anzahl der Atome in der Molekel, T = abs. Temperatur), oder

$$T = \frac{2}{3nR} \cdot \varphi(U).$$

Dies ist also eine Beziehung zwischen der absoluten Temperatur und der inneren Energie, die auswertbar wird, wenn die Funktion $P = f(u)$ bekannt ist. Wir setzen:

$$P = f(u) = A \sin^2 \frac{\pi u}{s},$$

worin A der Schwellenwert der potentiellen Energie ist, den die beiden Teilgitter bei ihrer gegenseitigen Verschiebung überwinden müssen, und s die Verschiebung ist, die das Gitter in der Richtung u mit sich selbst zur Deckung bringt (Identitätsperiode). Nun kann man integrieren und kommt so schließlich zu einer Beziehung:

$$\overline{L} = A \cdot \psi\left(\frac{U}{A}\right) \qquad \text{oder} \qquad \frac{T}{A} = \frac{2}{3\,n\,R} \cdot \psi\left(\frac{U}{A}\right),$$

wo ψ eine spezielle auswertbare Funktion bedeutet, die sich aber nicht in einfacher Weise darstellen läßt.

Für kleine Werte von $\frac{U}{A}$ ist $\psi = \frac{U}{2A}$, also

$$\overline{L} = \frac{U}{2} \qquad \text{oder} \qquad \frac{T}{A} = \frac{2}{3\,n\,R} \cdot \frac{U}{2A}.$$

Das heißt für kleine Schwingungen ($U \ll A$) ist die mittlere kinetische Energie gleich der halben Gesamtenergie.

Für $U = A$ wird $\psi = 0$. Das heißt: die zeitlich mittlere Energie ist gleich Null, da hier die kinetische Energie gerade ausreicht, das System auf das Maximum der potentiellen Energie zu bringen. Das System wird in diesem Grenzfall unendlich lange auf dem Energiemaximum verweilen, wo es die Geschwindigkeit Null besitzt. Für $\frac{U}{A} > 1$ tritt eine monotone Bewegung des Systems ein. Für $U \gg A$ wird $\psi = \frac{U}{A} - \frac{1}{2}$ und damit

$$\overline{L} = U - \frac{A}{2}.$$

Durch Elimination von A können nun Beziehungen zwischen verschiedenen thermischen Größen gewonnen werden, die sich mit der Erfahrung vergleichen lassen. Es sind dies folgende bekannte Zusammenhänge:

1. Proportionalität zwischen absoluter Schmelztemperatur und Schmelzwärme,

2. Abweichung der Atomwärme C vom Wert $3\,R$ bei hohen Temperaturen,
3. eine Beziehung zwischen $\frac{dC}{dT}$ bei hohen Temperaturen und der absoluten Schmelztemperatur,
4. eine Beziehung zwischen dem Schmelzpunkt und der ultraroten Eigenfrequenz.

Zusammenfassend können wir feststellen, daß auf Grund stark idealisierter Annahmen ein qualitativ richtiges Bild des Schmelzvorganges gittertheoretisch abgeleitet werden kann.

Im einzelnen ist zu erwarten, daß mit steigenden Bindungskräften die Schmelztemperatur ansteigt. Dies läßt sich in der Tat erfahrungsmäßig belegen. Man kann in einigen Reihen zeigen, daß der Schmelzpunkt mit steigendem Atom- bzw. Ionenabstand fällt, z.B.

Substanz	NaF	NaCl	NaBr	NaJ
Abstand A—X	2,31	2,81	2,98	3,23
Schmelzpunkt ° C ...	988	801	740	660

oder

Substanz	NaF	KF	RbF	CsF
Abstand A—X	2,31	2,66	2,82	3,00
Schmelzpunkt ° C ...	988	846	775	684

Der Einfluß der Ionenladung kommt im folgenden Vergleich zum Ausdruck:

Substanz	NaF	CaO
Wertigkeit	1	2
Abstand A—X	2,31	2,40
Schmelzpunkt ° C ...	988	2570

Auch die Flüchtigkeit kristallisierter Substanzen muß in ähnlicher Weise vom strukturellen Aufbau abhängen. Das Verdampfen eines Salzes bedeutet ja die Abtrennung von Einzelmolekeln aus dem Gitterverband. Dafür muß offenbar eine Energie aufgewandt werden, die einen bestimmten Bruchteil derjenigen Energie ausmacht, die bei der Vereinigung der freien Ionen zum Kristall gewonnen wird. Danach also müßte die Sublimationswärme einer Reihe von Salzen gleichen Gittertyps einen konstanten Bruchteil der Gitterenergie betragen. Das heißt, die Sublimationswärmen müßten parallel mit den Gitterenergien verlaufen. So ist zu erwarten, daß Kristalle, die aus zwei doppelt geladenen Ionen aufgebaut sind, weit weniger flüchtig sind als solche, die aus einfach geladenen Ionen bestehen. Beispielsweise siedet NaF bei 1700° C, MgO dagegen bei 2800° C. Auch die Abhängigkeit vom Ionenabstand im Gitter kommt deutlich zum Ausdruck. Da für die Sublimationswärme keine genauen Daten vorliegen, betrachten wir die gemessenen Siedepunkte der geschmolzenen Substanzen (vgl. Tabelle), die uns immerhin einen gewissen Anhalt für die gesuchte Beziehung geben werden.

Siedepunkte der Alkalihalogenide bei 760 mm in °C

		Li	Na	K	Rb	Cs
F	*A—X* Sp.	2,01 1676	2,31 1695	2,66 1505	2,82 1410	3,00 1251
Cl	*A—X* Sp.	2,57 1382	2,81 1441	3,14 1417	3,27 1383	3,57 1303
Br	*A—X* Sp.	2,75 1310	2,98 1393	3,29 1381	3,43 1351	3,71 1300
J	*A—X* Sp.	3,00 1170	3,23 1300	3,53 1331	3,66 1305	3,95 1280

Für die Halogenide des Na, K, Rb und Cs fallen in der Tat mit steigendem Ionenradius (fallender Gitterenergie) die Siedepunkte. Doch sind auch Abweichungen von dieser Gesetzmäßigkeit vorhanden, insbesondere bei den Li-Salzen. Diese Abweichungen können durch die Deformation der Ionen erklärt werden (vgl. S. 55). Durch die Deformationsenergie wird die der Gitterenergie zunächst proportionale Sublimationswärme vermindert, und zwar um so stärker, je stärker die gegenseitige Deformationseinwirkung der beiden Ionen ist. Insbesondere besitzt das kleine Li-Ion eine stark deformierende Wirkung, so daß die Anomalie im Verhalten der Siedepunkte bei den Li-Salzen durchaus verständlich ist.

Die spezifische Wärme eines Kristalls ergibt sich mit Hilfe der oben abgeleiteten Beziehung. Es ist:

$$C_v = \frac{dU}{dT}.$$

Es wurde abgeleitet:

$$T = A \cdot \frac{2}{3nR} \cdot \psi\left(\frac{U}{A}\right),$$

also:

$$\frac{dT}{dU} = A \frac{2}{3nR} \cdot \frac{d\varphi}{dq} \cdot \frac{1}{A},$$

wobei $q = \frac{U}{A}$ ist.

Demnach:

$$C_v = \frac{3nR}{2} \cdot \frac{1}{\frac{d\varphi}{dq}}.$$

Da für kleine q nun $\psi = \frac{q}{2}$ ist, wird $\lim\limits_{q \to 0} \left(\frac{d\varphi}{dq}\right) = \frac{1}{2}$.

Für niedrige q-Werte (also $U \ll A$ oder für niedrige Temperaturen) erhält man dann:

$$C_v = 3 \cdot n \cdot R.$$

Man gewinnt also das Dulong-Petitsche Gesetz. Bei hohen Temperaturen kommt man aber zu Abweichungen von diesem Gesetz, und zwar in dem Maße, wie $\frac{d\varphi}{dq}$ vom Wert $^1/_2$ abweicht. In der Tat zeigt für höhere Temperaturen die spezifische Wärme C_v eine lineare Abhängigkeit von der Temperatur und nähert sich bei fallender Temperatur dem Dulong-Petitschen Wert.

Große Abweichungen des Dulong-Petitschen Gesetzes treten bei tiefen Temperaturen in Erscheinung. Versuche haben gezeigt, daß die spezifische Wärme kristallisierter Elemente von dem bei mittleren Temperaturen gültigen Wert $3R$ zunächst langsam, dann steil abfällt und schließlich beim absoluten Nullpunkt verschwindet. Auf der Quantentheorie aufbauend, hat Debye eine Theorie der spezifischen Wärme entwickelt. Zunächst wird der feste Körper als Kontinuum betrachtet, das mit unendlich vielen Frequenzen schwingen kann. In Wirklichkeit besteht ein Kristall aber aus einer endlichen Zahl von Atomen ($= N$). Der feste Körper hat demnach nicht unendlich viele Freiheitsgrade, sondern nur 3 N Freiheitsgrade, und die Höchstzahl seiner Eigenfrequenzen ist 3 N. Infolge des gitterartigen Aufbaus der Kristalle kommt demnach ein Teil der Frequenzen des Kontinuums in Wegfall. Es sind dies notwendigerweise die hohen Frequenzen, da für elastische Wellen, deren Wellenlängen von der Größenordnung der Gitterabstände sind, die Gesetze des Kontinuums nicht mehr anwendbar sind. Diesem Gedankengang folgend, nimmt Debye an, daß für einen Kristall eine bestimmte Maximalfrequenz $\nu_{\text{max.}}$ existiert derart, daß Frequenzen größer als $\nu_{\text{max.}}$ überhaupt nicht vorhanden sind. Nach der klassischen Theorie kommt jeder Eigenfrequenz die Energie $k\,T$ zu. Anders ist dies aber in der Quantentheorie. Hier hängt die mittlere Energie w einer Schwingung von der Temperatur nach folgendem Gesetz ab:

$$w = \frac{h \cdot \nu}{e^{\frac{h\nu}{kT}} - 1}.$$

Die thermische Energie eines Kristalls mit N Atomen erhält man, wenn man jeder der 3 N Frequenzen den entsprechenden Energiebetrag w zuordnet und über alle Frequenzen, die kleiner als $\nu_{\text{max.}}$ sind, summiert. Differenziert man diese Gesamtenergie nach T, so erhält man für die spezifische Wärme den Ausdruck:

$$C_v = 3\,N\,k\,D\left(\frac{T}{\Theta}\right) = 3\,R\,D\left(\frac{T}{\Theta}\right).$$

$D\left(\frac{T}{\Theta}\right)$ ist eine spezielle Funktion („Debyesche Funktion"). Θ wird als „charakteristische Temperatur" bezeichnet. Es ist: $\Theta = \frac{h \cdot \nu_{\text{max.}}}{k}$. Für hohe Temperaturen ($T \gg \Theta$) wird $D = 1$, also $C = 3\,R$, in Übereinstimmung mit dem Dulong-Petitschen Gesetz. Für hinreichend tiefe Temperaturen ($T \ll \Theta$) wird

$$C_v = \frac{12\,\pi^4}{5} \cdot \frac{R}{\Theta^3} \cdot T^3.$$

Das heißt in der Nähe des absoluten Nullpunktes wächst die spezifische Wärme mit der 3. Potenz der Temperatur. Das stimmt mit der Erfahrung recht gut überein.

Wollten wir nun einmal versuchen, auf Grund entsprechender Verfahren etwa die Wärmeausdehnung der Kristalle zu bestimmen, so würden sich dabei zunächst prinzipielle Schwierigkeiten ergeben. Es zeigt sich, daß auf Grund der vereinfachten Annahmen die Lösung dieses Problems unmöglich ist. Eine einfache Betrachtung lehrt das sofort: Verfolgt man eine quasielastische Schwingung zweier Teilchen, so erkennt man, daß der Abstand zwischen den Teilchen ebensooft verkleinert wie vergrößert wird. Die Teilchen schwingen ja symmetrisch um ihre Ruhelagen. Der mittlere Abstand zwischen den beiden Teilchen ist demnach von der Amplitude der Schwingung vollständig unabhängig, so daß also insbesondere keine Abhängigkeit dieses Abstandes von der Temperatur bestehen kann. Damit wir eine Beziehung zwischen Abstand und Amplitude erhalten, müssen wir annehmen, daß die Schwingungen unsymmetrisch erfolgen, und zwar so, daß die Auswärtsschwingung größer ist als die Einwärts chwingung. Die rücktreibende Kraft ist daher nicht mehr symmetrisch in bezug auf die Ruhelage. Sie ist geringer, wenn sich die Partikeln entfernen, größer, wenn sie sich annähern. Nehmen wir einmal an, die potentielle Energie zwischen zwei Partikeln verlaufe in Abhängigkeit vom Partikelabstand gemäß der Kurve in Abb. 40. Man kann sich dann die Bewegung eines Teilchens klarmachen, wenn man sich vorstellt, daß eine Kugel auf einer festen Bahn, wie sie die Kurve in vertikaler Lage darstellt, abrollt. Die potentielle Energie der Kugel entspricht dann jeweils der potentiellen Energie zwischen den beiden Partikeln. Die Horizontalkomponente der Bewegung der Kugel würde dann der Schwingungsbewegung der Teilchen entsprechen. Ist keine Temperaturbewegung vorhanden, die kinetische Energie also gleich Null, so ruht die Kugel im untersten Punkt A, dem Minimum der potentiellen Energie. Erteilt man der Kugel kinetische Energie, so rollt sie an beiden Ästen der Kurve empor, und zwar immer in die gleiche Höhe. Wäre die Kurve symmetrisch, d. h. wäre die Bindung quasielastisch, so würden die beiden Punkte, nach denen die Kugel maximal ausschwingt, gleich weit von der Ruhelage entfernt sein. Die mittlere Lage der Kugel wäre immer noch A. Ist dagegen, wie bei der Kurve Abb. 40, der Anstieg mit wachsendem Abstand r flacher, so sieht man sofort, daß die Ausschläge

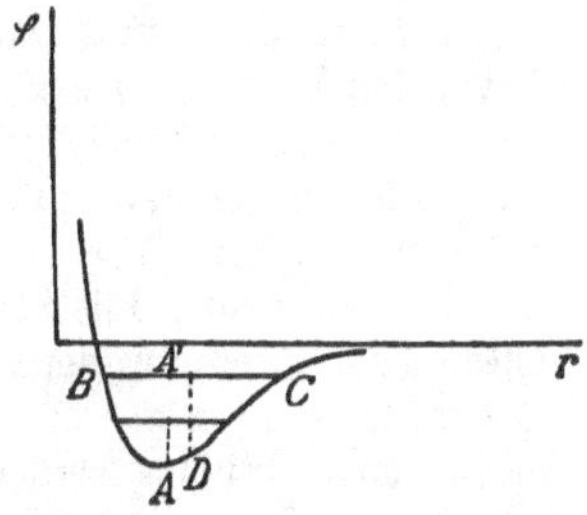

Abb. 40. Verlauf der potentiellen Energie φ in Abhängigkeit vom Partikelabstand r

unsymmetrisch werden und daß insbesondere der maximale Ausschlag in Richtung des wachsenden Abstandes größer ist. Also $BA' < A'C$. Die mittlere Lage der Kugel ist nun nicht mehr A, sondern D. Sie liegt jetzt bei einem größeren Partikelabstand. Demnach werden mit steigender Temperatur die mittleren Lagen zweier schwingender Partikeln einen immer größer werdenden Abstand erhalten. Nur auf diese Weise kommt die Ausdehnung eines Kristalls bei Erwärmung zustande.

Auch für die Wärmeausdehnung wollen wir unsere Betrachtung auf ein stark vereinfachtes Modell, das diesmal nur aus zwei benachbarten Atomen bestehen soll, beschränken. Wie wir gesehen haben, muß sich dabei zeigen, daß der mittlere Abstand der Atome mit der Temperatur größer wird. Dann können wir schließen, daß auch in einem Kristallgitter die Temperaturerhöhung eine Vergrößerung des mittleren Atomabstandes bewirkt, d.h. der Kristall muß sich ausdehnen. Die Entfernung zwischen zwei Atomen A und B sei im Gleichgewicht gleich r_0. Die Atome führen längs der Verbindungslinie Schwingungen aus. In einem bestimmten Zeitpunkt sei die Entfernung der Atome $r_0 + x$. Die Atome werden dann durch die Kraft $K = -\alpha\, x + \beta\, x^2$ zurückgetrieben, wenn man nur noch das Glied zweiter Ordnung berücksichtigt. Nur das erste Glied ist der Verrückung einfach proportional, entspricht also einer elastischen Kraft, die, wie wir bereits besprochen haben, allein für das vorliegende Problem nicht genügt. Das Glied $\beta\, x^2$ gibt uns also die Abweichungen vom elastischen Kraftgesetz. Berücksichtigen wir vorübergehend nur das erste Glied, so ergibt sich als potentielle Energie für das schwingende Atom der Betrag $\frac{1}{2}\alpha\, x^2$. Bei der Temperatur T muß der Schwingungsenergie des Atoms die mittlere kinetische Energie $\frac{1}{2}\, kT$ zukommen. Dieser Energiebetrag muß aber auch gleich der mittleren potentiellen Energie sein. Es muß also gelten:

$$\frac{1}{2}\alpha\, \overline{x^2} = \frac{1}{2} k \cdot T,$$

worin $\overline{x^2}$ den Mittelwert von x^2 darstellen soll. Damit wird:

$$\overline{x^2} = \frac{k \cdot T}{\alpha}.$$

Andererseits muß der Mittelwert der zurücktreibenden Kraft K gleich Null sein. Also gilt:

$$-\alpha\, \overline{x} + \beta\, \overline{x^2} = 0 \qquad \text{oder} \qquad \overline{x} = \frac{\beta}{\alpha}\, \overline{x^2}.$$

Setzen wir hier den oben gewonnenen Mittelwert für x^2 ein, so erhalten wir schließlich

$$\bar{x} = \frac{\beta \cdot k}{\alpha^2} \cdot T .$$

Der mittlere Abstand zweier Atome ändert sich demnach infolge der thermischen Bewegung proportional zur absoluten Temperatur. Nun ist der Ausdehnungskoeffizient γ bekanntlich gleich der Längenänderung pro Längeneinheit und pro Grad. Danach wird

$$\gamma = \frac{\bar{x}}{r_0 \cdot T} = \frac{\beta k}{r_0 \cdot \alpha^2} .$$

Nehmen wir nun an, die Partikeln A und B seien entgegengesetzt geladene einwertige Ionen! Nach unserem Potentialansatz S. 48 gilt entsprechend für die Kraft K, die zwischen zwei entgegengesetzt geladenen Ionen im Abstand r wirkt, der Ausdruck

$$K = -\frac{e^2}{r^2} + \frac{b}{r^{n+1}} .$$

Für den Gleichgewichtsabstand r_0 muß $K = 0$ sein, also $\frac{e^2}{r_0^2} = \frac{b}{r_0^{n+1}}$.

Setzen wir für $n = 9$ (NaCl-Typ!), so erhalten wir

$$b = e^2 \cdot r_0^8 .$$

Daher wird:

$$K = -\frac{e^2}{r^2} + \frac{e^2 r_0^8}{r^{10}} .$$

Wenn wir nun noch $r = r_0 + x$ setzen und nach Potenzen von x entwickeln, erhalten wir

$$K = -\frac{8 e^2}{r_0^3} x + \frac{52 e^2}{r_0^4} x^2 + \cdots .$$

Wir finden somit für die beiden Konstanten α und β:

$$\alpha = \frac{8 e^2}{r_0^3} ; \qquad \beta = \frac{52 e^2}{r_0^4} .$$

Schließlich gewinnt man:

$$\gamma = \frac{\beta \cdot k}{r_0 \alpha^2} = \frac{52}{64} \frac{r_0 \cdot k}{e^2} .$$

Mit $k = 1{,}36 \cdot 10^{-16}$ (Boltzmann-Konstante), $e = 4{,}80 \cdot 10^{-10}$ elektrostatische Einheiten und $r_0 = 3 \cdot 10^{-8}$ cm erhalten wir den Wert $\gamma = 1{,}4 \cdot 10^{-5}$. Dieser Wert stimmt größenordnungsmäßig durchaus mit der Erfahrung überein (z. B. ist für NaCl $\gamma = 4{,}039 \cdot 10^{-5}$).

Die Gleichung für den Ausdehnungskoeffizienten zeigt zunächst eine direkte Proportionalität zum Gleichgewichtsabstand r_0. Inwieweit diese Beziehung erfüllt ist, soll durch folgende Tabelle dargestellt werden (Klemm).

		Li	Na	K	Rb	Cs
F	r_0 in Å $\gamma \cdot 10^6$	2,01 102	2,31 108	2,66 110	2,82 —	3,00 —
Cl	r_0 in Å $\gamma \cdot 10^6$	2,57 132	2,81 120	3,14 115	3,27 108	3,57 136
Br	r_0 in Å $\gamma \cdot 10^6$	2,75 150	2,98 129	3,29 120	3,43 114	3,71 139
J	r_0 in Å $\gamma \cdot 10^6$	3,00 177	3,23 145	3,53 135	3,66 129	3,95 146

Wir sehen, daß bei gleichem Kation die Ausdehnungskoeffizienten tatsächlich mit wachsendem Ionenabstand (also vom *F* zum *J*) ansteigen. Dagegen ergibt sich schlechte Übereinstimmung mit der theoretischen Forderung, wenn man die Änderung bei gleichem Anion vom Na zum Rb betrachtet (abgesehen von Lif, NaF, KF und den Rb- und Cs-Verbindungen).

Wollen wir die Abhängigkeit des Ausdehnungskoeffizienten von der Wertigkeit betrachten, so müssen wir an Stelle von e in unserer Gleichung $z \cdot e$ setzen, wobei z die Zahl der Elementarladungen der beiden Ionenarten des betrachteten binären Gitters bedeutet. Daraus folgt ohne weiteres, daß die thermische Ausdehnung umgekehrt proportional ist zum Quadrat der Wertigkeit. Für Ionenkristalle, die im gleichen Gittertypus kristallisieren, muß die Beziehung gelten: $\gamma_1/\gamma_2 = z_2^2/z_1^2$ oder $\gamma_1 \cdot z_1^2 = \gamma_2 \cdot z_2^2 = \text{const.}$ Inwieweit diese Beziehung günstigsten Falls erfüllt ist, sollen folgende ausgesuchte Beispiele demonstrieren (Megaw):

Kristallart	Gittertyp	z	$\gamma \cdot 10^6$	$z^2 \cdot \gamma \cdot 10^6$
NaCl	Steinsalz	1	40	44
MgO		2	10	40
CaF_2	Flußspat	2	19	76
ZrO_2		4	4,5	72
CuBr	Zink-	1	19	19
ZnS	blende	2	6,7	27
MgF_2	Rutil	2	11	44
SnO_2		4	3,4	54
$NaNO_3$	Calcit	1	47	47
$MgCO_3$		2	11	44

Die Übereinstimmung der experimentellen Daten mit dem theoretisch gefundenen Gesetz ist ganz befriedigend. Es sei betont, daß sie nicht in allen Fällen so gut ist.

Man gelangt nun auf folgendem Wege zu einer verfeinerten Gesetzmäßigkeit in Hinsicht auf die Wertigkeit. In unserem stark vereinfachten Modell zur Ableitnng des thermischen Ausdehnungskoeffizienten haben wir nur zwei benachbarte Ionen betrachtet, die gewissermaßen aus dem Kristallgitter herauspräpariert werden. Im Kristallgitter kommt nun aber nicht die gesamte Ladung eines Ions zur Wirkung auf das benachbarte entgegengesetzt geladene Ion. Die wirksame Ladung auf einen Nachbarn erhält man vielmehr erst, wenn die Gesamtladung durch die Anzahl der umgebenden, anders geladenen Nachbarn, d.i. aber gerade die Koordinationszahl, dividiert wird. Es ist also an Stelle von z der Wert z/p zu setzen, wobei p die Koordinationszahl bedeutet. Der Ausdruck $q = z/p$ wird auch als „elektrostatische Valenz" (Pauling) bezeichnet. Wenn ein Gitter Ionen mit verschiedenen Wertigkeiten enthält, gilt die Regel: $p_1/p_2 = z_1/z_2$ (Paulingsche Regel). Damit wird $z_1/p_1 = z_2/p_2$, oder q hat für beide Ionenarten den gleichen Wert.

Setzen wir nun in unserer Beziehung für die thermische Ausdehnung q an Stelle der gewöhnlichen Wertigkeit z, so resultiert folgende Regel: Der thermische Ausdehnungskoeffizient ist umgekehrt proportional dem Quadrat der elektrostatischen Valenz oder in Formeln

$$\gamma \sim {}^1/q^2 \text{ oder } \gamma \cdot q^2 = \text{const.}$$

Entsprechend ihrer Ableitung ist zu erwarten, daß die Regel nur in erster Näherung durch die Erfahrung erfüllt wird. Wir geben in folgender Tabelle einige charakteristische Beispiele (Megaw):

Kristallart	q	$\gamma \cdot 10^6$	$\gamma \cdot q^2 \cdot 10^6$
CsCl	$\frac{1}{8}$	53	0,87
NaCl	$\frac{1}{6}$	40	1,11
CaF_2	$\frac{2}{8} = \frac{1}{4}$	19	1,19
CuBr	$\frac{1}{4}$	19	1,19
MgO	$\frac{2}{6} = \frac{1}{3}$	10	1,11
ZrO_2	$\frac{4}{8} = \frac{1}{2}$	4,5	1,12
ZnS	$\frac{2}{4} = \frac{1}{2}$	6,7	1,67

Die Übereinstimmung ist auch hier befriedigend.

Um die Abhängigkeit des thermischen Ausdehnungskoeffizienten vom Gittertyp zu gewinnen, müssen die Betrachtungen allgemein für den dreidimensionalen Fall geführt werden. Im Prinzip geschieht das auf dem gleichen Weg, wie er bereits oben gegangen wurde. Es ergibt sich dabei für kubische Kristalle:

$$\gamma = q \frac{n+2}{n-1} \frac{k \cdot r_0}{\alpha \cdot e^2}.$$

Hierin ist n der Abstoßungsexponent (vgl. S. 50) und α die Madelungsche Zahl (S. 47). Wir sehen, dieser Ausdruck unterscheidet sich nur im konstanten Faktor von der einfacheren Formel für γ! Der Gittertypus kommt in der Madelungschen Zahl α zur Geltung, die im Nenner steht. Folgende Zusammenstellung gibt uns einen anschaulichen Eindruck vom Gültigkeitsbereich der Formel:

$$\begin{aligned} NaCl: \gamma &= 120 \cdot 10^{-6} \text{ ber., } 121 \cdot 10^{-6} \text{ beob.} \\ PbS: \gamma &= 34 \cdot 10^{-6} \text{ ber., } 60 \cdot 10^{-6} \text{ beob.} \\ CaF_2: \gamma &= 52 \cdot 10^{-6} \text{ ber., } 56 \cdot 10^{-6} \text{ beob.} \end{aligned}$$

Daß gerade beim PbS größere Diskrepanzen vorliegen, das darf uns nicht wundern. Denn beim PbS liegt sicher keine reine heteropolare Bindung vor, so daß für diesen Fall die obige Formel streng nicht mehr gültig ist.

Es ist zu erwarten, daß die thermische Ausdehnung auch allgemein vom jeweiligen Bauplan einer Kristallstruktur abhängt. Am auffallendsten wird eine derartige Abhängigkeit in Gittern mit ausgeprägten Schicht- oder Kettenbildungen zum Ausdruck kommen. Deutliche Schichtgitter weisen z. B. die Elemente As, Sb und Bi auf. Hier liegen die kürzesten Verbindungslinien zwischen den einzelnen Atomen der Gitter in der Basisebene, also senkrecht zur trigonalen Achse. Die Ausdehnungskoeffizienten für Sb parallel und senkrecht zur Achse z. B. haben die Werte $\gamma_{\parallel} = 17 \cdot 10^{-6}$, $\gamma_{\perp} = 8 \cdot 10^{-6}$. Typische Schichtengitter zeigen z. B. auch die Substanzen $Ca(OH)_2$ und $Mg(OH)_2$, letztere Verbindung als Mineral Bruzit genannt. Die Schichten bestehen aus einer Netzebene von Ca- bzw. Mg-Atomen, die beiderseits von je einer OH-Netzebene bedeckt ist. Die Schichten dieser hexagonalen Gitter liegen parallel (0 0 0 1). Für $Ca(OH)_2$ betragen die Ausdehnungskoeffizienten parallel bzw. senkrecht zur Hauptachse: $\gamma_{\parallel} = 33 \cdot 10^{-6}$, $\gamma_{\perp} = 10 \cdot 10^{-6}$ für $Mg(OH)_2$: $\gamma_{\parallel} = 45 \cdot 10^{-6}$, $\gamma_{\perp} = 11 \cdot 10^{-6}$. Man erkennt daraus, daß im allgemeinen der Ausdehnungskoeffizient senkrecht zu den Schichten größer ist als jener parallel zu den Schichten.

Interessant sind die Beziehungen zwischen Ausdehnung und Gitterbau, wie man sie beim Kalkspat gewinnen kann: Beim Kalkspat ist $\gamma_{\parallel} = 25 \cdot 10^{-6}$, $\gamma_{\perp} = -6 \cdot 10^{-6}$. Danach ist eine bemerkenswerte thermische Ausdehnung in Richtung der Hauptachse möglich. Es ergeben sich folgende Zusammenhänge mit der Struktur: Die CO_3-Ionen liegen in Ebenen senkrecht zur Hauptachse. Die CO_3-Gruppen werden durch starke homöopolare Kräfte zusammengehalten. Entsprechend ist die Ausdehnung in diesen Ebenen gering, während die größte Ausdehnungsmöglichkeit senkrecht dazu, also in Richtung der Hauptachse, liegt.

Im Gegensatz zu den angeführten Beispielen sind die Ausdehnungskoeffizienten bei Kristallen, deren Strukturen keine ausgeprägten Anisotropien aufweisen, nicht stark voneinander verschieden. In der Tat ist der Ausdehnungskoeffizient bei Kristallen mit Strukturen, die der dichtesten Kugelpackung entsprechen, nicht nennenswert von der Richtung abhängig. Dies trifft z. B. für Magnesium zu. Die Ausdehnungskoeffizienten von Magnesium senkrecht bzw. parallel zur Hauptachse haben die Werte: $\gamma_{\perp} = 25 \cdot 10^{-6}$ bzw. $\gamma_{\parallel} = 27 \cdot 10^{-6}$. Beim Chrysoberyll, Al_2BeO_4, und beim Topas, $Al_2[F_2 \mid SiO_4]$, bilden die Sauerstoffionen angenähert hexagonal dichteste Kugelpackungen. Auch hier zeigen die Werte für die Ausdehnungskoeffizienten keine große Anisotropie. Für Chrysoberyll ist $\gamma_a = 6{,}0 \cdot 10^{-6}$,

$\gamma_b = 6{,}0 \cdot 10^{-6}$, $\gamma_c = 5{,}2 \cdot 10^{-6}$. Für Topas sind die entsprechenden Werte 4,8, 4,1 und $5{,}9 \cdot 10^{-6}$.

Auch die Erscheinung der Wärmeleitung in Kristallen kann keine Erklärung finden, wenn man nur rein quasielastische Kräfte zwischen den Partikeln voraussetzt. Im Falle der quasielastischen Kräfte erscheint die Wärmebewegung im Kristall in Form harmonischer Wellen. Eine solche Bewegung aber würde eher einer Wärmestrahlung, nicht aber der Erscheinung der Wärmeleitung entsprechen. Die Wärmewellen schreiten mit Schallgeschwindigkeit ungestört durch den Kristall von einem Ende zum anderen Ende hindurch, so daß also kein Temperaturgefälle entstehen kann. Um zu einer Deutung der Wärmeleitfähigkeit zu gelangen, müssen ebenso wie bei der Theorie der Wärmeausdehnung nicht lineare Glieder berücksichtigt werden. Diese Abweichungen von den quasielastischen Bindungskräften verhindern eine ungestörte Fortpflanzung der Wellen. Dadurch wird eine Energiezerstreuung bewirkt, die eben das langsame Vorrücken der mittleren Energie zur Folge hat. In dieser Tatsache aber hat die Erscheinung der Wärmeleitfähigkeit ihre Ursache. Man hat sich diese etwas komplizierten Vorgänge etwa folgendermaßen vorzustellen: Durch die sich kreuzenden Wellenzüge, die durch die Atombewegungen im Kristallgitter erzeugt sind, entstehen Dichteschwankungen. Da sich nun die Wellen nicht mehr störungsfrei überlagern, wenn das elastische Kraftgesetz nicht mehr gilt, erfährt jeder Wellenzug an den Verdichtungsstellen eine Zerstreuung, so daß die Amplitude der Welle abnimmt, d. h. ihre Energie wird kleiner. Man kann, um diese Streuung zu berücksichtigen, für jeden Wellenzug eine Art „mittlere freie Weglänge" einführen derart, daß eine Welle nach Durchlaufen einer bestimmten Strecke plötzlich abbricht und eine neue mit anderer Richtung und Frequenz an ihrer Stelle entsteht. Ähnlich wie die Bewegung der Molekeln in einem Gase würden auf diese Weise die Wellen im Kristallgitter gewissermaßen Zickzackwege zurücklegen, die natürlich die Fortpflanzungsgeschwindigkeit der thermischen Bewegungen von warmen zu kälteren Gitterbereichen stark herabsetzen. Die erwähnte „mittlere freie Weglänge" ergibt sich proportional der Temperatur, und damit gilt das gleiche auch für den Wärmestrom. In der Tat wächst nach experimentellen Untersuchungen die Wärmeleitfähigkeit von Kristallen bei abnehmender absoluter Temperatur ungefähr umgekehrt proportional zu dieser an. Sie sollte demnach am absoluten Nullpunkt unendlich groß werden. Auch diese Erscheinung würde mit der Vorstellung der Gittertheorie durchaus übereinstimmen. Denn wir müssen ja annehmen, daß in der Nähe des absoluten Nullpunktes die Schwingungsamplituden außerordentlich klein werden. In diesem Falle wird man die quasielastischen Bindungskräfte zwischen den Atomen den Ausschlägen derselben genau proportional setzen können. Am absoluten Nullpunkt haben wir dann tatsächlich den Fall, daß die Wärmebewegung in Form harmonischer Wellen durch den Kristall wandert, so daß der Transport der thermischen Energie mit Schallgeschwindigkeit, d. h. aber praktisch unendlich schnell, durchgeführt wird.

Es sei abschließend bemerkt, daß diese in ihren Grundzügen umrissene Theorie der Wärmeleitung in Kristallen, die von Debye entwickelt worden ist, in ihrer exakten mathematischen Durchführung recht kompliziert ist. Da sie außerdem nicht unangefochten geblieben ist, können wir um so eher auf ihre genauere Darstellung verzichten. Ein Versuch, des Wärmeleitproblems auf quantenmechanischem Wege Herr zu werden, stammt von v. Kármán. Der Ausgangspunkt ist hier auch wieder das einfachste Modell, das aus zwei Massenpunkten besteht, zwischen denen eine elastische Kraft wirkt. Für hohe Temperaturen ergibt sich der Wärmeübergang proportional dem reziproken Wert der absoluten Temperatur.

Es ist zu erwarten, daß die thermische Leitfähigkeit auch wiederum aus dem allgemeinen Aufbau der Kristallgitter in großen Zügen wenigstens abgeleitet werden kann. Derartige Beziehungen müssen am augenfälligsten bei Schichtenstrukturen oder schichtartigen Strukturen sowie bei Gittern mit Kettenbildungen zu beobachten sein. Beim Graphit ist z. B. das Verhältnis des Wärmeleitvermögens senkrecht zur Hauptachse zum Wärmeleitvermögen parallel zur Hauptachse $k_{\perp}/k_{\parallel} = 4{,}0$. Beim Glimmer ist $k_{[100]}/k_{[001]} = 5{,}8$, $k_{[010]}/k_{[001]} = 6{,}3$. Die Schichten liegen beim Glimmer parallel (0 0 1), die Richtungen [1 0 0] und [0 1 0] liegen in dieser Ebene. Bei der Hornblende (Tremolit) haben wir bekanntlich eine Kettenbildung von SiO_4-Tetraedern parallel [0 0 1] (vgl. S. 36). Es ist für Tremolit $k_{[100]}/k_{[001]} = 0{,}36$, $k_{[010]}/k_{[001]} = 0{,}57$. Im allgemeinen läßt sich, wohl erwartungsgemäß, feststellen, daß bei Schichtengittern das Wärmeleitvermögen innerhalb der Schichten größer ist als senkrecht dazu. Bei Gittern mit Kettenbildungen liegt die maximale Leitfähigkeit in der Kette.

3. Optische Eigenschaften

Wie wir gesehen haben, werden Gitterschwingungen in einem Kristall einmal durch die Wärmebewegung angeregt. In diesem Falle gerät das Gitter durch unregelmäßige, wechselseitige Stöße benachbarter Molekeln oder Atome in Schwingung. Eine weitere Möglichkeit, die Schwingungen eines Kristallgitters anzuregen, besteht in der Einwirkung periodischer elektromagnetischer Felder, also insbesondere fortschreitender Lichtwellen. Die Lichtwellen, die auf das Gitter auftreffen, erzeugen in diesem eine erzwungene Schwingung. Man kann ähnlich wie auf S. 119 die Differentialgleichung für die erzwungene Schwingung aufstellen, daraus die Polarisation im Gitter berechnen und schließlich den Brechungsindex bestimmen.

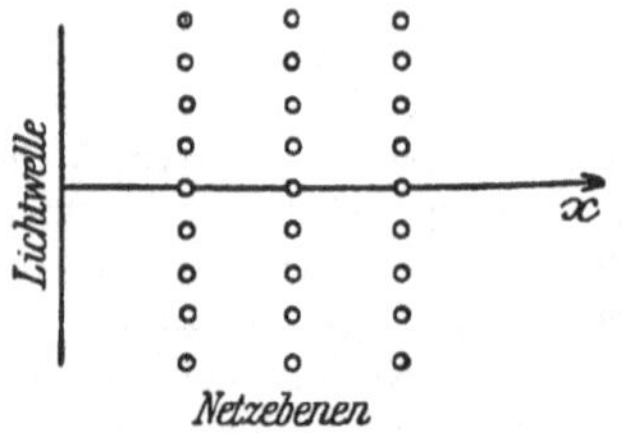

Abb. 41. Bewegung einer Lichtwelle in einem Kristallgitter. Schematische Darstellung nach Buchwald

Wir können uns hier nur auf folgende, stark vereinfachte Betrachtungsweise stützen (Buchwald): Eine ebene Lichtwelle treffe auf ein Kristallgitter auf, und zwar senkrecht zu einer Netzebenenschar. Die Ebene der Elementarwelle verlaufe also parallel zu den Netzebenen. Die Richtung, in der die Welle fortschreitet, sei die x-Richtung (Abb. 41). Eine solche Welle wird bekanntlich durch folgende Beziehung dargestellt:

$$s = A \cdot e^{2\pi i\left(\nu t - \frac{x}{\lambda}\right)} .$$

Hierin ist s der Lichtvektor, A die Amplitude, ν die Frequenz, λ die Wellenlänge und t die Zeit. Durch diese Welle soll nun das Gitter zu Schwingungen angeregt werden. Von den Netzebenen gehen danach neue, sekundäre Wellen aus, und zwar nach beiden Seiten der x-Richtung. Diese Sekundärwelle habe die Amplitude:

$$\varrho \cdot A\, e^{i\varphi} .$$

Hierin ist ϱ im allgemeinen ein kleiner positiver Faktor, der um so kleiner sein wird, je weniger intensiv die angeregte Schwingung ist. φ bedeutet eine Phasendifferenz, die gegenüber der Primärwelle besteht. Man muß ja annehmen, daß die erzwungene Welle mit der Primärwelle nicht notwendig in Phase schwingt.

Betrachten wir nun einmal die Vorgänge an einer einzelnen Netzebene! Die Primärwellen treffen auf diese Netzebene auf, und diese selbst erzeugt eine neue Welle, die in beiden Richtungen der x-Achse fortschreitet. Nach dem Energieprinzip muß nun die Energie der auftreffenden Welle gleich sein der Energie der von der Netzebene ausgehenden Wellen. Die Amplitude der auftreffenden Welle ist gleich A, von der Netzebene geht in Richtung der positiven x-Achse eine neue Welle mit der Amplitude $A + \varrho \cdot A e^{i\varphi}$ aus. In entgegengesetzter Richtung bewegt sich eine Welle mit der Amplitude $\varrho \cdot A e^{i\varphi}$ (reflektierte Welle), da ja die Primärwelle nicht mehr zurückläuft. Die Energie einer Wellenbewegung ist nun bekanntlich gleich dem absoluten Betrag der Amplitude im Quadrat. Ist z. B. A die Amplitude einer Schwingung, so ist ihre Energie A^2. Wenden wir nun das Energieprinzip an, so folgt:

$$\underset{\text{(Energie der Primärwelle)}}{A^2} = \underset{\text{(Energie der weiterlaufenden Welle)}}{|A + \varrho A e^{i\varphi}|^2} + \underset{\text{(Energie der rücklaufenden Welle)}}{|\varrho \cdot A e^{i\varphi}|^2}.$$

Für irgendeine komplexe Zahl $\alpha + i\beta$ ist der absolute Betrag

$$|\alpha + i\beta| = \sqrt{\alpha^2 + \beta^2}.$$

Also wird:

$$\begin{aligned} A^2 &= (A + \varrho A \cdot \cos\varphi)^2 + (\varrho A \sin\varphi)^2 + (\varrho A \cos\varphi)^2 + (\varrho \cdot A \cdot \sin\varphi)^2 \\ &= A^2 + 2\varrho A^2 \cdot \cos\varphi + 2\varrho^2 A^2 \end{aligned}$$

oder

$$2\varrho A^2 \cdot \cos\varphi + 2\varrho^2 A^2 = 0$$

und schließlich:

$$\underline{\cos\varphi = -\varrho.}$$

Ist ϱ klein, so muß $\cos\varphi$ ein kleiner negativer Wert sein, φ also etwas größer als 90°. Die angeregte Welle schwingt also in einer Phase, die um etwas mehr als 90° gegen die einfallende Welle verschoben ist. Betrachten wir Abb. 42! Von links komme die primäre Welle P. Ohne Netzebene N ginge sie (vgl. die punktierte Welle) ohne Änderung weiter. Nun wird durch die Netzebene N eine neue Welle erregt, die Sekundärwelle S. Diese besitzt die gleiche Wellenlänge, ist nur in der Phase verschoben und hat im allgemeinen eine wesentlich geringere Amplitude. Nun überlagern sich die Wellen, d. h. in jedem Punkt addieren sich die Ausschläge.

Das ergibt als Resultante K eine Welle, deren Maximum um einen geringen Betrag gegenüber dem Maximum der Primärwelle P zurückversetzt ist.

Zusammenfassend können wir feststellen: Trifft eine ebene Lichtwelle auf eine Netzebene auf (Fortpflanzungsrichtung || Ebenennormale), so wird „hinter" der Netzebene eine neue, resultierende Welle erzeugt, die um eine kleine Phasendifferenz gegen die Primärwelle nach rückwärts verschoben ist und deren Amplitude um einen geringen Bruchteil kleiner ist als jene der einfallenden Welle. Die Betrachtung zeigt allerdings auch, daß die Wellenlänge der Resultante gleich ist der Länge der Primärwelle.

Wir gehen nun zum dreidimensionalen Kristallgitter über, indem wir voraussetzen, daß die ebene, elektromagnetische Welle auf viele, in stets konstantem Abstande a aufeinander folgende, parallele Netzebenen nacheinander auftrifft. An jeder Netzebene wird dabei die Welle um die gleiche Differenz zurückversetzt. Beim Wiederverlassen des Kristalls ist der ganze Wellenzug um einen bestimmten Betrag zurückversetzt, die Wellenlänge also „scheinbar" verkürzt. Es sei Δ der Gangunterschied, um den die Welle jeweils beim Auftreffen auf eine Netzebene zurückversetzt wird, N die Zahl der Netzebenen, die die Welle insgesamt passiert. Dann ist die Dicke der Kristallschicht: $(N-1)\,a$. Die Zahl der Wellen, die ohne Kristall auf die Strecke $(N-1)\cdot a$ kommen, ist $\frac{(N-1)\cdot a}{\lambda}$, wenn λ die Wellenlänge im Vakuum (bzw. in Luft) bedeutet. Der Wellenzug wird insgesamt um die Strecke $N\cdot\Delta$ zurückversetzt, d. h. der Wellenzug hat im Kristall eine scheinbare Länge von nur $(N-1)\cdot a-N\cdot\Delta$. Nach dem Verlassen des Kristalls zeigt also die Welle einen Gangunterschied von $N\cdot\Delta$ gegenüber der Welle im Vakuum. Die „scheinbare" Wellenlänge λ' des Wellenzuges im Kristall ist dann:

$$\lambda' = \left\{(N-1)\,a-N\cdot\Delta\right\} : \frac{(N-1)\cdot a}{\lambda}$$

oder

$$\lambda' = \frac{(N-1)\cdot a - N\cdot\Delta}{(N-1)\cdot a}\cdot\lambda.$$

Da N eine große Zahl ist, wird

$$\lambda' = \frac{(N-1)\,(a-\Delta)}{(N-1)\cdot a}\cdot\lambda$$

oder

$$\lambda' = \frac{a-\Delta}{a}\cdot\lambda.$$

Nun gilt für den Brechungsindex $n = \frac{c_0}{c_1}$, wobei c_0 die Lichtgeschwindigkeit im Vakuum, c_1 die Lichtgeschwindigkeit im Kristall bedeutet. Wegen $c = \nu \cdot \lambda$ (ν = Frequenz) wird also: $n = \frac{\lambda}{\lambda'}$ und demnach:

$$n = \frac{a}{a - \Delta}.$$

Setzen wir Δ bei gegebener Wellenlänge als konstant voraus, so ergibt sich n als stetig fallende Funktion von a in der Halbebene $a > \Delta$, wobei a und Δ selbstverständlich als positiv anzunehmen sind. n fällt demnach mit wachsendem a, d. h. wachsendem Netzebenenabstand, und nähert sich dem Wert 1 (Vakuum!). Diese Schlußfolgerung dürfte insoweit bestätigt werden, als allgemein Kristallgitter mit dichten Packungen höhere Brechungsindizes aufweisen. Bei den Nesosilikaten, z. B. Olivin, liegen annähernd dichtest gepackte Sauerstoffanordnungen vor. Entsprechend ist bei diesen Silikaten die Lichtbrechung hoch. Die Silikate vom Feldspattypus (Tektosilikate) dagegen weisen eine lockere Struktur und demnach geringe Lichtbrechung auf (z.B. Quarz, Feldspat, Feldspatvertreter, vgl. auch weiter unten!).

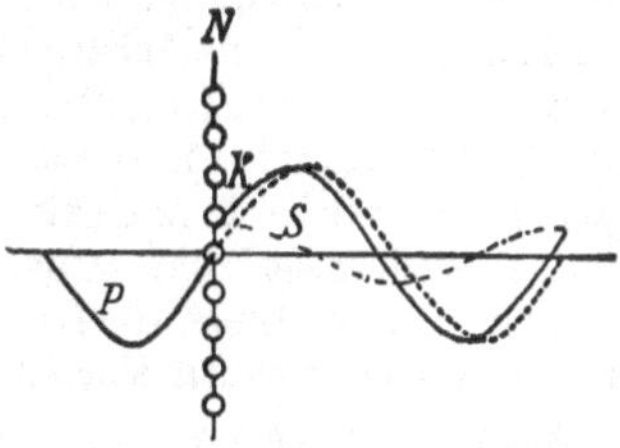

Abb. 42. Entstehung der Resultante K aus der Primärwelle P und der Sekundärwelle S (nach Buchwald)

Will man nun ganz systematisch den Brechungsindex eines Kristalls aus der Gittertheorie berechnen, so muß man von dem Ansatz einer erzwungenen Schwingung ausgehen. Wir setzen wiederum ein Gitter vom Steinsalztypus voraus. Die Massen der beiden Partikeln seien m_1 bzw. m_2; u_1 bzw. u_2 seien die Abweichungen aus den Ruhelagen. Dann können wir ähnlich, wie es bereits früher geschehen ist (S. 119), ansetzen:

$$m_1 \ddot{u}_1 + \alpha \cdot 2 (u_1 - u_2) = e \cdot \mathfrak{E},$$
$$m_2 \ddot{u}_2 + \alpha \cdot 2 (u_2 - u_1) = - e \cdot \mathfrak{E}.$$

e ist hierbei die Ladung der Ionen und $\mathfrak{E}$ das elektrische Feld, das dem Gitter aufgezwungen wird. Aus diesen Gleichungen gewinnt man einen Ausdruck für die Polarisation $\mathfrak{P}$ und erhält schließlich den Brechungsindex n aus der Beziehung:

$$n^2 - 1 = \frac{4\pi\mathfrak{P}}{\mathfrak{E}}.$$

Berücksichtigt man außerdem noch Schwingungen der Elektronen innerhalb eines Atoms oder Ions, so gewinnt man schließlich folgende Gleichung:

$$\frac{n^2-1}{n^2+2} = \frac{4e^2}{3r_0^3\pi}\left\{\frac{m_1+m_2}{m_1\cdot m_2}\,\frac{1}{\nu_0^2-\nu^2}+\sum_i\frac{p_i}{m_e}\,\frac{1}{\nu_i^2-\nu^2}\right\}.$$

r_0 bedeutet den Abstand zweier Anionen, ν_0 und die ν_i sind die Eigenfrequenzen des Gitters, p_i gewisse Konstanten und m_e die Masse des Elektrons. Das erste Glied der Gleichung entspricht den Ionenschwingungen, die anderen Glieder den Bewegungen der Elektronen im Ion. Die Gleichung gibt uns die Abhängigkeit des Brechungsindex von der Wellenlänge bzw. von der Frequenz ν. Diese Formel liefert also einen quantitativen Ausdruck für die sogenannte Dispersion, und man bezeichnet daher eine solche Formel als Dispersionsformel. Ganz analog gebaute Dispersionsformeln sind schon früher auf anderen Wegen abgeleitet worden. Der experimentelle Befund läßt sich mit Hilfe dieser Gleichungen mit großer Genauigkeit darstellen.

Auch die Erscheinung der Doppelbrechung läßt sich auf Grund der Gittertheorie anschaulich verständlich machen, ja sogar quantitativ ableiten. Im einfachsten Falle geht man (nach Ewald) von einem einfachen rhombischen Gitter aus, dessen Gitterpunkte die rechtwinkligen Koordinaten x, y, z haben:

$$x = l\cdot a_0\,,\qquad y = m\cdot b_0\,,\qquad z = n\cdot c_0\,.$$

Hierin sind a_0, b_0, c_0 die Gitterkonstanten und l, m, n ganzzahlig von $-\infty$ bis $+\infty$. An diese Gitterpunkte seien Elektronen quasielastisch gebunden, d. h. die rücktreibende Kraft ist proportional zur Entfernung von der Ruhelage. Außerdem wird vorausgesetzt, daß die vom Gitterpunkt auf das Elektron ausgeübte Kraft nur von der Größe der Amplitude, nicht aber von der Schwingungsrichtung abhängt. Für die Rechnung werden die schwingenden Elektronen durch Dipole ersetzt, indem die Ladungen $+e$ und $-e$ in den Gitterpunkten hinzugedacht werden. Die Ladung $+e$ bildet mit dem verschobenen Elektron den Dipol, während das statische Feld der in den Gitterpunkten ruhenden Ladungen $-e$ nicht beachtet wird. Einen der Hauptbrechungsindizes des rhombischen Gitters erhalten wir, wenn wir die Doppelschwingung ganz in die Richtung einer der drei kristallographischen Achsen legen (z. B. $\parallel x$ in Abb. 43a). Für jede Achse sind nun aber zwei ausgezeichnete Fortpflanzungsrichtungen der Lichtwelle möglich, in der Abb. 43a z. B. die Ausbreitung der

Welle in Richtung der y- und der z-Achse. Wegen der Verschiedenheit der y- und z-Richtung im rhombischen Gitter ergeben sich zwei verschiedene Schwingungsvorgänge. Wir erhalten also zunächst 6 Hauptbrechungsindizes:

1. Dipolschwingung $\parallel x$, Ausbreitung längs $y : n_{xy}$
2. „ $\parallel x$, „ „ $z : n_{xz}$
3. „ $\parallel y$, „ „ $z : n_{yz}$
4. „ $\parallel y$, „ „ $x : n_{yx}$
5. „ $\parallel z$, „ „ $x : n_{zx}$
6. „ $\parallel z$, „ „ $y : n_{zy}$.

Ohne weitere Rechnung ist aber klar, daß der Unterschied der beiden Brechungsindizes n_{xy} und n_{xz} z. B. sehr klein ist. Dieser Unterschied

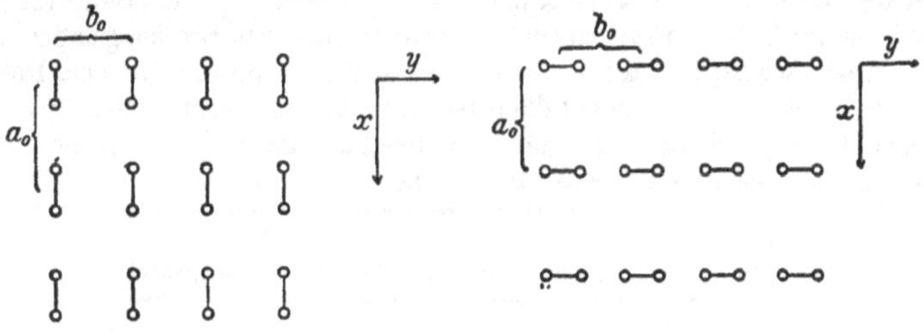

a b

Abb. 43. Schwingungen elektrischer Ladungen $\parallel$ x-Achse (a) und $\parallel$ y-Achse (b) in einem rhombischen Gitter

entsteht nämlich dadurch, daß zunächst die in der y-Richtung gelegenen Nachbarn eines Dipols einen Phasenunterschied gegen diesen erhalten. Das andere Mal tritt die gleiche Erscheinung für die z-Richtung auf. Wegen der Länge der optischen Wellen im Vergleich zu den Gitterabständen sind aber diese Phasenunterschiede sehr klein. Erst recht gilt dies dann für die Unterschiede der Brechungsindizes n_{xy} und n_{xz}. Es ist also hinreichend genau, die drei Brechungsindizes n_x, n_y, n_z zu unterscheiden, die für die drei Schwingungsrichtungen $\parallel$ x bzw. y bzw. z gelten. Ihr Unterschied stellt die eigentliche Doppelbrechung dar. Abb. 43a zeigt die nach der x-Achse ausschwingenden Dipole, Abb. 43b die nach der

y-Richtung erfolgenden Schwingungen. Durch die Verschiedenheit der Werte a_0 und b_0 ist dann auch die Verschiedenheit der Brechungsindizes n_x und n_y bedingt.

Auf Grund der Gittertheorie kann man die Brechungsindizes quantitativ berechnen. Hylleraas z. B. hat das für den Fall des tetragonalen Hg_2Cl_2-Gitters durchgeführt. Dieses Gitter beschreibt man am einfachsten, indem man vom NaCl-Gitter ausgeht und nun jedes Na-Ion durch einen $Hg_2{}^{++}$-Komplex mit der Längserstreckung parallel zur c-Achse ersetzt, so daß der Mittelpunkt den Platz eines Na-Ions einnimmt. Das Cl-Ion wird in analoger Weise durch zwei Halogenionen ersetzt. Das neue Gitter hat natürlich nun andere Dimensionen, und zwar ist es nach der vertikalen Achse gestreckt. Auf diese Weise kommt ein tetragonales Gitter zustande. Hylleraas betrachtet nun die Schwingungen der Elektronen in diesem Gitter. Dabei nimmt er an, daß die Resonanzelektronen, die die Hauptrolle spielen, im Cl-Ion zu suchen sind. Hiermit ergeben sich Brechungsindizes, die überraschend gut mit den beobachteten Werten übereinstimmen. Das zeigt folgende Tabelle, in der die berechneten und die beobachteten Werte einander gegenübergestellt sind (ω = Brechungsindex des ordentlichen, ε = Brechungsindex des außerordentlichen Strahles):

Lichtart	ω		ε	
	berechnet	beobachtet	berechnet	beobachtet
Li	1,9555	1,9556	2,6007	2,6006
Na	1,9732	1,9733	2,6568	2,6559
Tl	1,9904	1,9908	2,7130	2,7129

Bei diesem Ergebnis muß allerdings beachtet werden, daß bei der Berechnung die Dispersionskurve für mindestens einen Strahl als bekannt vorausgesetzt werden mußte. Die Übereinstimmung bezüglich der Doppelbrechung ist jedenfalls bemerkenswert.

Eine weitere, recht anschauliche Methode zur Bestimmung der Doppelbrechung betrachtet die Bausteine des Kristallgitters als elektrische Dipole unter der Einwirkung eines elektrischen Feldes (Lichtwelle). Die Doppelbrechung wird dann erklärt aus der wechselseitigen Einwirkung benachbarter Dipole. Wir wollen das Verfahren rein qualitativ am Beispiel des Calcits erläutern. Beim Calcit, $CaCO_3$, kann in erster Näherung die Doppelbrechung aus der Wechselwirkung der drei Sauerstoffionen der CO_3-Gruppe verstanden werden. Betrachten wir zunächst einmal Abb. 44a

Das- elektrische Feld 𝔈 liege in der Ebene der drei Sauerstoffatome, die im Calcitgitter bekanntlich (vgl. S. 34) ein gleichseitiges Dreieck bilden, das senkrecht zur trigonalen Hauptachse liegt. In den drei Sauerstoffionen wird jeweils ein Moment induziert, das dem Feld 𝔈 parallelgerichtet ist. In den beiden nebeneinander liegenden Ionen A und B wirken diese induzierten Momente gegeneinander. Es werden also kleinere, dem Feld entgegengerichtete Momente erregt. Das Feld des Dipols C erzeugt in A und B jeweils eine Komponente, die dem primären Feld 𝔈 gleichgerichtet ist,

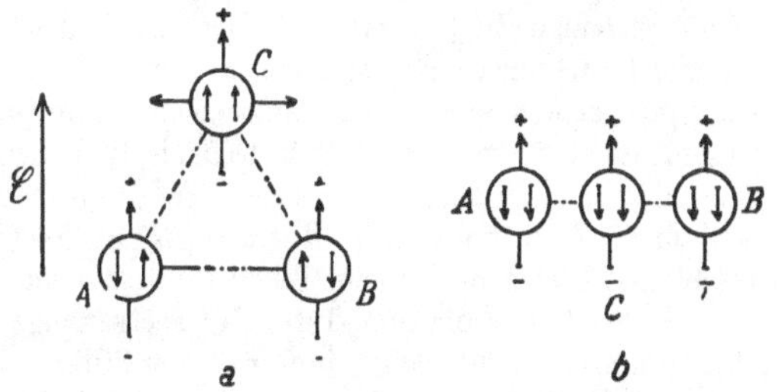

Abb. 44. Die Sauerstoffionen einer CO_3-Gruppe im elektrischen Feld.
a) Feld ∥ zum CO_3-Dreieck, b) Feld ⊥ zum CO_3-Dreieck

und außerdem jeweils eine Komponente, die senkrecht auf 𝔈 steht. Entsprechend werden auch in C durch die Dipole A und B sekundäre Momente erzeugt, die im gleichen Sinne wie 𝔈 wirken. In Abb. 44b ist das primäre elektrische Feld senkrecht auf die Ebene des Dreiecks der Sauerstoffionen, also parallel zur trigonalen Achse gerichtet. In bezug auf das Feld 𝔈 liegen die induzierten, parallelgerichteten Dipole nebeneinander. Sie beeinflussen sich also in der Weise, daß ihre Momente gegeneinander wirken, also insgesamt geschwächt werden. Die resultierende Polarisation ist also in dem Falle, daß 𝔈 parallel zur Hauptachse gerichtet ist, geringer als in dem Falle, daß das Feld 𝔈 senkrecht auf der Hauptachse steht. Wir können annehmen, daß der Brechungsindex mit der Polarisation, die durch das elektrische Feld induziert wird, ansteigt (vgl. die Beziehung zwischen n und 𝔓 auf S. 141) und daß die Doppelbrechung durch die Unterschiede der Polarisation parallel und senkrecht zur Hauptachse bedingt ist. In der Tat ist ja beim Calcit der Brechungsindex parallel zur Hauptachse (ε) kleiner als senkrecht dazu (ω). Es ist $\varepsilon = 1{,}486$, $\omega = 1{,}658$.

Genau das gleiche Verhalten zeigt auch die rhombische Modifikation des $CaCO_3$, der Aragonit. Die Richtung des kleinsten Brechungsindex verläuft hier parallel zur *c*-Achse. Auf dieser Achse stehen andererseits die Ebenen der CO_3-Gruppen senkrecht. $n_\alpha = 1{,}530$, während $n_\beta = 1{,}681$ und $n_\gamma = 1{,}686$ ist.

Eine sehr bemerkenswerte Beziehung zwischen Gitterbau und Lichtbrechung ergibt sich bei den Silikaten. Wie wir bereits festgestellt haben, sind die Silikatstrukturen durch die Verschiedenartigkeit der Verknüpfung von SiO_4-Tetraedern gekennzeichnet (vgl. S. 34). Beim Inseltypus der Silikate sind die einzelnen SiO_4-Tetraeder isoliert, sie bilden Inseln mit dichtesten Sauerstoffpackungen. Entsprechend zeigen Olivin und Granat, die zu diesem Typus gehören, eine hohe Lichtbrechung. Beim Olivin liegen die Brechungsindizes etwa im Bereich von 1,65 bis 1,75, beim Granat zwischen 1,70 und 2,00. Beim Melilith sind die SiO_4-Gruppen zu Doppeltetraedern verknüpft. Auch bei diesen Mineralien ist die Lichtbrechung nicht unbeträchtlich. Treten noch mehr Tetraeder zusammen, wie z. B. beim Beryll, in dessen Gitter die SiO_4-Tetraeder Sechserringe bilden, so wird die Lichtbrechung geringer. Schon innerhalb der Silikate vom Inseltypus sehen wir, daß die Lichtbrechung mit zunehmender Verknüpfung der SiO_4-Tetraeder abnimmt. Im allgemeinen ist die Doppelbrechung innerhalb dieser Gruppe schwach. Die Ketten- oder Inselsilikate sind dadurch ausgezeichnet, daß die SiO_4-Tetraeder Ketten bilden. Die Lichtbrechung ist noch ziemlich hoch: für die Pyroxene liegt sie bei etwa 1,70, bei den Hornblenden um 1,65. Auch hier erkennt man schon innerhalb des Silikattypus eine Abnahme der Lichtbrechung mit zunehmender Verknüpfung der Tetraeder. Bei der Hornblende sind zwei nebeneinander liegende Ketten zu einem Band zusammengeschlossen, es liegt demnach eine intensivere Verknüpfung vor. Die Mineralien des Glimmertypus, deren Strukturen durch zweidimensionale Netze von SiO_4-Tetraedern charakterisiert sind, zeigen eine mittlere Lichtbrechung. Beim Glimmer liegt der Brechungsindex um 1,60. Von den Tonmineralien weist der Kaolinit einen Brechungsindex zwischen 1,56 und 1,57, der Halloysit einen Brechungsindex zwischen 1,54 und 1,55 und der Montmorrillonit einen Brechungsindex um 1,53 auf. Schließlich sind in den Gittern vom Gerüsttypus die SiO_4-Tetraeder zu einem dreidimensionalen Gerüst zusammengeschlossen. Die Mineralien dieser Gruppe, z. B. Quarz, Feldspat, Nephelin, Leuzit, Zeolithe, sind durch eine ausgesprochen geringe Lichtbrechung auffallend. Für Quarz ist $\omega = 1{,}544$, $\varepsilon = 1{,}553$, beim Natrolith liegt der Brechungsindex bei 1,48.

Auch innerhalb dieser Gruppe ist die Doppelbrechung gering. Am kräftigsten ist die Doppelbrechung bei den Mineralien vom Kettentypus und vom Netztypus. Es ist das ja auch zu erwarten, da in diesen Gittern (Kettenbildung und Netzbildung) die Anisotropie am ausgeprägtesten ist. Insgesamt können wir also feststellen, daß die Lichtbrechung bei den Silikaten um so geringer ist, je mehr SiO_4-Tetraeder in den betreffenden Gittern zu Gruppen zusammentreten.

Weiterhin kann auch die optische Aktivität der Kristalle vom Standpunkt der Gittertheorie einwandfrei abgeleitet werden. Die zu besprechende Erscheinung besteht darin, daß paralleles, linear polarisiertes Licht, das z. B. in einem Quarz parallel zur optischen Achse fortschreitet, eine Drehung seiner Polarisationsebene erfährt. Ein derartiges Drehvermögen tritt insbesondere bei enantiomorphen Kristallarten in Erscheinung, bei solchen also, die rechte und linke Formen zu bilden imstande sind. Dabei kann man zwei verschiedene Arten optischer Aktivität unterscheiden: Die eine Art ist offenbar durch den Bau der Molekeln bedingt, die andere Art nur durch den Gitterbau. Im ersten Falle zeigt auch eine Lösung der Kristalle optisches Drehvermögen, und aus einer Lösung von Rechtskristallen kristallisieren wiederum nur Rechtskristalle aus. Das gleiche gilt für die Linkskristalle. Dieser Fall liegt z. B. bei den beiden (spiegelbildlichen) Weinsäureformen vor. Wir wissen heute, daß das Drehvermögen dieser Art durch den asymmetrischen Bau der Molekeln (Spiegelbildisomerie) bedingt ist. Im zweiten Falle des optischen Drehvermögens ist die Lösung, die z. B. wiederum nur aus Rechtskristallen hergestellt ist, optisch inaktiv, dreht also die Polarisationsebene nicht mehr. Aus einer derartigen Lösung entstehen dann 50% Rechtskristalle und 50% Linkskristalle. Das optische Drehvermögen ist demnach hier ausschließlich an den Gitteraufbau der betreffenden Kristalle geknüpft. Ein Beispiel für diese Art des Drehvermögens haben wir im Natriumchlorat, $NaClO_3$ (vgl. Abb. 46, S. 150). Im Gitter dieser Verbindung zeigen die Ionen die für die optische Aktivität erforderliche schraubenförmige, asymmetrische Anordnung. Das gleiche gilt z. B. auch für den Quarz.

Wenn man die optische Aktivität vom gittertheoretischen Standpunkt aus betrachtet, unterscheiden sich die beiden Fälle im Prinzip naturgemäß nicht. In der Tat ist es gelungen, das optische Drehvermögen bei Kristallen allein auf Grund der Annahme der Asymmetrie des Kristallgitters abzuleiten (Oseen, Born). Der Grundgedanke dieser Theorie ist folgender: 1. Die Gitterabstände werden gegenüber der Wellenlänge des

Lichts im Kristall nicht vernachlässigt, 2. es sind Koppelungen zwischen den schwingungsfähigen Partikeln (Resonatoren) im Kristallgitter vorhanden. Wegen der mathematischen Schwierigkeiten wollen wir diese Theorie im einzelnen hier nicht entwickeln. Qualitativ können wir uns die besprochene Erscheinung sehr anschaulich mit Hilfe der Modellvorstellung von Kuhn klarmachen. Auch diese Vorstellung geht von den beiden Grundannahmen 1 und 2 aus. Wir haben bereits festgestellt, daß infolge der gittermäßigen Anordnung der Partikeln das Mitschwingen und damit die Brechung verschieden ausfällt, je nach der Orientierung des Gitters in bezug auf die Polarisationsrichtung des einfallenden Lichtstrahls. Wenn wir nur eine Molekel oder eine bestimmte Partikelgruppe im Kristallgitter betrachten, können wir das auch folgendermaßen ausdrücken: Das in der Molekel oder im Komplex schwingende elektrische Streumoment, das etwa zu einer bestimmten Absorptionsbande gehört, besitzt in der Molekel eine Vorzugsrichtung. Im Falle der linearen Doppelbrechung können wir annehmen, daß das einer Absorptionsbande zugehörende Streumoment in der Molekel, und damit im Kristallgitter, nach einer bestimmten Richtung orientiert ist. Soll eine optische Drehung der Polarisationsebene möglich sein, so muß vorausgesetzt werden, daß das Streumoment nicht an einem beliebigen Punkt in der Molekel lokalisiert ist, sondern über verschiedene Substituenten ausgebreitet ist. Es ist wesentlich, daß dabei einzelne Komponenten windschief gegeneinander gerichtet sind. Im einfachsten Fall ist die Zahl der Komponenten 2, wobei die optische Aktivität dann am größten ist, wenn die Punkte, wo die Komponenten lokalisiert sind, weit auseinanderliegen, und wenn die Schwingungsrichtungen in diesen beiden Punkten senkrecht zueinander orientiert sind. In Abb. 45a ist dieses einfache Modell schematisch dargestellt.

Es ist nun leicht zu zeigen, daß eine solche Modellmolekel, die wir uns in ein Kristallgitter eingebaut denken können, ein optisches Drehvermögen besitzen muß. Es genügt dabei nachzuweisen, daß sich ein solches Gitter gegenüber links- und rechtszirkular polarisiertem Licht verschieden verhalten muß. Man kann nämlich einen linear polarisierten Lichtstrahl auffassen als Überlagerung eines rechts- und eines linkszirkular polarisierten Lichtstrahls gleicher Amplitude. Erfahren die zirkular polarisierten Schwingungen, etwa durch eine Verschiedenheit der Brechungsindizes, einen Phasenunterschied, so erhält der resultierende (linear polarisierte) Lichtstrahl eine neue Schwingungsrichtung, d.h. die Polarisationsebene erscheint gedreht. Wenn man also ein ungleiches Verhalten gegenüber rechts-

und linkszirkular polarisiertem Licht nachgewiesen hat, so ist damit eine verschiedene Fortpflanzungsgeschwindigkeit der beiden Strahlen und damit eine Drehung der Polarisationsebene begründet.

Wir nehmen nun an, daß auf unser vereinfachtes Molekelmodell (Abb. 45a) ein rechts- bzw. linkszirkular polarisierter Strahl einwirke. Die Richtungsverteilung des elektrischen Vektors sei durch eine rechts- bzw. linksgewundene Spirale gegeben. Wir nehmen der Einfachheit halber weiter an, daß die Fortpflanzungsrichtung der Strahlen parallel zum Abstand

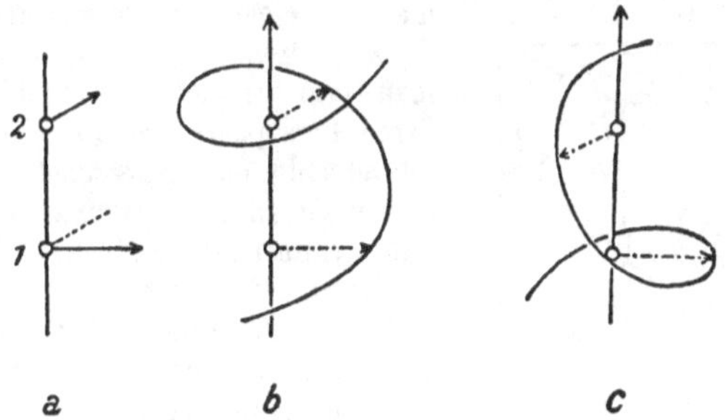

Abb. 45. Zur Erklärung der optischen Aktivität
a) Molekelmodell, b) rechts-, c) linkszirkular polarisierte Welle (nach Kuhn)

der Punkte 1 und 2 liege und daß dieser Abstand gleich $^1/_4$ der Wellenlänge des einfallenden Lichtes sei (Abb. 45b, c). Man erkennt unmittelbar, daß im einen Falle (Abb. 45b) im gegebenen Augenblick die Streumomente parallel zum jeweiligen Lichtvektor in 1 und 2 liegen. Im Falle des linkszirkular polarisierten Lichtes (Abb. 45c) ist die Komponente des Lichtvektors in Punkt 2 dem Streumoment entgegengerichtet. Daraus müssen wir schließen, daß das System (Abb. 45a) auf rechts- und linkszirkular polarisiertes Licht verschieden stark anspricht. Im allgemeinen ergibt sich daraus eine verschiedene Fortpflanzungsgeschwindigkeit für die beiden Strahlen und damit eben eine optische Drehung.

Bei einem Kristall ist die optische Aktivität (mit einseitigem Drehsinn) durch die schraubenförmige, asymmetrische Anordnung der Bausteine bedingt. Aus einer solchen Anordnung folgt eben eine windschiefe Stellung der Streukomponenten. Wir wollen uns zur Erläuterung die Struktur des

$NaClO_3$ näher ansehen (Abb. 46). Man kann sich dieses Gitter am einfachsten aus dem NaCl-Gitter entstanden denken (vgl. S. 30), wenn man eine ClO_3-Gruppe als Baueinheit auffaßt. Beim NaCl besetzen die Na-Ionen die Würfelecken und Flächenmitten der Elementarzelle, die Cl-Ionen die Kantenmitten und die Raummitte des Würfels. Man denke sich nun die Cl-Ionen durch ClO_3-Gruppen ersetzt und beide Ionenarten längs der Würfeldiagonalen verschoben, so daß sie einander genähert sind. Die Verschiebung beträgt dabei $^1/_6$ der Diagonalenlänge. Dadurch erhält selbstverständlich das $NaClO_3$ eine niedrigere Symmetrie als NaCl. Blickt man von einem Na-Ion aus in Richtung der zugehörenden CO_3-Gruppe, so erkennt man, daß die Verbindungslinien der anderen Ionenpaare um die Blickrichtung schraubenförmig angeordnet sind. Allgemein gilt (Szivessy), daß bei Kristallen mit Symmetriezentrum keine optische Aktivität auftreten kann. Dagegen ist im Gegensatz zu früheren Auffassungen für das Auftreten optischer Aktivität das Vorhandensein enantiomorpher Kristallformen nicht notwendige Bedingung. Sie kann also auch bei Kristallen mit einer Spiegelebene oder einer Drehspiegelachse vorliegen. So konnte Sommerfeldt (z. B. N. Jb. Min. 1908. (1) 58) nachweisen, daß die domatisch (Cs) kristallisierende Substanz Mesityloxydoxalsäuremethylester optisch aktiv ist. In solchen Fällen muß dann allerdings bei ein und demselben Kristall in spiegelbildlichen Richtungen entgegengesetzter Drehsinn vorliegen.

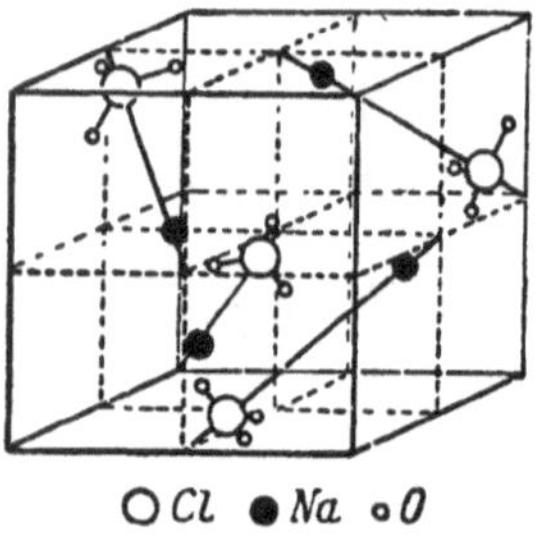

Abb. 46. $NaClO_3$-Gitter

Schließlich sei noch auf eine Erscheinung eingegangen, die bei kristallisierten Substanzen eine wesentliche Bedeutung hat: der Raman-Effekt. Dieser Effekt beruht auf einer inkohärenten Streuung von sichtbarem Licht, d. h. auf einer Lichtstreuung, bei der die Wellenlänge des gestreuten Lichts eine andere ist als die des einfallenden Lichts. Das Licht trifft auf die Partikeln im Kristall auf, wird an ihnen gestreut, wobei entsprechend der Änderung der Energie der Lichtquanten ($h\nu$) auch eine Änderung der Frequenz eintritt. Die Untersuchungsanordnung ist im Prinzip einfach: Der zu untersuchende Kristall wird mit einer intensiven Lichtquelle monochromatisch bestrahlt und das seitlich abgestreute Licht spektral zerlegt. Das gestreute Licht enthält neben den primären Linien einige schwache Begleiter, die gegenüber den ursprünglich vorhandenen Hauptlinien positive bzw. negative Unterschiede aufweisen. Diese Energiedifferenzen sind als Schwingungsquanten der streuenden Partikeln anzusehen, die dann natürlich von der Wellenlänge des Primärlichts unabhängig sind.

Das Auftreten der verschobenen Linien läßt sich durch periodische Änderungen der Polarisierbarkeit im Kristall erklären. Wir betrachten einen Gitterbereich, der zwar eine große Zahl von Atomen enthalten soll, aber klein ist gegenüber der Wellenlänge des Lichts. Wird nun der betrachtete Gitterbereich vom anregenden Licht getroffen, so befindet er sich damit in einem sehr rasch veränderlichen elektrischen Feld E der Lichtwelle. Dadurch wird in dem angenommenen Gitterbereich ein elektrisches Moment (M) induziert, das der Feldstärke E proportional ist. Dieser Proportionalitätsfaktor sei α. Es ist dann also $M = \alpha \cdot E$. Im allgemeinen wird α nicht unabhängig von der Richtung sein und stellt dann einen Tensor dar. Die Komponenten dieses Tensors sind $\alpha_{xy}, \alpha_{yz}, \alpha_{zx}, \alpha_{yx}, \alpha_{zy}, \alpha_{xz}$. Beispielsweise ist dann: $M_y = \alpha_{xy} \cdot E_x$, worin M_y die in der y-Richtung induzierte Komponente des Gesamtmomentes $\mathfrak{M}$ und E_x die Feldstärkekomponente in der x-Richtung darstellt. Beginnen nun die einzelnen Partikeln (Atome oder Ionen) im Kristallgitter zu schwingen, so wird das Gitter dabei deformiert. Durch diese Deformation werden die einzelnen Atomkerne zum Teil gegen die Elektronenhüllen verschoben, d. h. aber, es wird sich mit dieser Deformation auch die Polarisierbarkeit ändern. Daher schwankt die Polarisierbarkeit α, wenn das Gitter schwingt. Man kann aber annehmen, daß die Änderung der Polarisierbarkeit in Punkten entgegengesetzter Schwingungsphasen in erster Näherung entgegengesetzt gleich ist. Der Mittelwert der Polarisierbarkeit über einen größeren Kristallbereich wird in diesem Falle daher konstant bleiben. Eine Änderung der mittleren Polarisierbarkeit tritt nur dann ein, wenn ein ganzes Teilgitter in gleicher Phase schwingt. Diese Art von Schwingungen, die man auch als „Fundamentalschwingungen" bezeichnet, haben wir bereits kennengelernt (S. 122). Sie liefern zum Teil die Ultrarotspektren.

Bezeichnen wir mit $u_1, u_2, \ldots$ die Koordinaten der einzelnen Fundamentalschwingungen in einem Gitter und mit $\nu_1, \nu_2, \ldots$ die entsprechenden Frequenzen, so können wir allgemein schreiben:

$$u_i = \bar{u}_i \cdot \cos(2\pi \nu_i t + \beta_i).$$

Da, wie wir gesehen haben, sich die Polarisierbarkeit α mit den Schwingungen ändert, können wir also α als Funktion der u_1, u_2, ... betrachten und somit in eine Reihe nach Potenzen der u_i entwickeln.

Wir erhalten dann:

$$\alpha = \alpha_0 + \sum_i \alpha_i u_i + \sum_{ik} \alpha_{ik} u_i u_k + \ldots,$$

wenn wir der Einfachheit halber α an Stelle der α_{xy}, α_{yz} usw. setzen.

Es soll nun auf das Kristallgitter eine Lichtwelle mit der Frequenz ν auftreffen. Wir haben demnach eine elektrische Welle zu betrachten, deren Feld E sich periodisch mit der Frequenz ν ändert. Wir können somit die Gleichung aufstellen:

$$E = E_0 \cdot \cos 2\pi \nu t.$$

Nun wird mit $M = \alpha \cdot E$

$$M = \alpha \cdot E_0 \cdot \cos 2\pi \nu t.$$

Oder wenn wir die Reihenentwicklung für α unter Vernachlässigung der Glieder mit zweiter und höherer Ordnung berücksichtigen, ergibt sich

$$M = \left\{\alpha_0 + \sum_i \alpha_i u_i\right\} E_0 \cdot \cos 2\pi \nu t$$

und schließlich

$$M = \left\{\alpha_0 + \sum_i \left[\alpha_i \bar{u}_i \cdot \cos(2\pi \nu_i t + \beta_i)\right]\right\} E_0 \cdot \cos 2\pi \nu t,$$

oder

$$M = \alpha_0 \cdot E_0 \cdot \cos 2\pi \nu t + \frac{E_0}{2} \sum_i \alpha_i \bar{u}_i \left\{\cos\left[2\pi(\nu + \nu_i) t + \beta_i\right] + \cos\left[2\pi(\nu - \nu_i) t - \beta_i\right]\right\}.$$

Demnach enthält M eine Komponente mit der Frequenz ν des einfallenden Lichtes und zwei Komponenten mit modifizierten Frequenzen, die eine mit der Frequenz $\nu + \nu_i$, die andere mit der Frequenz $\nu - \nu_i$. Die Frequenzen der zweiten Art werden also gewonnen, indem man von der Frequenz des einfallenden Lichts die Fundamentalfrequenzen zuzählt oder abzieht. Bei dem beschriebenen Vorgang entsteht demnach eine Streustrahlung, deren einer Teil eine gegenüber der Primärwelle unveränderte Frequenz aufweist und deren anderer Anteil die Frequenzen $\nu \pm \nu_i$ besitzt. Die erste Art der Streustrahlung nennt man Tyndall-Effekt, die zweite (inkohärente) Streustrahlung Raman-Effekt. Beim Raman-Effekt entstehen also je zwei Linien, die symmetrisch zur

Primärlinie nach beiden Seiten verschoben sind. Die Linie mit der Frequenz $\nu + \nu_i$ wird als Anti-Stokessche Linie, die mit der Frequenz $\nu - \nu_i$ als Stokessche Linie bezeichnet.

Vielfach kommt es nun vor, daß Fundamentalschwingungen von Kristallgittern aus Symmetriegründen nicht als Raman-Linien in Erscheinung treten können. Man sagt dann: diese Fundamentalschwingungen sind „Raman-inaktiv". Wie wir bereits gesehen haben, erscheint eine Fundamentalfrequenz im Raman-Effekt nur dann, wenn die Polarisierbarkeit bei entgegengesetzter Phase der Schwingungen verschieden ist. Nun kann es aber vorkommen, daß wegen der Symmetrie des Kristallgitters die Polarisierbarkeit bei entgegengesetzter Phase in erster Näherung keine Unterschiede aufweist. Betrachten wir z. B. das Flußspatgitter (Abb. 24, S. 32)! Es handelt sich dabei um ein flächenzentriertes kubisches Gitter, und zwar können wir dieses Gitter aus drei einfachen Gittern zusammensetzen: Das eine besteht nur aus Ca-Ionen, das zweite, ebenfalls ein kubisch-flächenzentriertes Gitter, ist um $^1/_4$ der Kantenlänge des Elementarwürfels gegen das Ca-Ionengitter verschoben und ist nur aus F-Ionen aufgebaut. Schließlich ist auch das dritte einfache Gitter ein F-Ionengitter, das um $^1/_2$ der Kantenlänge gegen das andere F-Ionengitter verschoben ist. Beide F-Ionengitter zusammen bilden ein einfach kubisches Gitter mit halber Kantenlänge. Das CaF_2-Gitter besitzt zwei verschiedene Fundamentalschwingungen: ν_1 und ν_2. Die Frequenz ν_1 entspricht einer Schwingung des gesamten Ca-Gitters gegen das gesamte F-Ionengitter (wobei also das zweite und das dritte Gitter sich nicht gegeneinander bewegen). Die zweite Fundamentalschwingung kommt dadurch zustande, daß nur die beiden F-Ionengitter gegeneinander schwingen, während das Ca-Ionengitter in Ruhe bleibt. Es zeigt sich nun, daß infolge der Symmetrie der Fundamentalschwingung mit der Frequenz ν_1 die Polarisierbarkeit in Lagen mit entgegengesetzter Phase gleich ist. Die Schwingung ist also Raman-inaktiv. Dagegen ist die zweite Fundamentalschwingung (ν_2), da sich bei ihr die Polarisierbarkeit entgegengesetzter Phasen ändert, Raman-aktiv. Das Experiment hat ergeben, daß diese Schlußfolgerung richtig ist und daß tatsächlich im Raman-Spektrum des Fluorits nur eine Linie mit einem Frequenzabstand von 321 cm^{-1} auftritt.

Bei ein und demselben Gittertypus zeigen die Raman-Frequenzen, wie Gerlach an einigen Beispielen zeigen konnte, eine bemerkenswerte Abhängigkeit von der Ionengröße. In folgender Tabelle sind die Raman-

Frequenzen der kristallisierten Nitrate der Alkalien und Erdalkalien mit dem entsprechenden Kationenradius in Vergleich gesetzt:

Substanz	Kationenradius in Å	Raman-Frequenz in cm^{-1}
$LiNO_3$	0,78	1086,8
$NaNO_3$	0,98	1067,5
KNO_3	1,33	1048,4
$Ca(NO_3)_2$	1,06	1064,3
$Sr(NO_3)_2$	1,27	1054,4
$Ba(NO_3)_2$	1,43	1046,5

Es zeigt sich demnach mit zunehmendem Kationenradius eine Abnahme der Raman-Frequenz.

4. Elektrische Eigenschaften

Eine der interessantesten und praktisch wichtigsten elektrischen Eigenschaften der Kristalle ist die Piezoelektrizität. Unter dieser Erscheinung versteht man den Effekt, daß bei gewissen Kristallen, auf die ein Druck oder Zug ausgeübt wird, elektrische Ladungen auftreten können. Das bekannteste Material, das diesen Effekt zeigt und auch in diesem Zusammenhang technisch am häufigsten Verwendung findet, ist der β-Quarz. In Abb. 47 ist ein Quarzprisma abgebildet. Senkrecht zur dreizähligen Hauptachse, die gleichzeitig die optische Achse ist, stehen drei polare, zweizählige Achsen, die man auch als elektrische Achsen bezeichnet. Schneidet man nun eine Quarzplatte senkrecht zu einer der elektrischen Achsen aus (vgl. Abb. 47), so ergeben sich an einer derartigen Platte folgende Effekte: Wird die Kristallplatte in Richtung der E_1-Achse zusammengedrückt, so werden dabei die beiden normal zur E_1-Achse liegenden Flächen positiv bzw. negativ aufgeladen (longitudinaler direkter piezoelektrischer Effekt). Wird die Platte in der gleichen Richtung gedehnt, so

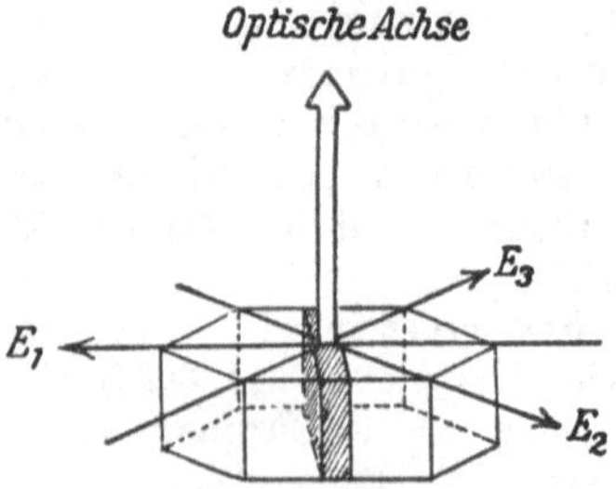

Abb. 47. Die elektrischen Achsen einer Quarzplatte

werden die Vorzeichen der elektrischen Ladungen auf den beiden Flächen vertauscht. Druck und Zug in Richtung senkrecht zur E-Achse und senkrecht zur optischen Achse erzeugen ebenfalls auf den Flächen, die normal zu E liegen, elektrische Ladungen (transversaler direkter piezoelektrischer Effekt). Druck oder Zug in Richtung der optischen Achse ergeben keinerlei piezoelektrische Effekte. Das Entscheidende dieser Erscheinungen ist, daß sie nur bei Kristallen auftreten, die polare Achsen besitzen, d. h. Achsen, deren Richtung und Gegenrichtung nicht gleichwertig sind. Der Piezoeffekt ist daher bei Kristallen, wie Turmalin, β-Quarz, Zinkblende, Natriumchlorat, Weinsäure, Rohrzucker, Seignettesalz u. a. beobachtet worden.

Die Erscheinung der Piezoelektrizität ist auch umkehrbar, d. h. es ergibt sich folgender Effekt: Bringt man ein Plättchen eines Piezokristalles, das senkrecht zur elektrischen (polaren) Achse geschnitten ist (z. B. Quarz, Abb. 47), in ein elektrisches Feld, so daß die Feldrichtung parallel zur E-Achse verläuft, so wird das Plättchen in Richtung der elektrischen Achse komprimiert oder dilatiert. Diese Erscheinung bezeichnet man als den „reziproken piezoelektrischen Effekt“. In analoger Weise wie beim direkten Effekt kann man einen longitudinalen und transversalen reziproken piezoelektrischen Effekt unterscheiden.

Die Anwendungen der Piezokristalle in der Technik sind außerordentlich zahlreich und mannigfaltig. Es seien erwähnt: in der Hochfrequenztechnik die Steuerung von Röhrensendern zur Konstanthaltung der Schwingungsfrequenz, als piezoelektrischer Oszillograph zur Aufzeichnung rasch wechselnder Spannungen, als piezoelektrischer Lautsprecher, als piezoelektrisches Mikrophon und piezoelektrischer Tonabnehmer, als piezoelektrischer Schallgeber zur Erzeugung von Ultraschallwellen.

Wir wollen nun versuchen, uns die piezoelektrischen Erscheinungen auf Grund der Gittertheorie klarzumachen. Ein Gitter mit polaren Achsen ist dadurch charakterisiert, daß dieses Gitter kein Symmetriezentrum besitzt. Wird ein Ionengitter ohne Symmetriezentrum elastisch verformt, so verschiebt sich das Kationengitter relativ zum Anionengitter, wobei auch die Abstandsverhältnisse geändert werden. Haben sich die positiven und negativen Ladungen vor der elastischen Verformung nach außen gerade kompensiert, so wird durch die Verschiebung der Ladungen während der Verformung eine Außenseite des Gitters positiv, die gegenüberliegende Seite negativ aufgeladen. Wir wollen uns diese Erscheinung an einem vereinfachten Strukturmodell (Meissner, Bergmann) klarmachen. Das

Quarzgitter ist aus SiO_4-Tetraedern als Baueinheiten aufgebaut, die sich zu spiralförmigen Ketten anordnen und so ein dreidimensionales Gerüst aufbauen. Die SiO_4-Tetraeder sind in der Weise miteinander verknüpft, daß jedes Sauerstoffatom zu zwei Tetraedern gehört (vgl. S. 37). Stark vereinfacht können wir uns den Aufbau des Quarzgitters so denken, wie es Abb. 48a in einer Gruppe von drei SiO_4-Tetraedern darstellt. Die großen Kreise sollen die vierfach geladenen Si-Ionen bedeuten, während die kleinen Kreise an Stelle der zwei doppelt negativ geladenen Sauerstoffionen stehen. Eine derartige Gruppe wirke nach außen neutral. Drücken wir nun diese Gruppe von Ionen parallel einer E-Richtung, z. B. E_3, zusammen, so werden positive und negative Ladungen relativ zueinander verschoben (vgl. Abb. 48b). In der positiven E_3-Richtung ist die positive Ladung gegenüber den negativen Ladungen zurückgedrängt, so daß diese Seite der E_3-Richtung negativ aufgeladen ist. In der negativen Richtung der E_3-Achse ist die negative Ladung gegenüber den positiven zurückverschoben, so daß insgesamt eine positive Ladung an diesem Ende der E_3-Achse auftreten muß (longitudinaler direkter piezoelektrischer Effekt). Wird nun die Gruppe senkrecht zur E_3-Achse zusammengedrückt, so wird (vgl. Abb. 48c) in der positiven E_3-Richtung die positive Ladung gegen die negativen vorgeschoben, in der negativen E_3-Richtung gilt das gleiche für die negative Ladung. Demnach wird, da ursprünglich die ganze Gruppe nach außen neutral war, in der positiven Richtung der E_3-Achse eine positive Ladung auftreten, in der negativen Richtung entsprechend eine

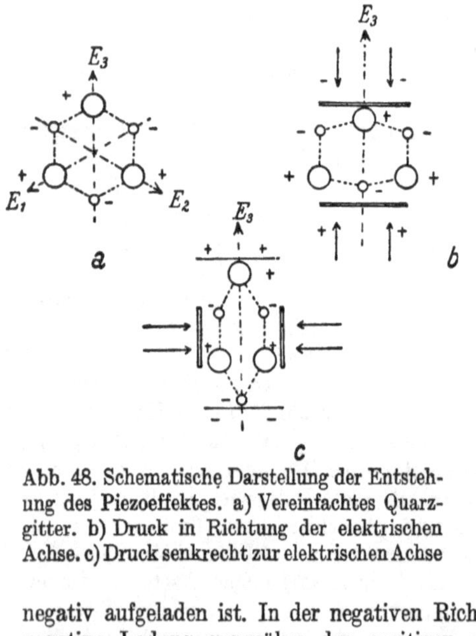

Abb. 48. Schematische Darstellung der Entstehung des Piezoeffektes. a) Vereinfachtes Quarzgitter. b) Druck in Richtung der elektrischen Achse. c) Druck senkrecht zur elektrischen Achse

negative (transversaler direkter piezoelektrischer Effekt) oder auf den longitudinalen Effekt angewandt können wir sagen: Wird der Kristall in der E-Richtung gedehnt, so tritt eine Umkehrung der Ladungsvorzeichen ein. Es ist ohne weiteres einzusehen, daß dabei senkrecht zur E-Richtung keine Verschiebungen der Ionen erfolgen und daher in diesen Richtungen auch keine elektrischen Ladungen nach außen auftreten können. Schließlich kann man aus dem einfachen Modell entnehmen, daß mechanische Beanspruchungen parallel zur optischen Achse (senkrecht zu den elektrischen Achsen E_1, E_2, E_3) keine unsymmetrischen Ladungsverschiebungen erzeugen können, daß also in diesem Falle kein Piezoeffekt zu erwarten ist. Wir sehen, daß auf diese Weise wenigstens qualitativ der direkte piezoelektrische Effekt abgeleitet werden kann.

Auch der reziproke Piezoeffekt läßt sich anschaulich aus dem beschriebenen Modell erklären. Wird parallel zur E-Richtung ein elektrisches Feld angelegt, und zwar so, daß die negative Elektrode auf der positiven Seite der E-Achse, die positive Elektrode also auf der negativen Seite der E-Achse liegt (Abb. 48b), so müssen sich die Ladungen derart verschieben, daß das positive Ion am positiven Ende der E-Achse nach außen bewegt wird, ebenso das negative Ion am negativen Ende der E-Achse. Das heißt aber, die Ionengruppe oder das Kristallgitter wird in Richtung der E-Achse auseinandergezogen (longitudinaler reziproker piezoelektrischer Effekt). Wird das Feld umgepolt, so daß die positive Elektrode auf der positiven Seite, die negative Elektrode auf der negativen Seite der E-Achse liegt, dann werden die Ladungen in Richtung der E-Achse nach dem Innern der Gruppe verschoben, d. h. das Kristallgitter wird in der E-Richtung komprimiert. Man erkennt auch, daß in einem Falle eine Kompression senkrecht zur E-Achse und senkrecht zur optischen Achse stattfindet, im anderen Falle aber eine Dilatation (transversaler reziproker piezoelektrischer Effekt).

Man kann selbstverständlich den Piezoeffekt auch quantitativ aus der Gittertheorie ableiten. Entsprechend dem früheren Verfahren (vgl. S. 100) wird die potentielle Energie in Abhängigkeit von den Verschiebungen entwickelt. Daraus lassen sich dann Formeln für die Spannungen als Funktion der Verzerrungen gewinnen. In einem Kristallgitter, das kein Symmetriezentrum besitzt, z. B. im Gitter des β-Quarzes, ist von vornherein ein elektrisches Moment vorhanden. Bezeichnen wir mit x_k^+, y_k^+, z_k^+ die Koordinaten der positiven Partikeln innerhalb einer Elementarzelle, mit

x_l^-, y_l^-, z_l^- die Koordinaten der negativen Partikeln, so ergibt sich die x-Komponente des elektrischen Moments zu

$$\mathfrak{P}_{0x} = e \cdot N \cdot (\sum_k x_k^+ - \sum_l x_l^-).$$

Darin ist $\sum_k$ über alle positiven Ionen, $\sum_l$ über alle negativen Ionen der Elementarzelle zu erstrecken. N ist die Zahl der Molekeln im cm^3. Dieses natürliche Moment, das also schon ohne äußere Beanspruchung besteht, ist im allgemeinen nicht meßbar. Wir müssen annehmen, daß die Ladungen, die durch dieses Moment auf der Kristalloberfläche erzeugt werden, durch Ladungen aus der Luft kompensiert werden. Unterwirft man nun den Kristall einer äußeren mechanischen Beanspruchung, so treten innere Verrückungen auf, die das elektrische Moment der Volumeinheit verändern. Diese Veränderung des Moments kann offenbar aber nicht schnell genug durch äußere Ladungen kompensiert werden, so daß die entstandenen Ladungen, als Piezoelektrizität, meßbar werden. Diese Zusatzpolarisation ergibt sich dann zu

$$\mathfrak{P}_x = e \cdot N \cdot (\mathfrak{u}^+ - \mathfrak{u}^-)_x,$$

wenn $\mathfrak{u}^+$ die Verrückung des positiven, $\mathfrak{u}^-$ die Verrückung des negativen Gitters bedeutet ($\mathfrak{u}^+ - \mathfrak{u}^-$, also die gegenseitige Verrückung der beiden Gitter). Nimmt man umgekehrt an, daß ein äußeres elektrisches Feld vorhanden ist, so werden dadurch innere elastische Verzerrungen hervorgerufen (reziproker Piezoeffekt).

Nahe verwandt mit dem piezoelektrischen Effekt ist die Erscheinung der Pyroelektrizität. Darunter versteht man folgende Vorgänge: Werden Kristalle mit polaren Achsen (z. B. Turmalin) erwärmt oder abgekühlt, so treten an den Enden der polaren Achsen elektrische Ladungen auf, und zwar erscheint das eine Ende als positiver, das andere als negativer Pol (beim Erwärmen als analoger bzw. antiloger Pol bezeichnet). Die Ladungen an den Polen sind beim Abkühlen entgegengesetzt den Ladungen, die beim Erwärmen auftreten. Auch dieser Effekt kann mit Hilfe unseres stark vereinfachten SiO_2-Modells (vgl. Abb. 48) leicht verstanden werden, wenn man mit Meissner annimmt, daß sich beim Erwärmen die Atome aus der elektrischen Gleichgewichtslage nach außen verschieben, wobei die Verschiebung der Si-Atome größer sein muß als die Verschiebung der O-Atome. Beim Vorgang der Abkühlung wandern die Si-Atome dagegen mehr nach dem Zentrum als die O-Atome. Damit erhält die Einheitszelle und schließlich der ganze Kirstall nach außen ein elektrisches Moment.

Dieses Moment ist um so größer, je größer die Atomverschiebungen sind, d. h. aber, je höher die Temperatur des Kristalls ist.

Verschwinden in einem Kristallgitter die Verzerrungen, d. h., ist also der Kristall nicht beansprucht, so kann man mit Hilfe des Ansatzes für die Polarisation die Dielektrizitätskonstante berechnen. Auf die mathematische Behandlung dieser Zusammenhänge wollen wir hier nicht näher eingehen, sondern nur allgemeinere Beziehungen zum Kristallaufbau berühren. Es scheint, daß für die Größe der Dielektrizitätskonstante die Packungsdichte der Bausteine wesentlich verantwortlich zu machen ist. Wir betrachten einmal die Alkalihalogenide $A\,X$! In der folgenden Tabelle sind die Dielektrizitätskonstanten ε und die Radienquotienten $R_A : R_X$ zusammengestellt. Die Anionen (X-Ionen) sind in einem Gitter vom NaCl-Typus dann am dichtesten gepackt, wenn das Radienverhältnis

		F	Cl	Br	J
Li	ε	9,2	11,05	12,1	11,03
	$R_A : R_X$	0,59	0,43	0,40	0,35
Na	ε	4,9	5,77	5,99	6,60
	$R_A : R_X$	0,74	0,54	0,50	0,44
K	ε	6,05	4,76	4,78	4,94
	$R_A : R_X$	1,00	0,73	0,68	0,60
Rb	ε	5,91	5,20	4,70	4,81
	$R_A : R_X$	1,12	0,82	0,76	0,68

$R_A : R_X = \sqrt{2} - 1 = 0{,}41$ ist. Man erkennt, daß bei den Li- und Na-Halogeniden diejenigen Kristallarten die größten Dielektrizitätskonstanten zeigen, bei denen das Verhältnis der Ionenradien des Kations zum Anion am nächsten der dichtesten Packung, also dem Wert 0,41 entspricht. Bei den Li-Halogeniden zeigen die Kristalle mit einem Radienquotienten von etwa 0,41 oder kleiner ungefähr die gleiche Dielektrizitätskonstante. Auch bei den Na-Salzen läßt sich klar und deutlich erkennen, wie die Dielektrizitätskonstante mit wachsender Annäherung an den Wert 0,41 ansteigt. Allerdings hängt die Dielektrizitätskonstante nicht ausschließlich von dem Radienquotienten ab, was sich daraus ergibt, daß z. B. LiCl mit $R_A/R_X = 0{,}43$ einen ε-Wert von 11,05 besitzt, während die Dielektrizitätskonstante von NaJ mit $R_A/R_X = 0{,}44$ nur 6,60 beträgt. Immerhin ist im allgemeinen zu erwarten, daß Richtungen mit dichtester Packung der Partikeln auch Richtungen größter Dielektrizitätskonstanten darstellen. Diese Erwartung ist in der Tat auch bis zu einem gewissen Grad erfüllt. Als Beispiel wollen wir die rhomboedrischen Karbonate anführen. Für das Verhältnis der Dielektrizitätskonstanten parallel und senkrecht zur trigonalen Achse ergeben sich für Calcit, $CaCO_3$, Dolomit $CaMg(CO_3)_2$, Rhodochrosit, $MnCO_3$, Siderit, $FeCO_3$ und Smithsonit, $ZnCO_3$, folgende Werte für $\varepsilon_{\parallel}/\varepsilon_{\perp} = 0{,}89$, 0,87, 0,86, 0,87 und 0,99. (Magnesit, $MgCO_3$, macht mit einem Wert von 1,17 eine Ausnahme.) Die Ebenen der CO_3-Gruppen, die in den Karbonatgittern vorliegen, stehen alle senkrecht zur trigonalen Achse, daher sind auch die Sauerstoffionen in diesen Ebenen (also senkrecht zur trigonalen Achse) am dichtesten gepackt. Im allgemeinen ist daher die Dielektrizitätskonstante senkrecht zur Achse größer als parallel dazu. Das gleiche gilt auch für die rhombischen Karbonate. Die rhombischen Sulfate, wie Cölestin, $SrSO_4$, Baryt, $BaSO_4$ und Anglesit, $PbSO_4$, besitzen eine wesentlich größere Dielektrizitätskonstante in der b-Richtung als in den anderen Hauptrichtungen (vgl. Tabelle).

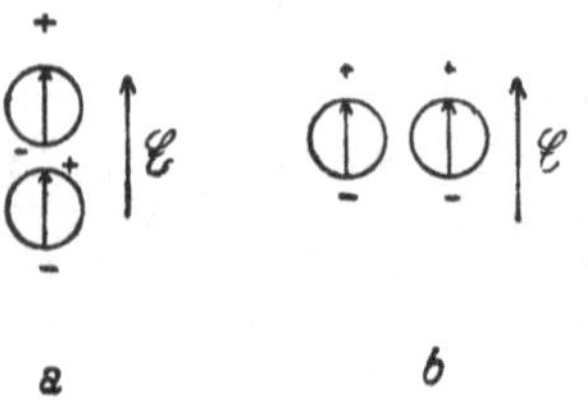

Abb. 49. Induzierte Momente in einem Atompaar. a) Die Atome liegen bezüglich des elektrischen Feldes hintereinander. b) Die Atome liegen bezüglich des elektrischen Feldes nebeneinander

Mineral	ε_a	ε_b	ε_c
$SrSO_4$ (Cölestin) ...	7,7	18,5	8,3
$BaSO_4$ (Baryt)	7,65	12,6	7,7
$PbSO_4$ (Anglesit) ..	27,5	54,6	27,3

Man kann diese Beobachtung damit in Verbindung bringen, daß in dem Gitterbau dieser isomorphen Sulfate Sauerstoffketten parallel der b-Achse liegen.

Qualitativ ist die Beziehung zwischen Packungsdichte und Dielektrizitätskonstante ohne Schwierigkeit verständlich. In einem isolierten Ion wird ein gegebenes elektrisches Feld ein bestimmtes elektrisches Moment erzeugen. Liegt ein weiteres Ion in der Richtung des elektrischen Feldes unmittelbar daneben, so wird das in dem zweiten Ion induzierte Moment das Moment des ersten verstärken und umgekehrt (Abb. 49a). Auf diese Weise wird längs einer Ionenkette, die parallel zum Feld liegt, das induzierte Moment in den einzelnen Ionen wechselseitig verstärkt. Wenn andererseits zwei Ionen in Richtung senkrecht zum Feld nebeneinanderliegen (Abb. 49b), dann wirken die beiden induzierten Momente gegeneinander und schwächen sich auf diese Weise.

III. Die Realstruktur der Kristalle und ihre physikalische Bedeutung

1. Vorbemerkungen

Bei dem Versuch, die physikalischen und die physikochemischen Eigenschaften aus dem Gitterbau quantitativ abzuleiten, begegnen uns vielfach Schwierigkeiten, die offenbar prinzipieller Natur sind. So waren wir bereits in einzelnen Fällen gezwungen, zusätzliche, von der Idealstruktur abweichende Störungen im Kristallbau anzunehmen. Wir erinnern uns beispielsweise, daß wir zur Deutung der Ätzfigurenbildung das Vorhandensein von Rissen u. dgl. auf der Kristalloberfläche voraussetzen mußten (vgl. S. 93). Aber auch andere Eigenschaften sind nicht auf Grund der idealen Gittertheorie zu verstehen, ja es ist oft nicht einmal möglich, solche Fragen einer qualitativ richtigen Lösung zuzuführen. Die Eigenschaften, die wir bis jetzt im wesentlichen betrachtet haben (z. B. Elastizität, spezifische Wärme, Lichtbrechung u. a.), lassen sich ohne prinzipielle Schwierigkeiten mit Hilfe der klassischen Gittertheorie behandeln. Hinzu kommt, daß sich diese Eigenschaften im allgemeinen recht genau quantitativ auf experimentellem Wege erfassen lassen. Gewöhnliche Bestimmungen des Brechungsindex lassen sich auf rund $^1/_{30}$% genau durchführen. Außer den optischen Konstanten kann man zu dieser Gruppe von Kristalleigenschaften die Gitterdimensionen stellen, die im Durchschnitt mit einer Genauigkeit von $\pm$ 0,004 bis 0,002% experimentell zu erfassen sind. Straumanis und Jevinš ist es mit Hilfe eines besonderen Präzisionsverfahrens sogar gelungen, die Gitterkonstante des reinsten Aluminiums auf 0,0005% genau zu bestimmen (4,04078 $\pm$ 0,00002 Å). Anders ist das Verhalten jener Kristalleigenschaften, die sich nicht ohne weiteres aus der idealen Gittertheorie ableiten lassen. Bei diesen Eigenschaften ist es kaum möglich, die empirisch bestimmten Daten als Materialkonstanten zu betrachten. Beispielsweise schwanken die experimentell ermittelten Werte für die Zerreißfestigkeit beim synthetischen KCl zwischen 15 und 55 kg/cm², beim Steinsalz liegen die Werte innerhalb ähnlicher Grenzen (10 bis 60 kg/cm²).

Die erste Gruppe von Kristalleigenschaften ist also dadurch ausgezeichnet, daß die Zahlengrößen mit beträchtlicher Genauigkeit experimentell festzulegen sind, daß sie aus der Gittertheorie zumindest größenordnungsmäßig richtig abgeleitet werden können und daß sie durch geringfügige Verunreinigungen, durch Entstehungsbedingungen und Herkunft sowie durch kleine mechanische Verformungen u. a. nicht wesentlich geändert werden können. Man bezeichnet diese Eigenschaften als störungsunempfindliche Eigenschaften (Niggli). Demgegenüber steht die zweite Gruppe von Eigenschaften, die in ihren Zahlengrößen beträchtliche Schwankungen aufweisen, die nicht mehr mit Hilfe der Idealgittertheorie gedeutet werden können und die wesentlich von kleinen Verunreinigungen, mechanischen Einflüssen, von Herkunft und Entstehungsbedingungen abhängen. Diese Eigenschaften bezeichnet man als störungsempfindliche Eigenschaften.

Wir wollen im folgenden nun die Eigenschaften der Kristalle betrachten, die nicht auf Grund der idealen Gittertheorie gedeutet werden können, zu deren Erklärung vielmehr zusätzliche Annahmen notwendig sind. Prinzipiell definieren wir alle Abweichungen vom Idealgitter als „Kristallbaufehler“ und sprechen dann von „Realstruktur“, wenn das Vorhandensein von Baufehlern ein kennzeichnendes Merkmal des betrachteten Gitters ist.

Hinsichtlich ihrer Größenordnung wollen wir folgende Gruppen von Kristallbaufehlern unterscheiden:

I. Makroskopische Kristallbaufehler. Ihre linearen Ausdehnungen liegen größenordnungsmäßig über 10^{-3} cm. Hierher gehören insbesondere grobere Abweichungen vom idealen Gitterbau, makroskopische Verwerfungen und Verzweigungen („lineages“ nach Buerger).

II. Mikroskopische Kristallbaufehler. Ihre Lineardimensionen liegen im Bereich von 10^{-5} bis 10^{-3} cm. Sie sind demnach gegebenenfalls mit dem Mikroskop nachweisbar.

III. Submikroskopische Kristallbaufehler. Die lineare Größenordnung liegt für sie unterhalb 10^{-5} cm. Sie können weiter unterteilt werden in:

1. Ultramikroskopische Kristallbaufehler, deren Größenbereich zwischen $4 \cdot 10^{-7}$ und 10^{-5} cm liegt. Ihr Nachweis kann mit dem Ultramikroskop geführt werden. Zu dieser Untergruppe von Baufehlern ist auch die sog. Mosaikstruktur zu rechnen, deren Nachweis mit Hilfe röntgenographischer Methoden durchgeführt werden kann. Man versteht darunter den Aufbau eines Kristallindividuums aus kleinen, ideal gebauten Gitterblöcken, die geringe Orientierungsverschiedenheiten aufweisen

können. Die Mosaikstruktur läßt sich nur röntgenographisch durch ihren Einfluß auf die Winkelbreite und die Intensität der an Netzebenen gebeugten Röntgenstrahlen erfassen. Geht man nämlich von der Annahme aus, daß die Beugung der Röntgenstrahlen an sehr kleinen kohärenten Gitterbereichen, also an Mosaikblöckchen, erfolgt, so ergeben sowohl die Reflexionsintensität als auch die Breite der Reflexionskurve viel größere Werte, als wenn man ein unendlich großes Gitter voraussetzt. Graf hat neuerdings nachgewiesen, daß die Mosaikstruktur nicht primärer Natur ist, d. h., nicht schon beim Wachstum der Kristalle vorhanden ist. Sie scheint vielmehr eine rein sekundäre Erscheinung zu sein, verursacht durch äußere Einflüsse nach dem Wachstum, und zwar ausschließlich durch plastische Verformung. Graf nimmt demgegenüber eine Lamellenstruktur von der Größenordnung 10^{-4} bis 10^{-5} cm Lamellendicke als grundsätzliche Kristalleigenschaft an.

2. Amikroskopische Kristallbaufehler mit einer linearen Größenordnung von 10^{-7} bis $4 \cdot 10^{-7}$ cm. — Schließlich wären zu nennen als Baufehler kleinster Dimensionen die

3. Atomaren Kristallbaufehler, deren Lineardimensionen kleiner als 10^{-7} cm sind. Es handelt sich dabei um Gitterlücken oder falsch eingebaute Atome, die wiederum gittereigen oder gitterfremd sein können. Es erweist sich als zweckmäßig, die atomaren Baufehler in einatomare und mehratomare Baufehler zu gliedern. Zu den einatomaren Baufehlern gehören folgende Fehlordnungen (Wagner und Schottky): Leerstellen im Kristallgitter, Ionen oder Atome, die in dem Raum zwischen den regulären Gitterplätzen eingelagert sind (Zwischengitterplätze) und Ionen oder Atome, die auf „falschen" Gitterplätzen eingebaut sind (Substitution), vgl. auch S. 165.

Die einatomaren Kristallbaufehler sind vielfach noch in anderer Hinsicht gegen die übrigen Arten von Fehlstellen ausgezeichnet. Es handelt sich dabei meist um reversible Störungen des idealen Gitterbaues, die sich im thermischen Gleichgewicht mit dem Gitter befinden. Für die anderen Baufehlerarten, insbesondere etwa für die makroskopischen Verwerfungen und Spalten, trifft dies nicht zu. Sie befinden sich nicht im thermischen Gleichgewicht mit dem Gitter und müssen als Ursache der störungsempfindlichen Eigenschaften betrachtet werden. Die physikalischen Eigenschaften, die durch die atomaren, reversiblen Baufehler bedingt sind, verhalten sich wie störungsunempfindliche Vorgänge, sind also insbesondere nicht von Herkunft und Vorbehandlung der Kristalle abhängig. Es erscheint daher zweckmäßig, allgemein zwischen reversiblen und nicht-reversiblen Baufehlern zu unterscheiden.

Laves gibt eine ausführliche Systematik der reversiblen atomaren Fehlordnungstypen. Er unterscheidet:

1. Substitution. Einzelne Partikeln werden durch andere ersetzt, z. B. Mischkristalle Cu-Au, Ag-Au oder (Na, K)Cl.

2. Addition (Einlagerung). Atome werden in das Gitter eingefügt, wobei die chemische Zusammensetzung des Kristalls sonst geändert oder auch nicht geändert werden kann. Beispiele: Lösung von C im γ-Fe oder CaF_2 mit YF_3-Gehalt („Isomorphie mit Füllung vakanter Gitterorte").

3. Subtraktion. Atome werden aus dem Gitter herausgenommen mit oder ohne sonstige Änderung der chemischen Zusammensetzung des Kristalls. Z. B. Fe_{1-x} S oder α-Ag_2HgI_4 (vgl. S. 173).

4. Division. Eine stöchiometrisch bedingte Anzahl von Bausteinen ist auf eine wesentlich größere Anzahl von Punkten verteilt. Z. B. α-AgI (vgl. S. 173). Hier sind die beiden Ag-Ionen nicht auf zwei bestimmten Gitterplätzen festgelegt, sondern werden mit mehr oder weniger gleicher Wahrscheinlichkeit an 42 verschiedenen Plätzen angetroffen.

5. Multiplikation. Eine beginnende Unordnung liegt bereits vor, wenn in einem an und für sich ideal gebauten Kristall solche Partikeln, die vom chemischen Standpunkt aus als gleich anzusehen sind, verschiedene Umgebung haben. Da in diesen Fällen gleiche Atome vielfache Umgebung aufweisen, nennt Laves diesen Fehlordnungstypus „Multiplikation". Dabei können die Koordinationszahlen gleich oder verschieden sein. Beispiel: SiO_2 in der Modifikation des Tridymits (exakter wäre zu schreiben: $Si_2O^{I}O_3^{II}$, wobei die O^{I} bzw. O^{II} ungleichwertige Gitterplätze einnehmen):

Der Multiplikationstyp gibt uns einen Hinweis dafür, daß die erwähnten Fehlordnungstypen keineswegs gleichwertig sind. Man kann vielmehr von einem Grad der Unordnung bzw. Ordnung sprechen, wobei wir uns darüber im klaren sein müssen, daß zwischen Ideal- und Realkristall keine scharfe Grenze existiert.

Definitionsgemäß gehören zu den Kristallbaufehlern selbstverständlich auch die Abweichungen vom idealen Gitterbau, die durch die thermischen Schwingungen der Gitterbausteine bedingt sind. Tatsächlich werden einige physikalische Eigenschaften — z.B. das plastische Verhalten — durch diese thermischen Baufehler beeinflußt, sind also insofern störungsempfindlich. Für das Folgende wollen wir die Wärmeschwingungen im wesentlichen außer Betracht lassen und uns die Bausteine als in den Gleichgewichtslagen ruhend vorstellen. In vielen Fällen dürfte es noch eine lohnende Aufgabe bleiben, Wirkung und Einfluß der thermischen Baufehler zu untersuchen.

Die nicht-reversiblen Baufehler können nach ihrer Entstehung eingeteilt werden in Wachstums-Baufehler, Verformungs-Baufehler und Umkristallisations-Baufehler. Bereits beim Wachstumsprozeß selbst können sich insbesondere gröbere Gitterstörungen ausbilden. Das wird besonders dann der Fall sein, wenn die Kristallisationsbedingungen morphologisch ungünstig sind, etwa bei raschem Wachstum. In den meisten Fällen wird die Bildung mehr oder weniger grober Baufehler nicht vermieden werden können. Daß der Realkristall mit seinen verschiedenartigen Baufehlern eine prinzipielle Erscheinungsweise der geordneten (anisotropen) Phase darstellt, ist bereits mehrfach nachgewiesen. In erster Linie gilt dies für die reversiblen Kristallbaufehler.

Schließlich können wir mechanische und chemische Baufehler unterscheiden (Smekal), wobei wir unter chemischen Baufehlern solche verstehen wollen, die durch Einlagerung von Fremdatomen oder -atomgruppen dargestellt werden. Mechanische Baufehler dagegen sind Risse, Sprünge, Spalten, Verwerfungen u. dgl.

2. Mechanische Eigenschaften

Zu den störungsempfindlichen Eigenschaften gehören in erster Linie die Festigkeitseigenschaften. Wir wollen zunächst einmal zeigen, daß es unter der Voraussetzung eines mathematisch regelmäßigen Gitters nicht möglich ist, die Festigkeitseigenschaften auch nur qualitativ zu beschreiben (Orowan). Wir führen folgenden Gedankenversuch durch: Auf ein ideales, störungsfreies Gitter denken wir uns einen Zug ausgeübt und lassen die Dehnung immer größer werden. Die Spannung wächst anfänglich mit der Dehnung an und erreicht schließlich ein Maximum, das der „theoretischen Reißfestigkeit“ entspricht. Dann nimmt die Spannung wieder ab und geht mit beliebig wachsender Dehnung asymptotisch gegen Null. Wegen der vorausgesetzten idealen Regelmäßigkeit des Gitters müssen bei der Dehnung die entsprechenden Gitterabstände stets gleichbleiben, so daß ein Zerreißen des Kristalls, wie man es tatsächlich beobachtet, gar nicht stattfinden könnte. Der Kristall würde vielmehr mit zunehmender Dehnung gleichmäßig auseinanderfließen müssen. Wir ersehen also daraus, daß beim idealen Gitter der Zerreißvorgang ganz anders verlaufen müßte, als er beim Realkristall tatsächlich stattfindet. Wir haben bereits darauf hingewiesen, daß die empirische Zerreißfestigkeit von Steinsalz z. B. zwischen 10 und 60 kg/cm² liegt. Demgegenüber berechnet man auf Grund der Gittertheorie eine „Idealgitterfestigkeit" von 40000 kg/cm². Allgemein ergibt sich, daß die „theoretischen Festigkeiten" größenordnungsmäßig (meist um 2 bis 3 Zehnerpotenzen) höher liegen als die wirklich beobachtete „technische Festigkeit".

Diese Diskrepanz wird durch folgende Überlegung beseitigt: Bei der Berechnung der theoretischen Festigkeit geht man stillschweigend von der Annahme aus, daß jede Stelle des Kristall- oder Gitterquerschnitts gleichwertig ist und daß demzufolge der „Bruch" genau gleichzeitig im ganzen Querschnitt erfolgen müßte. In Wirklichkeit wird der Bruch an einer irgendwie geschwächten Stelle des Querschnitts einsetzen und sich auch von dort aus über den gesamten Querschnitt ausbreiten. Das Entscheidende dieses Vorgangs ist die Tatsache, daß zur Ausdehnung eines bereits vorhandenen Risses über den ganzen Querschnitt nur noch eine Spannung notwendig ist, die unter Umständen um Größenordnungen kleiner ist als die theoretische Zerreißfestigkeit.

Wir wollen uns den Vorgang des Zerreißens beim Realkristall einmal etwas genauer überlegen: In einem durch Zug beanspruchten Kristall sei eine Inhomogenitätsstelle (z. B. ein Riß) vorhanden. Es ist selbstverständlich, daß dann auch die Spannungsverteilung in der Umgebung des Risses nicht mehr homogen sein kann. Vor allem wird im Kerbgrund die Spannung wesentlich erhöht sein, so daß der Mittelwert der Spannung um Größenordnungen überschritten werden kann. Erreicht die Spannung dabei den Wert der theoretischen Festigkeit, so wird die Kerbe weiter aufreißen. Da die „Kerbwirkung" mit wachsender Rißlänge zunimmt, breitet sich der Riß dann rasch über den gesamten Querschnitt aus. Die technische Festigkeit wird also durch die durchschnittliche Spannung bestimmt, durch die in der Nähe einer Inhomogenitätsstelle ein Spannungswert in der Größenordnung der theoretischen Festigkeit hervorgerufen wird.

Man kann die „Kerbwirkung" auch quantitativ abschätzen, wenn man den Riß in geeigneter Weise schematisiert. Nimmt man an, daß der Riß durch ein elliptisches Loch dargestellt wird, dessen große Achse mit der

Länge $2c$ senkrecht auf der Zugrichtung steht, so ergibt sich die Spannung im Kerbgrund σ_k zu

$$\sigma_k = \sigma \cdot 2\sqrt{\frac{c}{\varrho}}.$$

Hierin ist σ die Spannung, die bei Abwesenheit des Loches wirken würde und ϱ der Krümmungsradius des spitzen Scheitels der Ellipse. Selbstverständlich sagt diese Gleichung noch nicht viel aus über den eigentlichen Wert der Kerbspannung, denn es kann sich ja jede beliebige Spannungserhöhung ergeben, falls ϱ nur hinreichend klein ist. Nun kann natürlich ϱ in Wirklichkeit nicht beliebig klein werden, sondern hat eine untere Grenze in den Gitterdimensionen. Offenbar kann man den Partikelabstand a in erster Näherung als unterste Grenze für ϱ annehmen. Die größtmögliche relative Spannungserhöhung durch einen Riß von der Länge $2c$ ist demnach:

$$\frac{\sigma_k}{\sigma} = 2\sqrt{\frac{c}{a}}.$$

Erreicht die Kerbspannung σ_k den Wert der theoretischen Reißfestigkeit σ_0, so reißt der Kristall im Kerbgrund ein, und es kommt zum Bruch, da mit wachsender Rißlänge die Kerbspannung ja noch größer wird. Die technische Festigkeit σ_1 eines Kristalls mit der theoretischen Festigkeit σ_0, in dem innere Risse der Länge $2c$ oder Oberflächenrisse der Länge c vorhanden sind, beträgt:

$$\sigma_1 = \frac{\sigma_0}{2}\sqrt{\frac{a}{c}}.$$

Zur Berechnung von σ_1 fehlt uns vor allem die Kenntnis der Rißlänge. Es ist auch hier bisher nicht gelungen, diese Größe unabhängig von der Formel, etwa durch direkte Beobachtung, zu gewinnen und damit die technische Festigkeit zu ermitteln. Es ist also höchstens möglich, mit Hilfe der Gleichung unter Verwendung der beobachteten Festigkeitswerte die Rißlänge $2c$ zu bestimmen. Bei spröden Körpern (z.B. Glas und Quarzglas) kommt man dabei auf plausible Werte von etwa 1 bis 2 μ. Demnach erklärt die Kerbwirkungstheorie die Diskrepanz zwischen theoretischer und technischer Festigkeit bei spröden Körpern in befriedigender Weise.

Bei plastischen Kristallen (z.B. Steinsalz, Metallkristalle) tritt allerdings eine nicht unbeträchtliche Schwierigkeit auf: Rechnet man z.B. auf dem angegebenen Wege die Rißlängen für Steinsalz aus, so kommt man zu einem Wert von $2c = 0{,}2$ cm. Für Zink erhält man sogar eine Rißlänge von 1,1 cm. Es ist selbstverständlich, daß so großen Rißlängen keine reale Bedeutung mehr zukommen kann. Die Fehlstellen in einem Realkristall müssen ja erheblich kleiner sein! Daraus ergibt sich zweifelsohne, daß bei plastischen Kristallen der Mechanismus der Rißausbreitung vom Kerbwirkungsmechanismus etwas abweicht. Betrachten wir wieder einen durch Zug beanspruchten, plastischen Kristall und nehmen wir an, daß bereits der größte Teil einer bestimmten Gleitebene zu gleiten begonnen hat! Dann wird dieser Teil und seine Umgebung im Gitter stark entlastet, während der noch nicht in Gleitung befindliche Teil wesentlich überlastet wird. Befindet sich nun in dem überlasteten Gebiet ein Riß, so kann man eine quantitative Bedingung ableiten dafür, daß die Überlastung statt zu einer Ausdehnung des Gleitvorganges auf den restlichen Teil der Gleitebene zu einem Weiterreißen des Risses führt. Dabei müssen dann natürlich keine unwahrscheinlich großen Rißlängen angenommen werden, vielmehr kommt man jetzt auf Rißlängen von etwa 1 μ. Mit diesem Ergebnis kann allgemein festgestellt werden, daß die erweiterte Rißausbreitungstheorie eine zwanglose Deutung der Festigkeitserscheinungen bei Kristallen ermöglicht.

Daß auch bei den plastischen Vorgängen Baufehler eine Rolle spielen müssen, ergibt sich ebenfalls aus dem Vergleich der gittertheoretischen Ergebnisse mit der Erfahrung. Wie wir früher gezeigt haben (S. 105), ist der Beginn des Gleitvorganges durch das Schubspannungsgesetz geregelt. Das Schubspannungsgesetz besagt, daß der Gleitprozeß erst dann einsetzt, wenn die Schubspannung einen bestimmten Mindestwert (Schubfestigkeit) überschreitet. Ähnlich wie die Zerreißfestigkeit läßt sich auch die Schubfestigkeit mit Hilfe der Gittertheorie berechnen. Dabei ergeben sich Werte, die wie die Zerreißfestigkeit bei mehreren 100 kg/mm² liegen. Demgegenüber betragen die experimentell gefundenen Schubfestigkeiten nur größenordnungsweise 100 g/mm². Also auch die Translation setzt weit vor Erreichen der Schubfestigkeitsgrenze des idealen Gitters ein. Auch im Falle der Schubfestigkeit kann die Kerbwirkung von Rissen und Fehlstellen mit Erfolg zur Überbrückung von Idealtheorie und Erfahrung herangezogen werden. Dabei liegt ebenso wiederum die Spannungsanhäufung an den Enden des Risses, und die Richtung maximaler Schubspannung fällt mit der Richtung des Risses zusammen. Schließlich ergeben sich auch da wieder größenordnungsmäßig die gleichen Rißlängen wie bei der Reißfestigkeit.

Diese Schwierigkeit kann ebenfalls vermieden werden, wenn man von folgender Vorstellung über den Gleitmechanismus ausgeht: Es wird angenommen, daß in dem Gitter eines plastischen Kristalls „Versetzungen“ vorhanden sind. In Abb. 50 ist in schematischer Weise zweidimensional dargestellt, was unter einer „Versetzung“ zu verstehen ist und wie sie zur Translation führt. Man versteht danach unter „Versetzungen“ solche Atomanordnungen, bei denen allgemein n Atomen in einer Gitterreihe $n \pm 1$ Atome in einer benachbarten gegenüberstehen. Im Beispiel Abb. 50b stehen den 7 Atomen der oberen Gitterreihe (Gleitrichtung) 6 Atome der unteren gegenüber. Diese „Versetzungen“ vermögen unter Wirkung der an-

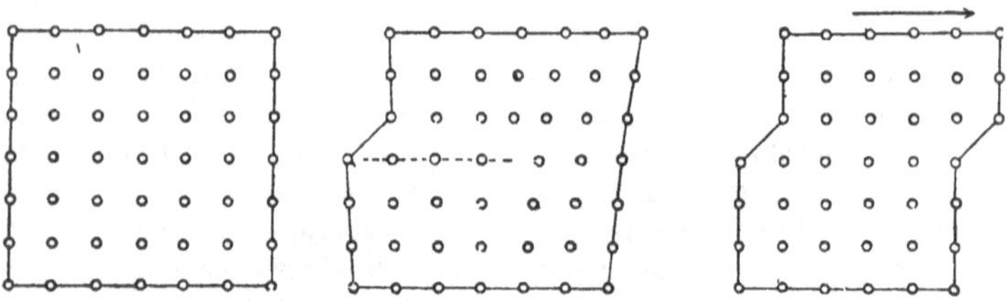

a b c

Abb. 50. Translation in einem einfachen Gitter. a) Das undeformierte Gitter. b) Gitter mit einer „Versetzung“. c) Das deformierte Gitter

gelegten Zugspannung parallel zur Gleitebene durch den Kristall zu wandern. Die bei der Bildung einer Versetzung aufgewandte Energie wird während der Wanderung der Versetzung der Reihe nach auf alle Atome der Kette übertragen, wobei eine weitere Energiezufuhr nicht mehr notwendig ist. In Analogie zu Vorgängen auf dem Gebiet der chemischen Kinetik kann man auch hier von einer Kettenreaktion sprechen. Durch die Versetzung wird demnach eine räumliche und zeitliche Auflösung des großen Energiebetrages bewirkt, der bei der homogenen Verformung des Idealkristalls auf einmal aufgewandt werden müßte. Denn bei der Bildung einer Versetzung müssen nur wenige Atome gleichzeitig die theoretische Schubspannung überwinden, und bei ihrer Wanderung erfolgt die gegenseitige Verschiebung zweier Atome um einen Atomabstand nicht in einem, sondern in vielfachen Schritten. Dadurch wird ermöglicht, daß bereits bei Schubspannungen, die wesentlich kleiner sind als die theoretischen Werte, die plastische Verformung einsetzen kann. Wichtig ist nun noch, daß die „Versetzungen“ sich nicht durch den *ganzen* Kristallquerschnitt hindurch bewegen können, sondern sehr bald auf Hindernisse stoßen, die den Weg der Versetzung beenden. Solche Hindernisse werden durch Kristallbaufehler dargestellt. Die Versetzungen können also nur eine begrenzte Strecke zurücklegen. Es läßt sich dabei quantitativ zeigen, daß unter diesen Voraussetzungen die Schubfestigkeit in der richtigen Größenordnung gewonnen wird.

Nach Kochendörfer genügt es, als Ursache für die Verfestigung die Eigenspannungen der Versetzungen anzunehmen. Danach kommt die Verfestigung dadurch zustande, daß die Energieschwellen, die bei der Bildung der Versetzungen überwunden werden müssen, infolge der Eigenspannungen der Versetzungen erhöht werden.

Man sieht anschaulich ein, daß die Wanderung von Versetzungen um so leichter erfolgt, je intensiver die Atomverschiebungen auf die Nachbaratome und die anstoßenden Gittergeraden einwirken können. Das wird aber um so mehr der Fall sein, je dichter die Atome gepackt sind. Tatsächlich zeigt ja die Erfahrung, daß Gleitrichtungen Gittergeraden mit dichtester Packung entsprechen bzw. Gleitebenen dicht oder dichtest besetzten Netzebenenscharen parallel laufen (vgl. S. 108). Als Maß für die Packungsdichte kann uns zunächst die Koordinationszahl dienen (vgl. S. 55). Nach unserer Betrachtung ist zu erwarten, daß Kristalle mit hohen Koordinationszahlen besser plastisch verformbar sind als solche mit niederer Koordinationszahl. Im letzteren Falle werden Versetzungen wohl entstehen, aber sie werden nicht so leicht das Kristallgitter durchwandern können. Tatsächlich wird diese Vorstellung durch die Erfahrung gestützt: Die Verformbarkeit kubischer Kristalle mit den Koordinationszahlen 12 und 8 ist bei allen Temperaturen sehr gut, dagegen sind Kristalle mit der Koordinationszahl 4 (z. B. Diamant) kaum verformbar. Dabei spielen sicher auch die kristallchemischen Bindungskräfte eine Rolle. Allerdings muß darauf hingewiesen werden, daß dieser Einfluß relativ gering ist. Insbesondere gelten die allgemeinen Gesetze der Plastizität für Kristalle aller Bindungstypen. Erwähnenswert ist in diesem Zusammenhang noch die gute Verformbarkeit des weißen Zinns, bei dem eine Koordinationszahl von 6 vorliegt, im Vergleich zum grauen Zinn mit der Koordinationszahl 4.

Praktisch sehr wichtig ist das Problem der Abhängigkeit der Plastizität von chemischen Baufehlern, d. h. der Einfluß von Beimengungen oder Verunreinigungen auf die Verformbarkeit. So verhalten sich bereits intermetallische Verbindungen weit weniger plastisch als reine Metalle. Und auch durch Mischkristallbildung wird die Verformbarkeit herabgesetzt.

Technisch spielt diese Problemstellung bei der Metallvergütung eine bedeutsame Rolle. Auch bei heteropolaren Kristallen, wie z.B. Salmiak, Silberchlorid u.a., wirken die chemischen Baufehler in gleicher Richtung wie bei den Metallen. Beispielsweise ist AgCl bei Zimmertemperatur so plastisch, daß es sich wie Metalle kalt walzen läßt. Bereits Zusätze von 0,1% CuCl zerstören diese Eigenschaft völlig (Seifert). Man kann annehmen, daß in solchen Fällen die eingelagerte Fremdsubstanz die gewöhnlichen Gleitrichtungen und -ebenen stark blockiert und damit die Wanderung von Versetzungen gehemmt wird.

Ebenso wie bei der Zerreißfestigkeit und bei der Schubfestigkeit spielen selbstverständlich die Kristallbaufehler auch bei der Spaltbarkeit der Mineralien und Kristalle eine wesentliche Rolle. Wenn auch die Spaltebenen in ihrer Lage durch den idealen Gitterbau bedingt sind (vgl. S. 113), so wird die Spaltung dort jeweils bevorzugt erfolgen, wo durch Fehlstellen im Gitterbau die Kohäsion entscheidend herabgesetzt ist. In diesem Zusammenhang ist auch die elektrische Durchschlagsfestigkeit zu erwähnen, die erwartungsgemäß ebenfalls stark störungsempfindlich ist.

3. Diffusions- und Leitereigenschaften

Neben den Kohäsionseigenschaften sind es vor allem Diffusions- und Leitungsvorgänge, in denen die Wirksamkeit der Baufehler zum Ausdruck kommt. Eine sehr anschauliche Vorstellung vom Mechanismus der Ionen- und Elektronenwanderung haben Wagner und Schottky gegeben. Es ist bekannt, daß Silberchlorid bei höherer Temperatur eine beträchtliche elektrische Leitfähigkeit aufweist, die im wesentlichen durch die Bewegung von Silberionen bedingt ist. Jeder Versuch, eine Ionenwanderung in einem idealen Gitter anzunehmen, mißlingt offenbar. Vielmehr ist zu vermuten, daß einige Silberionen ihre regulären Gitterplätze verlassen und statt dessen an anderen Stellen zwischen den übrigen Gitterbausteinen auf sogenannten „Zwischengitterplätzen“ eingebaut werden. Dann ist selbstverständlich eine Elektrizitätsleitung durch Silberionen möglich, indem sich die Silberionen von einem Zwischengitterplatz auf den nächsten bewegen. Zum anderen kann selbstverständlich eine Wanderung der Ionen im Gitter dadurch zustande kommen, daß benachbarte Ionen in die Leerstellen einrücken, die von den Zwischengitterionen zurückgelassen wurden. Dieser Mechanismus soll durch folgendes Schema verdeutlicht werden (□ bedeutet hierin eine Leerstelle):

Ag+ Cl− Ag+ Cl− Ag+

Cl− □ Cl− Ag+ ↑ Cl−

↗ Ag+

Ag+ Cl− Ag+ Cl− Ag+

Da in vielen Gittern nun (z. B. NaCl) eine Wanderung der Kationen auf Zwischengitterplätzen aus räumlichen und energetischen Gründen sehr unwahrscheinlich ist, so muß angenommen werden, daß bei höheren Temperaturen Alkali- und Halogenionen in gleicher Zahl ihre normalen Plätze verlassen und an die Oberfläche abwandern. Dabei bilden sich einmal im Innern des Gitters Leerstellen aus, während an der Oberfläche das Kristallgitter regelmäßig weiter gebaut wird. Ein Platzwechsel ist dann wieder durch Nachrücken von Ionen auf benachbarte Leerstellen möglich. Für diesen Mechanismus ergibt sich folgendes Schema:

Na+ Cl− Na+ Cl− Na+

Cl− □ Cl− Na+ Cl−

↗ ↙

Na+ Cl− Na+ □ Na+

Noch wesentlich größer ist das Ionenleitvermögen, wenn eine Struktur vorliegt, in der etwa die Kationen eine allgemein größere Bewegungsmöglichkeit besitzen. Das ist z. B. bei der regulären Hochtemperaturmodifikation des Jodsilbers (α-AgJ) der Fall. Im α-AgJ ist der feste Zustand durch den gittermäßigen Zusammenhang der Jodionen bedingt, während sich die Ag^+-Ionen, ohne definierte Gitterplätze zu besetzen, in den Lücken des J-Ionengitters befinden. Die offenbar verhältnismäßig frei beweglichen Ag^+-Ionen sind gleichmäßig in den Lücken des festen kubisch-raumzentrierten Jodgitters verteilt. Die α-AgJ-Struktur besteht demnach aus einer raumzentrierten J-Ionenpackung mit insgesamt 42 symmetrisch angeordneten Lücken pro Elementarzelle. In diesen 42 Lücken sind zwei Ag^+-Ionen ohne Rücksicht auf die strukturgeometrischen Eigenschaften dieser Plätze frei beweglich eingelagert (Strock). Es ist selbstverständlich, daß dadurch die ungewöhnlich hohe Leitfähigkeit des α-AgJ anschaulich zu erklären ist. Ganz ähnlich liegen die Verhältnisse beim α-Ag_2HgJ_4 und beim α-Cu_2HgJ_4. Die Kristallstrukturen beider Verbindungen sind kubisch-flächenzentriert und gehören dem Zinkblendetypus an (vgl. S. 31). Die beiden Silber- (Kupfer-) Ionen und das Quecksilberion, pro Elementarzelle gerechnet, sind unregelmäßig auf je vier Gitterplätze verteilt (Ketelaar). Damit ist naturgemäß eine erhöhte Beweglichkeit der Kationen und somit eine beträchtliche Ionenleitfähigkeit bedingt. Eine derartige Leitungsart wird zweckmäßigerweise als „Lückengitterleitung" bezeichnet.

Zusammenfassend lassen sich auf Grund der durchgeführten Betrachtungen folgende Grundtypen für die Fehlordnungszustände aufstellen:

1. Zwischengitterplatztypus. Atome bzw. Ionen des stöchiometrisch überschüssig vorhandenen Bestandteils sind zwischen den regulären Gitterbausteinen eingelagert.

2. Leerstellentypus. Einzelne Gitterplätze des unterschüssig vorhandenen Bausteins sind unbesetzt, während sämtliche regulären Plätze des überschüssig vorhandenen Bestandteils besetzt sind.

3. Substitutionstypus. Einzelne Atome bzw. Ionen des einen Bestandteils sind durch Atome bzw. Ionen des anderen ersetzt. Bei diesen Fehlordnungstypen handelt es sich um reversible Störungen, die sich im thermodynamischen Gleichgewicht mit dem Gitter befinden. Dabei wird sich mit wachsender Temperatur die Zahl der Störstellen vergrößern. Es werden daher bei nicht zu niedrigen Temperaturen stets größere Bereiche existieren, in denen Ionenleitung und Diffusion von zufälligen (nicht reversiblen) Baufehlern des Kristallgitters mehr oder weniger unabhängig sind und reine Temperaturfunktionen darstellen. Diese Hochtemperaturleitung bzw. -diffusion ist demnach störungsunempfindlich. Dagegen werden bei tieferen Temperaturen die nicht-reversiblen Gitterstörungen stärker in Erscheinung treten, so daß die Tieftemperaturleitung bzw. -diffusion einen stärkeren störungsempfindlichen Anteil enthält.

Es ist zu erwarten, daß der Zwischengitterplatztypus nur dann auftritt, wenn es sich um eine Einlagerung von verhältnismäßig kleinen Ionen oder Atomen handelt. Ein Gitter vom Zwischengitterplatztypus scheint bei den Abbauprodukten von PbO_2 vorzuliegen. Ist ein Mangel an Sauerstoffionen im Verhältnis Pb : O = 1 : 1,69 vorhanden, so tritt bei unverändertem Gitter eine Aufweitung gegenüber den Kristallen mit normalem Verhältnis Pb : O = 1 : 2 auf. Diese Gitteraufweitung ist nur so zu verstehen, daß die überschüssigen Bleiatome auf Zwischengitterplätzen eingelagert sind.

Demgegenüber haben wir z. B. beim FeO, FeS und FeSe Kristallgitter mit Leerstellen. Gitter mit Leerstellen kann man auf folgende Art und

Weise ermitteln: Zunächst wird die Dichte des Kristalls pyknometrisch bestimmt, dann röntgenographisch das Volumen der Elementarzelle. Durch Multiplikation von Dichte und Volumen wird die mittlere Masse der Elementarzelle gewonnen, die man andererseits auf Grund der chemischen Zusammensetzung berechnen kann. Der experimentelle Wert muß in charakteristischer Weise gegenüber dem theoretischen verkleinert sein, wenn Leerstellen vorhanden sind.

Bei heteropolaren Verbindungen ist der Substitutionstypus sehr unwahrscheinlich, da die Einlagerung eines Ions an einen Gitterplatz, dem an sich ein Ion mit entgegengesetzter Ladung zugehört, energetisch sehr unwahrscheinlich ist. Substitution kommt häufig auch bei Ionenkristallen dann vor, wenn isomorphe Vertretbarkeit zwischen zwei Komponenten der betreffenden Verbindung besteht. Ob damit allerdings dann besondere Leitereigenschaften der Ionenkristalle verbunden sind, ist nicht bekannt. Eine große Rolle spielt der Substitutionstypus bei den intermetallischen Verbindungen.

Zur Vertiefung des Verständnisses für die Fehlordnungserscheinungen wollen wir den Fehlordnungsgrad auf Grund einer einfachen kinetischen Betrachtung ableiten (Frenkel, Jost). Wir gehen von einem reinen Kristall der Zusammensetzung A aus. Dabei sollen die Partikeln A ein ideales Gitter aufbauen, wie es nur beim absoluten Nullpunkt stabil ist. Mit wachsender Temperatur wird eine zunehmende Zahl von Bausteinen fehlgeordnet sein. Als speziellen, einfachen Fall nehmen wir an, daß dabei ein Teil der Gitterpunkte unbesetzt ist und daß statt dessen die von dort abgewanderten Bausteine im Zwischengitterraum untergebracht sind. Demnach existieren als Fehlstellen Löcher und Partikeln im Zwischengitterraum in äquivalenter Zahl. Bezeichnen wir die Gesamtzahl der Partikeln pro cm^3 mit N und die Zahl der im cm^3 vorhandenen Gitterplätze mit N_g, so ist offenbar $N = N_g$. Ferner gilt $n_e = n_z$, wenn n_e die Zahl der Leerstellen im cm^3 und n_z die Zahl der Teilchen auf Zwischengitterplätzen bedeutet. Im allgemeinen können wir voraussetzen, daß der Fehlordnungsgrad klein ist, d. h. es ist $n_e \ll N$ und $n_z \ll N$. Andererseits darf man setzen $n_g \cong N = N_g$, wenn n_g die Zahl der Teilchen auf normalen Gitterplätzen bedeutet. Nun bezeichnen wir noch die Zahl der vorhandenen Zwischengitterplätze mit N_z. Diese Zahl wird stets von der gleichen Größenordnung sein wie N_g. Wir setzen hier speziell: $N_z = N_g = N$.

Wir nehmen nun an, daß die potentielle Energie für einen Zwischengitterplatz um E_0 (bezogen auf ein Mol) größer ist als für einen normalen

Gitterplatz. Wenn ein Teilchen von einem normalen Gitterplatz auf einen Platz im Zwischengitterraum gebracht werden soll, so muß mindestens die Energie E_0 zugeführt werden. Nun kann aber noch dem Platz im Zwischengitterraum eine Potentialschwelle der Höhe U vorgelagert sein. Dann muß bei der Überführung des Teilchens in den Zwischengitterraum die Energie $E_o + U$ aufgewandt werden, während beim Übergang des Teilchens aus dem Zwischengitterraum auf den normalen Gitterplatz nur die Schwellenenergie U zugeführt werden muß.

Die Anzahl der Übergänge pro Zeiteinheit von normalen Gitterplätzen auf Zwischengitterplätze — wir nennen sie n_1 — wird proportional sein der Zahl der auf Gitterplätzen vorhandenen Partikeln, also n_g, ferner proportional einem Boltzmann-Faktor $exp\left\{-(E_o + U)/RT\right\}$ und proportional der Wahrscheinlichkeit, einen Zwischengitterplatz unbesetzt anzutreffen, d. i.

$$\frac{N_z - n_z}{N_z} \cong 1.$$

So wird:

$$n_1 \sim n_g \cdot \exp\left\{-(E_o + U)/RT\right\} \cong N \cdot \exp\left\{-(E_o + U)/RT\right\}.$$

Andererseits wird n_2 = Zahl der Übergänge der Teilchen von Zwischengitterplätzen auf normale Gitterplätze proportional der Zahl der besetzten Zwischengitterplätze (n_z), dem Boltzmann-Faktor $\exp(-U/RT)$ sowie der Wahrscheinlichkeit, einen Gitterplatz unbesetzt anzutreffen, d. i. n_e/N_g oder n_z/N. Schließlich wird:

$$n_2 \sim n_z \cdot \frac{n_z}{N} \cdot \exp(-U/RT)$$

Im Gleichgewicht müssen die Zahlen der Übergänge von normalen Plätzen auf Zwischengitterplätze und umgekehrt einander gleich sein. Also gilt:

$$N \cdot \exp\left\{-(E_o + U)/RT\right\} \cong \frac{n_z^2}{N} \exp(-U/RT)$$

oder

$$N^2 \exp(-E_0/RT) \cong n_z^2$$

und schließlich

$$n_z \cong N \cdot \exp(-E_0/2\,RT).$$

E_0 ist darin vielfach von der Größenordnung 1 Elektronenvolt (~ 23 kcal) pro Mol. Der Fehlordnungsgrad $\frac{n_z}{N}$ ist danach im allgemeinen klein, kann aber in Schmelzpunktnähe beträchtlich (10% und mehr) werden. Für

$T = 273°$ abs. errechnet sich aus der Formel mit $E_0 = 20$ kcal ein Fehlordnungsgrad von 10^{-8}, für 400° C ($T = 673°$abs.) $6 \cdot 10^{-4}$ und für 800° C ($T = 1073°$ abs.) 10^{-2}.

Die Erfassung der Ionenleitfähigkeit in Kristallen ist vielfach deshalb besonders erschwert, weil meist neben der Ionenleitfähigkeit eine größere Elektronenleitfähigkeit vorhanden ist, die beide nun nicht immer leicht voneinander zu trennen sind. Es hat sich gezeigt, daß bei der Elektronenleitung der Einfluß etwaiger Abweichungen von der ganzzahligen stöchiometrischen Zusammensetzung ganz besonders intensiv zur Wirkung kommt. C. Wagner variierte die Sauerstoffdrucke über den Oxyden bei Temperaturen von 600° bis 1000°, bei denen sich der Sauerstoffgehalt des kristallisierten Oxyds mit der Gasphase ins Gleichgewicht setzt. Auf Grund dieser Untersuchungen werden folgende Gruppen von Oxyden unterschieden:

1. Die elektrische Leitfähigkeit fällt mit wachsendem Sauerstoffdruck, z. B. ZnO und CdO.

2. Die elektrische Leitfähigkeit steigt mit wachsendem Sauerstoffdruck, z. B. Cu_2O, NiO, FeO, CoO.

3. Die elektrische Leitfähigkeit ist im wesentlichen unabhängig vom Sauerstoffdruck bei CuO, Co_3O_4, Fe_3O_4, Fe_2O_3.

Zunächst ergibt sich für die erste Gruppe von Oxyden, z. B. Zinkoxyd, folgende Deutung: Zinkoxyd ist bei 600° bereits partiell dissoziiert. Ein Teil der Sauerstoffatome ist an die Gasatmosphäre abgegeben, so daß ein Überschuß an Metall im Oxydgitter auftritt. Dabei müssen wir annehmen, daß in den Oxyden wenigstens zum Teil die Metallatome in positiv geladene Ionen und quasi freie Elektronen gespalten sind. Die Elektronen sind die Träger der Leitfähigkeit. Je größer der Sauerstoffdruck demnach ist, desto weniger Sauerstoffatome werden an die Gasatmosphäre abgegeben, desto geringer also wird der Zinküberschuß sein. Desto kleiner ist schließlich auch die Elektronenkonzentration und damit die Leitfähigkeit.

Bei der zweiten Gruppe von Oxyden (z. B. Cu_2O) tritt im Gegensatz zur ersten Gruppe eine Erhöhung der Leitfähigkeit mit dem Sauerstoffdruck ein. Sauerstoff ist nun ein elektronegatives Element und verbraucht demnach Elektronen unter Bildung von negativen Sauerstoffionen. Die beobachtete Leitfähigkeitserhöhung mit steigender Sauerstoffaufnahme kann demnach nicht auf das Vorhandensein von quasi freien Elektronen zurückgeführt werden. Es ist vielmehr folgendes anzunehmen: Überschüssig z. B.

in das Cu_2O-Gitter gelangende Sauerstoffatome entnehmen den normal besetzten Elektronenschalen der regulären Gitterbausteine einzelne Elektronen und bilden damit Sauerstoffionen. An Stelle der entfernten Elektronen sind nun sogenannte „Elektronendefektstellen", häufig auch als „Löcher" bezeichnet, getreten. Ganz analog wie auch die Leerstellen vermögen die Elektronendefektstellen einen Elektronentransport zu vermitteln. Im Falle des Cu_2O können die Defektstellen mit höher geladenen Metallionen gleichgesetzt werden, die ein Elektron zu wenig haben. Solche Ionen müssen sich selbstverständlich wie Fremdbausteine in dem betreffenden Oxydgitter verhalten, sind also ebenfalls wieder als Kristallbaufehler zu betrachten. Für das Cu_2O läßt sich der Wanderungsmechanismus wie folgt symbolisch schreiben:

$$\underbrace{Cu^{+} + Cu^{++}}_{e^{-}} = Cu^{++} + Cu^{+}$$

Dazu ist nun allerdings zu bemerken, daß dieses korpuskulare Bild den experimentellen Tatbestand nicht völlig richtig wiedergibt. Aus der Erfahrung ist zu entnehmen, daß die mittlere freie Weglänge der wandernden Elektronen wesentlich größer ist als der Abstand unmittelbar benachbarter Kupferionen. Diese Frage aber kann restlos erst auf wellenmechanischer Grundlage gelöst werden. Ohne auf die wellenmechanischen Entwicklungen dieses Problems einzugehen, wollen wir versuchen, möglichst anschaulich das darzustellen, was heute über den Mechanismus der Elektronenleitung in Kristallen im einzelnen gesagt werden kann (Gudden, Schottky).

Der leitende physikalische Grundgedanke ist die Vorstellung, daß in einem Kristallgitter, ähnlich wie beim isolierten Atom, erlaubte und nicht erlaubte Energiezustände vorhanden sind. Jeder zulässige Energiezustand (Term) eines Valenzelektrons wird infolge der Wechselwirkung mit allen N Gitterbausteinen in $2\,N$ Terme aufgespalten. Da N sehr groß ist, liegen die einzelnen Terme recht nahe beisammen. Wird N beliebig groß, so wird der Abstand zweier aufeinanderfolgender Terme beliebig klein. Man hat es also praktisch mit einer kontinuierlichen Folge von Termen zu tun. Auf diese Weise entstehen breite Bänder von erlaubten Energiezuständen. Das ganze Energiespektrum der Gitterelektronen besteht demnach aus einzelnen Energiebändern mit je $2\,N$ Eigenwerten. Trägt man für eine beliebige Richtung im Kristall die Elektronenenergien auf, so gelangt man zu einer

Folge von nach oben immer breiter werdenden Bändern erlaubter Energiebeträge, zwischen denen nach oben stets schmaler werdende Zonen verbotener Energiebeträge liegen (vgl. Abb. 51a). In den Bändern sind die Elektronen nicht mehr der klassischen Vorstellung entsprechend streng lokalisiert, sondern sie gehören jeweils dem gesamten Kristallgitter an. In Isolatoren sind die Bänder mit Elektronen voll besetzt. Wegen des Pauli-Prinzips kann jeder Term nur ein Elektron enthalten. Das höchste unbesetzte Band wird als Grundband, das nächstfolgende unbesetzte Band als Leitfähigkeitsband bezeichnet. Elektronenleitung ist nur dann möglich, wenn das Leitfähigkeitsband teilweise besetzt ist. Nur dann ist eine Bewegung von Elektronen möglich. Denken wir uns an den Kristall ein äußeres elektrisches Feld angelegt, so wird die Energie der Elektronen etwas vermehrt. Dann ändert sich aber nichts, wenn die Bänder voll besetzt sind. Denn wegen des Pauli-Prinzips ist nirgends Platz für ein neues, weiteres Elektron, d. h. es müssen ebenso viele Elektronen in Richtung des Stromes, wie gegen den Strom beschleunigt werden. Ist aber das oberste Band nicht voll besetzt, dann können Elektronen in den noch unbesetzten Bandteil gehoben werden, sie können eine Beschleunigung erfahren und so als Träger eines elektrischen Stromes auftreten (metallische Leitung). In Abb. 51a sei G das oberste beim absoluten Nullpunkt voll besetzte (Grundband), F das nächsthöhere und völlig unbesetzte erlaubte Band (Leitfähigkeitsband). Damit ist der betreffende Kristall zunächst ein Isolator, da in dem einen Band keine Elektronen vorhanden sind, während das zweite voll besetzt ist. Bei höheren Temperaturen stellt sich nun ein Gleichgewicht zwischen „freien" Elektronen im F-Band und „Löchern" im G-Band ein. Die Leitung durch die freien Elektronen in F wird als Überschußleitung bezeichnet, die Leitung durch die „Löcher" in G als Defektleitung (auch Mangel-, Löcher- oder Ersatzleitung). Wie es oben am Beispiel des Cu_2O dargelegt wurde, besteht die Mangelleitung im Ersatz eines fehlenden Elektrons, wobei sich die Elektronenlücke in bezug auf die Richtung der Elektronenwanderung rückwärtig verlagert. Wie die Elektronenlücke, so würde sich auch eine positive Elementarladung im elektrischen Feld bewegen.

Das eben beschriebene einfachste Modell eines elektronischen Halbleiters (Abb. 51a) ist jedoch bisher in der Natur nicht mit Sicherheit beobachtet worden. Es hat sich gezeigt, daß bei allen genauer untersuchten Elektronenleitern der Leitungsmechanismus wesentlich von stöchiometrischen Störungen beeinflußt wird (vgl. Cu_2O). Es wird angenommen, daß in solchen Fällen von den stöchiometrischen Störstellen Energiezwischenwerte erzeugt werden (Abb. 51b). Während am absoluten Nullpunkt alle Energieniveaus besetzt sind, soll sich wiederum bei höheren Temperaturen ein Gleichgewicht zwischen dem Zwischenterm *S* und dem höheren Band *F* einstellen. Damit ist eine Überschußleitung in *F* bedingt. Je nachdem ob ein Metall- oder Metalloidüberschuß die Leitung bedingt, unterscheidet man nach Peierls zwei Arten von Störstellen:

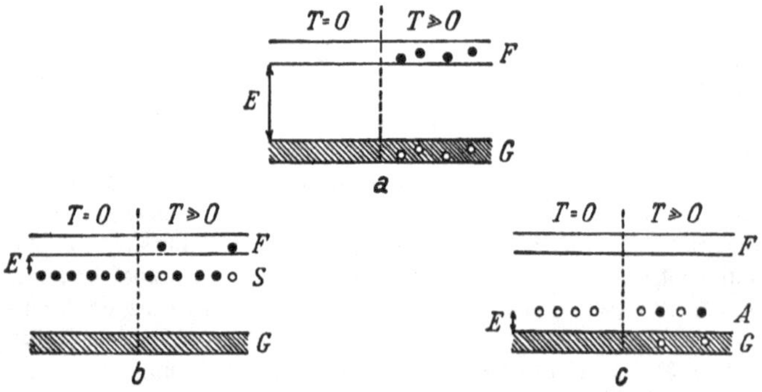

Abb. 51. Energiebänder. a) Im idealen Gitter, b) in einem Gitter mit „Spenderstellen", c) in einem Gitter mit „Auffängerstellen"

1. Die bereits besprochenen „Spenderstellen" (*S*) bei Halbleitern mit Metallüberschuß und

2. „Auffängerstellen" (*A*) bei Halbleitern mit Metalloidüberschuß (Abb. 51c).

Im Gegensatz zu den *S*-Stellen sind die *A*-Stellen bei $T = 0°$ abs. unbesetzt, während bei höherer Temperatur eine Verteilung zwischen besetzten *A*-Stellen und Löchern im *G*-Band eintritt. Dadurch ist im *G*-Band natürlich eine Mangelleitung bedingt. Als *A*-Stellen mögen z. B. CuO in Cu_2O, CuJ_2 in CuJ, Ni_2O_3 in NiO, als *S*-Stellen beispielsweise WO_2 in WO_3, Na in NaCl, Zn in ZnO usw. in Frage kommen.

Wenden wir uns nun noch einmal für einen Augenblick der Abhängigkeit der Leitfähigkeit vom Sauerstoffdruck beim Cu_2O zu! Es erhebt sich dabei die Frage, wie denn die überschüssigen Sauerstoffionen in das Gitter eingebaut werden. Mit großer Wahrscheinlichkeit müssen wir annehmen, daß die bei Sauerstoffüberschuß neu hinzukommenden Sauerstoffionen wegen ihres großen Ionenradius nicht auf Zwischengitterplätze eingebaut werden können. Wohl aber werden die Kupferionen unter Bildung von Leerstellen nach außen abwandern und mit den überschüssig hinzukommenden Sauerstoffionen ein nach außen erweitertes („angebautes") Cu_2O-Gitter bilden. Es ergibt sich für diesen Fall folgendes Schema:

$$
\begin{array}{cccccccccccc}
Cu^{++} & & Cu^{+} & & \square & & Cu^{+} & & Cu^{+} & & Cu^{+} \\
 & O^{--} & & O^{--} & & O^{--} & & O^{--} & & O^{--} & \\
Cu^{+} & & Cu^{++} & & Cu^{+} & & Cu^{+} & & \square & & Cu^{+}
\end{array}
$$

Auf Grund dieser Deutungen des Leitungsmechanismus bei Halbleitern hat Wagner eine einfache Regel aufgestellt: Elektronendefektleitung ist im wesentlichen dann zu erwarten, wenn in einer gegebenen Verbindung die normalen Ionen in einer niederen oder mittleren chemischen Wertigkeitsstufe vorliegen und relativ leicht in eine höhere Wertigkeitsstufe übergehen können. Elektronen-Überschußleitung ist dagegen im wesentlichen zu erwarten, wenn Verbindungen der höchsten Wertigkeitsstufe des beteiligten Metalls vorliegen.

Bei der dritten Gruppe von Oxyden (z. B. CuO) ist die Leitfähigkeit unabhängig vom Sauerstoffdruck. Es wird angenommen, daß beim CuO beispielsweise unabhängig von kleinen Abweichungen von der ganzzahligen stöchiometrischen Zusammensetzung bei höherer Temperatur einzelne Elektronen von den Cu^{++}-Ionen abgelöst und an anderen Cu^{++}-Ionen angelagert sind. Dabei würden dann in gleicher Anzahl Cu^{+}- und Cu^{+++}-Ionen entstehen, die ohne weiteren Energieaufwand Elektronen bzw. Elektronendefekt mit benachbarten Cu^{++}-Ionen austauschen können.

Bemerkenswert ist in diesem Zusammenhang das Verhalten des Co_3O_4, das im sogenannten Spinellgitter kristallisiert. Spinelle sind Verbindungen vom Typus Y_3O_4, wobei $Y = Mg^{2+}, Mn^{2+}, Fe^{2+}, Fe^{3+}, Al^{3+}$ ist. Der eigentliche (Edel-) Spinell hat z. B. die Zusammensetzung $MgAl_2O_4$. Auch der Magnetit gehört hierher: Fe_3O_4. Die Gitter vom Spinelltypus sind folgendermaßen aufgebaut (Beispiel Fe_3O_4): Die Fe^{2+}-Ionen bilden ein flächenzentriertes kubisches Gitter, dessen Achtelwürfel alternierend ebenfalls von Fe^{2+}-Ionen zentriert sind. Die Fe^{2+}-Ionen sind also wie die Kohlenstoffatome im Diamantgitter angeordnet (vgl. Abb. 21). Die Mittelpunkte der Achtelwürfel, die nicht von Fe^{2+}-Ionen besetzt sind, sind gleichzeitig Schwerpunkte von Tetraedern, in deren Ecken die Fe^{3+}-Ionen sitzen. Schließlich sind alle Zentren der Achtelwürfel gleichzeitig Schwerpunkte von O^{2-}-Tetraedern. Demnach sind in der Elementarzelle insgesamt 32 Sauerstoffionen, 16 dreiwertige und 8 zweiwertige Metallionen. Jedes zweiwertige Metallion ist tetraedrisch von vier Sauerstoffionen umgeben ([4]-Koordination), jedes dreiwertige Metallion ist dagegen oktaedrisch von 6 Sauerstoffionen umgeben ([6]-Koordination). Die Strukturen von Verbindungen wie z. B. $ZnAl_2O_4$, $NiAl_2O_4$, $CoAl_2O_4$ und andere sind in dieser Weise aufgebaut. Nun gibt es aber auch Verbindungen vom Spinelltyp, wie etwa $MgGa_2O_4$, bei denen nach Machatschki folgende Anordnung am wahrscheinlichsten ist: Die Kationen besetzen regellos die 8- und 16-zähligen Punktlagen, während aber die Ga-Ionen in der 8-zähligen Punktlage reichlicher vorhanden sind, als eine statistische Verteilung erwarten ließe. Dabei wäre wohl denkbar, daß ein beim Abkühlen von höherer Temperatur eingefrorener Unordnungszustand vorliegt.

Entsprechend wäre anzunehmen, daß beim Co_3O_4 bei höheren Temperaturen eine mindestens teilweise statistische Verteilung der Co^{2+}- und Co^{3+}-Ionen auf die 8- und 16-zähligen Punktlagen gegeben ist. Somit erhalten wir folgende Austauschmöglichkeiten, die eine gute elektrische Leitfähigkeit bedingen: 1. Elektronenaustausch zwischen Co^{2+} und Co^{3+} in [4]-Koordination, 2. Elektronenaustausch zwischen Co^{2+} und Co^{3+} in [6]-Koordination. Bei Zimmertemperatur und ganzzahliger stöchiometrischer Zusammensetzung Co_3O_4 haben wir hingegen einen Einbau der Co^{2+}-Ionen in [4]-Koordination und einen Einbau der Co^{3+}-Ionen in [6]-Koordination. Der Elektronenübergang $Co^{2+} \rightarrow Co^{3+}$ ist dann nicht mehr ohne weiteres möglich, weil dieser Übergang zu einem Zustand höherer Energie führen würde. Daher hat Co_3O_4 ohne Sauerstoffüberschuß bei gewöhnlicher Temperatur nur geringes Leitvermögen. Schließlich ist bei Zimmertemperatur mit Sauerstoffüberschuß das Verhältnis Metallionen : Sauerstoffionen $< 3:4$. Die Entfernung eines Co-Atoms denken wir uns folgendermaßen durchgeführt: Es wird ein Co^{2+}-Ion aus der [4]-Koordination entfernt, danach zwei Elektronen. Diese werden zwei Co^{2+}-Ionen entzogen, die sich in [4]-Koordination befinden. Damit sind gleichzeitig zwei Co^{3+}-Ionen in [4]-Koordination entstanden. Auf diese Weise ist nun wiederum die Möglichkeit gegeben, daß Co^{2+}- und Co^{3+}-Ionen in [4]-Koordination die Elektronen austauschen. In der Tat wurde eine Zunahme der elektrischen Leitfähigkeit von Co_3O_4 bei Sauerstoffüberschuß beobachtet.

Eingehend untersucht ist die Elektronenleitung in den Alkalihalogenidkristallen. Diese Untersuchungen, die von Pohl und Mitarbeitern durchgeführt worden sind, haben eine große allgemeine Bedeutung für die

Elektrizitätsleitung in Kristallen gewonnen. Wir müssen daher auf diese wichtigen Ergebnisse etwas näher eingehen: Die Kristalle der Alkalihalogenide sind völlig farblos durchsichtig und bei tiefen Temperaturen gute Isolatoren. Bei höheren Temperaturen werden sie zu Ionenleitern. Durch Einstrahlung von Röntgen- oder ultravioletten Strahlen können die Kristalle verfärbt werden. Man bezeichnet diese Erscheinung als „photochemische" oder auch „subtraktive" Färbung. Ihr gegenüber pflegt man die sogenannte „additive" Färbung zu stellen, die durch thermische Eindiffusion von Natriumatomen erzeugt wird. Additiv oder subtraktiv verfärbte Kristalle können sich wie Halbleiter verhalten, indem sie neben einer Ionenleitung eine Elektronenleitung aufweisen („Mischleiter"). Die Abspaltung der Leitungselektronen kann durch Wärme oder Licht erfolgen. Durch den Einbau von Metallüberschuß in das Kristallgitter wird eine im Sichtbaren gelegene Absorptionsbande erzeugt. Beim KBr z. B. ergibt sich dabei eine Blaufärbung. Diese Absorptionsbande im Sichtbaren bezeichnet man als *F*-Bande, deren Träger die *F*-Zentren sind.

Es hat sich weiter gezeigt, daß durch Einlagerung von Alkalihydriden in das Gitter eines Alkalihalogenidkristalls (z. B. KH in KBr) Absorptionsbanden im Ultravioletten erzeugt werden (*U*-Banden). Die *U*-Zentren können in umkehrbarer Weise in *F*-Zentren umgewandelt werden, wobei ein thermisches Gleichgewicht zwischen *U*- und *F*-Zentren besteht, das sich bei höherer Temperatur und bei Lichtabsorption in die *U*-Bande zugunsten der sichtbaren Farbzentren verschiebt. Die sichtbaren Farbzentren stellen nun nichts anderes dar als neutrale Alkalimetallatome. Diese können thermisch oder optisch in unsichtbare Alkalimetallionen und unsichtbare Elektronen gespalten werden. Diese Elektronen bewegen sich, sobald man an den Kristall ein elektrisches Feld anlegt. Dabei werden die Elektronen immer wieder nach Zurücklegung einer mittleren freien Weglänge von einem positiven Ion des Gitters aufgefangen, wobei ein neutrales Metallatom, also ein Farbzentrum, entsteht. Nach einiger Zeit wird es wieder abgespalten und wandert weiter. Also nur während der Ruhepausen ist der Platz des Elektrons sichtbar. Durch optische Dissoziation spalten die Alkalihydridmolekeln (*U*-Zentren) in unsichtbaren Wasserstoff und in sichtbare Alkalimetallatome (*F*-Zentren) auf. Auf diese Weise erklärt sich der Übergang: *U*-Zentrum → *F*-Zentrum.

Die Lichtabsorption in der Farbzentrenbande verursacht ein Verschwinden der *F*-Zentren, und es entstehen die von diesen etwas verschiedenen *F'*-Zentren, die nur bei tieferen Temperaturen beständig sind.

Die Entstehung der *F'*-Zentren muß man sich folgendermaßen vorstellen: Ein Elektron wird durch ein Lichtquant vom *F*-Zentrum abgespalten und läßt an seinem Platz ein positives Alkalimetallion zurück. Nach Zurücklegung eines endlichen Weges wird das Elektron in der Nachbarschaft eines anderen *F*-Zentrums von einem positiven Ion eingefangen. Dabei bildet sich ein neues Alkalimetallatom. Die beiden benachbarten Alkalimetallatome zeigen ein Spektrum, das von dem Spektrum zweier einzelner *F*-Zentren etwas abweicht. Sie erscheinen optisch als *F'*-Zentren.

Abschließend sei noch auf eine Reihe von Erscheinungen hingewiesen, die in engem Zusammenhang mit den Halbleitereigenschaften stehen. Es sind das Effekte, die bei Photozellen, Trockengleichrichtern, Sperrschichtzellen und Kristalldetektoren eine Rolle spielen. Vieles, auch Grundsätzliches, ist bei dieser Erscheinungsgruppe noch nicht geklärt und bedarf vor allem noch der gittertheoretischen Ausdeutung. Sperrschichtzellen sind prinzipiell aufgebaut aus einem Trägermetall (z. B. Cu) und aus einer Schicht einer elektrischen Halbleitersubstanz (z. B. Cu_2O). An einer solchen Anordnung lassen sich zwei Effekte beobachten: 1. Bei Anlegen eines äußeren elektrischen Feldes wirkt die Vorrichtung als Gleichrichter, und zwar in dem Sinne, daß der Elektronenstrom leichter vom besseren (Cu) zum schlechteren Leiter (Cu_2O) übergeht als umgekehrt. 2. Bei Bestrahlung wirkt das System wie ein Element. Als Detektoren bezeichnet man Vorrichtungen zur Gleichrichtung elektrischer Schwingungen. Sie bestehen aus zwei elektronisch leitenden Elektroden von möglichst ungleichen Dimensionen (Spitze und Fläche), die durch eine dünne isolierende Schicht („Sperrschicht") beliebiger chemischer Natur getrennt sind (Geismann). Das bekannteste Detektormaterial ist Bleiglanz PbS.

4. Lumineszenzerscheinungen

Daß auch die Lumineszenzerscheinungen der Kristalle wesentlich durch Eigenschaften des Realbaus bedingt sind, wurde bereits frühzeitig erkannt. Hierbei spielen offenbar chemische Baufehler eine besondere Rolle (Fremdstoffphosphore). Das umfangreiche Tatsachenmaterial wurde in den grundlegenden Untersuchungen von Lenard, F. Schmidt, Tomaschek, Riehl, Schön u. a. erarbeitet. Auf Grund dieser ausgedehnten Erfahrungen mußte gefolgert werden, daß Fehllagerungen von Bausteinen als Ursache für das Zustandekommen der Lumineszenzfähigkeit in Betracht zu ziehen sind.

Zunächst sei kurz auf die wichtigsten Erscheinungen und Begriffe eingegangen, mit denen wir es bei der Lumineszenz zu tun haben. Man unterscheidet heute drei fundamentale Prozesse: 1. Fluoreszenz. Bei ihr erfolgt die Lichtemission unmittelbar nach dem Erregungsvorgang und die Abklingung gehorcht dem Gesetz einer monomolekularen Reaktion. 2. Phosphoreszenz. Hier erfolgt die Lichtemission erst einige Zeit nach dem Erregungsvorgang. Die Phosphore können „eingefroren" werden, wobei die Lichtemission erst wieder beim Erwärmen einsetzt. 3. Spontanes Nachleuchten. Im Gegensatz zur Phosphoreszenz kann das spontane Nachleuchten nicht eingefroren werden. Die Abklingung gehorcht dem Gesetz einer bimolekularen Reaktion. Die Intensität des spontanen Nachleuchtens kann durch Erhöhung der erregenden Strahlungsintensität praktisch beliebig gesteigert werden. Dagegen ist die Phosphoreszenz nur bis zu einem gewissen Grad (bis zur Vollerregung) zu steigern.

Die lumineszenzfähigen Stoffe bezeichnet man als Luminophore (Fluorophore bzw. Phosphore). Fremdatome, die die Lumineszenz bedingen, werden Phosphorogene oder Aktivatoren genannt. Als Kristallphosphore werden Stoffe definiert, deren Lumineszenzfähigkeit nicht auf einer von vornherein gegebenen Disposition ihrer Atome oder Molekeln beruht, sondern bei denen die Lumineszenzfähigkeit erst die Folge eines charakteristischen kristallinen Aufbaus ist. Es ist dabei von großer Bedeutung, daß sich am Leuchtvorgang der Kristallphosphore grundsätzlich der ganze Kristall, zumindest aber größere Kristallbereiche, deren Dimensionen die atomare Größenordnung weit überschreiten, beteiligen. Es ist selbstverständlich, daß an dieser Stelle ausschließlich die Kristallphosphore interessieren. Zur Gruppe der Kristallphosphore gehören Zink- und Zinkcadmiumsulfide, Silikate (z. B. Willemit, $ZnO \cdot SiO_2$), Wolframate (z. B. Scheelit $CaWO_4$), ferner die klassischen Lenard-Phosphore (d. s. Erdalkalisulfide und -oxyde mit kompliziertem kristallchemischen Aufbau) und schließlich Halogenide (Pohlsche Untersuchungen).

Grob anschaulich gesehen vollzieht sich der Lumineszenzvorgang in folgender Weise: Die eingestrahlten Lichtquanten werden von dem gesamten Kristallgitter absorbiert. Diese aufgenommene Energie wird auf bestimmte bevorzugte Stellen des Gitters übertragen, in denen sich die Phosphorogenatome befinden. Schließlich wird die Energie wiederum durch das Phosphorogenatom emittiert.

Eine exakte Deutung der Lumineszenzeigenschaften von Kristallphosphoren ist heute auf Grund der Untersuchungen von Riehl, Schön, Möglich, Rompe u. a. weitgehend möglich. Diese wellenmechanische Theorie der Lumineszenz geht von dem Energiebändermodell der Gitterelektronen aus (vgl. S. 178). Wir nehmen an, daß der Kristallphosphor als Isolator vorliege, bei dem also das Grundband voll besetzt ist, während das Leitfähigkeitsband unbesetzt ist. Durch Absorption eines Lichtquants im Grundgitter wird ein Elektron aus dem Grundband in das Leitfähigkeitsband gehoben. Dabei gilt für solche optischen Übergänge ein strenges Auswahlverbot: Beim optischen Übergang (Wellenzahl des Lichtes $\ll$ Wellenzahl des Elektrons) kann ein Elektron von einem Energiewert des einen Bandes nur zu einem einzigen Energiewert eines anderen Bandes übergehen. Demnach kann das in das Leitfähigkeitsband angeregte Elektron nur dann wieder un er Strahlung in das Grundband zurückkehren, wenn während der Verweilzeit im angeregten Zustand die Lücke, die das Elektron hinterlassen hat, noch nicht aufgefüllt ist. Auch darf es selbst in dieser Zeit seine energetische Lage im Leitfähigkeitsband nicht ändern. Kann das Elektron zurückkehren, so wird die Frequenz ausgestrahlt, die absorbiert wurde. Beim idealen Kristall wäre in solchem Falle höchstens eine verstärkte Reflexion der einfallenden Strahlung zu beobachten. Tatsächlich aber wandert das angeregte Elektron rasch an das andere Ende des Leitfähigkeitsbandes, so daß es nicht mehr in den Ausgangszustand zurückkehren kann. Demnach kann beim idealen Kristall überhaupt keine Emission stattfinden.

Hier hilft nun wiederum die Annahme über das Vorhandensein von Kristallbaufehlern weiter. Durch den Einbau von Phosphorogenatomen, d. s. ja chemische Baufehler, erscheinen in den verbotenen Zonen zwischen den Energiebändern sog. Störterme (vgl. Abb. 51b und c). Die Störterme, die zunächst in Betracht zu ziehen sind, liegen in geringer Höhe über dem oberen Rand des Grundbandes und werden Aktivatorterme genannt. Bei den Aktivatortermen muß im Gegensatz zu den „Auffängerstellen", die zur Deutung der elektronischen Leitfähigkeit herangezogen werden, angenommen werden, daß sie mit Elektronen aufgefüllt sind. Dann können diese Elektronen die Löcher, die im Grundband durch die angeregten Elektronen entstanden sind, wieder auffüllen. Das geschieht entweder sofort oder nach der Diffusion der Löcher an den oberen Rand des Grundbandes. Die Zeit für den Übergang aus dem Störterm in das untere Band ist um so kürzer, je näher der Term am Band liegt.

Die Strahlungsemission findet nun beim Übergang des Elektrons aus dem Leitfähigkeitsband in den freien Störterm statt. Diese Feststellung deutet die Erfahrung, daß die Frequenz der emittierten Strahlung vom Phosphorogenatom abhängt, richtig. Natürlich kann die Anregung auch durch direkte Absorption in den Störterm erfolgen. Allerdings ist diese Anregung wegen der geringen Zahl von Störtermen nur schwach.

Zur Erklärung der Speicherung von Energie, also der Phosphoreszenz, müssen weitere Störterme angenommen werden, die unmittelbar unterhalb des unteren Randes des Leitfähigkeitsbandes liegen. Sie werden Anlagerungsterme genannt und sind — wiederum im Gegensatz zu den „Spenderstellen" der Leitfahigkeit — nicht besetzt. Die in das Leitfähigkeitsband gehobenen (also angeregten) Elektronen können in die Anlagerungsterme übergehen und sich hier anlagern. Durch thermische Bewegung oder Ultraroteinstrahlung können die Elektronen in den Anlagerungstermen wieder in das Leitfähigkeitsband gehoben werden und dort nun durch Übergang zu den unbesetzten Aktivatortermen zur Emission Anlaß geben. Ein unmittelbarer Übergang vom Anlagerungsterm zum besetzten Band kann wiederum nicht stattfinden, da ja das Loch im besetzten Band sofort wieder aufgefüllt wird. Damit findet die Einfrierungsmöglichkeit der Phosphoreszenzstrahlung ohne Schwierigkeit seine Erklärung. Infolge der Existenz der Anlagerungsterme ist neben der Absorption im Grundgitter und der Absorption am Störterm noch eine dritte Erregungsart möglich: Übergang eines Elektrons vom Grundband in den Anlagerungsterm, d. i. also eine direkte Erregung der Phosphoreszenz. Es ist klar, daß hierbei ein Spontanleuchten nicht auftreten kann.

Einer Erklärung bedarf noch die Tatsache der bemerkenswert raschen Diffusion der Elektronen, die unter Abgabe der Energie an das Gitter an den unteren Rand des Leitfähigkeitsbandes wandern. Auf Grund klassisch und quantenmechanisch durchgeführter Überschlagsrechnungen hat es sich nämlich gezeigt, daß die Wechselwirkung eines Elektrons mit dem Gitter wegen des großen Massenunterschiedes derart ist, daß für die Diffusion an den unteren Rand Zeiten erforderlich wären, die größenordnungsmäßig wesentlich über den experimentell gefundenen Zeiten liegen. Die Deutung dieser Verhältnisse wurde von Möglich und Rompe gegeben. Danach muß neben der Wechselwirkung mit dem Gitter noch die Wechselwirkung der Elektronen untereinander („Plasmawechselwirkung") berücksichtigt werden. Diese Wechselwirkung besteht zwischen dem schnellen, in das obere

Band gehobene Elektron und der Menge der langsamen, mit dem Gitter im Wärmegleichgewicht stehenden Elektronen. Sie bewirkt bei genügend hoher Elektronenkonzentration eine Bremsung des schnellen Elektrons. Wegen ihrer elektrischen Ladung ist der Wirkungsquerschnitt der Elektronen für eine gegenseitige Wechselwirkung sehr hoch. Durch diese Wechselwirkung wird also die Energie des schnellen Elektrons auf alle im Leitfähigkeitsband vorhandenen Elektronen aufgeteilt, die dann die so aufgenommene Energie an das Gitter übertragen. Auch der letztere Vorgang geht ziemlich rasch vor sich, da ja sehr viele Elektronen gleichzeitig daran beteiligt sind.

Ein weiterer Vorgang, der von Möglich und Rompe aufgeklärt werden konnte, betrifft die strahlungslosen Übergänge der angeregten Elektronen. Die bedeutsame Theorie, auf die wir hier kurz eingehen wollen, erklärt die praktisch gefundene Quantenausbeute, die unter 1 liegt, ferner die Erscheinungen der Ultrarotausleuchtung und -tilgung der Phosphoreszenz. Wie schon erwähnt, kann man die Phosphoreszenz durch intensive Kühlung vollständig unterbinden („einfrieren“). Mit wachsender Temperatur nimmt die Nachleuchtdauer ab, die Helligkeit des Leuchtens zu, während die sog. „Lichtsumme“ (= zeitliches Integral der Intensität) konstant bleibt. Das gilt bis zu Temperaturen von etwa 200° C. Der gleiche Effekt kann auch durch Ultraroteinstrahlung erzielt werden. Dabei wird offenbar die Ultrarotstrahlung von den Anlagerungsstellen absorbiert, wobei das gebundene Elektron wieder in das Leitfähigkeitsband gehoben wird und dort unter Lichtemission zum Aktivatorterm übergehen kann.

Allerdings haben dabei Elektronen, die eine gewisse Energie (1–1,5 Volt) im oberen Band besitzen, eine erhebliche Wahrscheinlichkeit, strahlungslos in das untere Band zurückzukehren. Bei der Ultrarottilgung vollziehen sich diese Übergänge überhaupt nur noch strahlungslos. Tilgung wird auch noch durch weitere Temperatursteigerung erzielt. Es kommt dann zu keiner Phosphoreszenz mehr (Auslöschung der Phosphoreszenz). Man könnte für die Tilgung die Einfachstöße verantwortlich machen, bei denen ein Elektron seine Energie an eine einzige Gitterschwingung überträgt. Es hat sich aber gezeigt, daß diese Vorgänge nicht ausreichen, um den strahlungslosen Übergang zu erklären.

Wenn man nun bei dem Ansatz für die Wechselwirkungen in dem Potential die Störungen in größerer Näherung berücksichtigt, ergeben sich Stöße, bei denen ein Elektron seine Energie gleichzeitig an mehrere

Gitterschwingungen abgibt. Für die Wahrscheinlichkeit solcher Vielfachstöße W ergibt sich der Ausdruck:

$$W = \text{const.} \left(\frac{k\,T}{h}\right)^{\frac{\Delta E}{h \bar{\nu}}}$$

Hierin ist $\bar{\nu}$ ein Mittelwert der an dem Stoß beteiligten Gitterfrequenzen, ΔE die Energiedifferenz zwischen Anfangs- und End ustand, T ist die abs. Temperatur. Danach ist die Wahrscheinlichkeit der Vielfachstöße einer hohen Potenz der Temperatur proportional.

Die neuartige Wechselwirkung der Vielfachstöße ist von großer kristallphysikalischer Bedeutung. Daher sollen diese Vorgänge an einem einfachen, allerdings nicht vollständig zutreffenden Bild anschaulich verständlich gemacht werden (Birus, Möglich und Rompe): Wir betrachten die Bewegung eines punktförmig gedachten Elektrons im periodischen Gitterfeld, das aus einem periodischen Wechsel von Maxima und Minima der positiven Ladung besteht. Bei tiefen Temperaturen ist das Ladungsgebirge völlig regelmäßig und in Ruhe. Ein Elektron, das sich im Gitter bewegt, wird eine im wesentlichen geradlinige Bahn zurücklegen, wobei es kleine Oszillationen um diese Bahn ausführt. Denn es wird zu den Maxima der positiven Ladung hingezogen, während es von den Minima etwas abgestoßen wird. Bei der geradlinigen Bewegung verschwindet die Energieübertragung vom Elektron auf das Gitter. Gerät nun das Potentialgebirge des Gitters durch die bei höheren Temperaturen einsetzenden Gitterschwingungen in Bewegung, so werden die Ablenkungen des Elektrons von der geradlinigen Bahn größer werden. Wenn die Gitterschwingungen so große Beträge angenommen haben, daß scharfe Knicke in der Elektronenbahn entstehen, werden dem Elektron größere Energiemengen entzogen und auf das Gitter übertragen. Demnach findet bei tiefen Temperaturen überhaupt keine Energieabgabe zwischen Elektron und Gitter statt, mit wachsender Temperatur können dann kleine Energiebeträge ausgetauscht werden, während bei hohen Temperaturen die ausgetauschten Energiewerte mit der Gesamtenergie des Elektrons vergleichbar werden.

Eine weitere kristallphysikalische Erscheinung soll hier noch Erwähnung finden, da sie über die Lumineszenzvorgänge hinaus an Bedeutung gewinnen dürfte. Es handelt sich dabei um eine Art Oberflächenaktivierung bei Kristallen, wie sie folgendes Beispiel typisch zeigt: Die in einem bestimmten Zeitintervall adsorbierte Menge gewisser Farbstoffe an ZnS wächst, wenn dieser Adsorptionsprozeß bei Bestrahlung verläuft. Dabei scheint auch der Einbau von Fremdatomen eine entscheidende Rolle zu spielen. Allgemein werden bei solchen Vorgängen zur Aktivierung von Reaktionen Energien an der Oberfläche frei gemacht, die erheblich größer sind als die thermodynamisch verfügbaren Mengen. Es muß daher angenommen werden, daß potentielle Energie aus dem Innern des Kristalls laufend an seine Oberfläche wandert und dort für die Aktivierung der Reaktion verbraucht wird (Hedvallsche Störstellenwanderung).

Möglich und Rompe gehen in ihrer Deutung der Oberflächenaktivierung von der Tatsache aus, daß der energetische Zustand der Kristalloberfläche eine Singularität darstellt, die nicht immer vernachlässigt werden kann. Berücksichtigt man den Oberflächenzustand, so wird auch das Energiespektrum in charakteristischer Weise abgeändert, indem zu den Bändern, die sich nur unwesentlich modifizieren, noch neue Terme, die sog. Oberflächenterme, hinzugefügt werden. Die Oberflächenterme liegen energetisch teilweise in den verbotenen Zonen zwischen den erlaubten Energiebändern. Insbesondere stellt ein großer Teil der Anlagerungsstellen solche Oberflächenterme dar, die sowohl von äußeren als auch von „inneren" Oberflächen herrühren können. Nur dann aber kann von der Oberfläche für die Reaktionsauslösung Energie bereitgestellt werden, wenn sowohl einige Elektronen in den Termen unterhalb des Leitfähigkeitsbandes vorhanden sind als auch gleichzeitig einige Elektronen in den Termen oberhalb des Grundbandes fehlen. Diese Elektronenverteilung entspricht also nicht der, die zur Deutung der Lumineszenzvorgänge angenommen, sondern wie sie zur Erklärung der elektronischen Leitfähigkeit vorausgesetzt wurde (vgl. Abb. 51b und c, S. 180). Wenn nun durch irgendwelche Prozesse Energie an der Oberfläche abgeschöpft wird, so bedeutet das, daß die Elektronen, die unmittelbar unter dem Leitfähigkeitsband liegen, in die Terme oberhalb des Grundbandes übergehen. Wenn dann die Energienachlieferung aus dem Innern aufgehört hat (z. B. durch Beendigung der Einstrahlung), dann ist der ursprüngliche Zustand mangelnder Oberflächenenergie wieder hergestellt. Geht aber die Einstrahlung weiter, so gelangen dabei die Elektronen aus den Termen unmittelbar oberhalb des Grundbandes in das Leitfähigkeitsband und können unter Abgabe eines Teiles ihrer Energie an das Gitter in Oberflächenterme übergehen, die unmittelbar unter dem Leitfähigkeitsband liegen. Damit ist wieder der Zustand erhöhter Oberflächenenergie erreicht.

Eine gittertheoretische Betrachtung der Lumineszenzprozesse wäre nicht vollständig, wenn nicht auch auf den kristallchemischen Aufbau der Leuchtstoffe eingegangen würde. Es ist sicher, daß ein völlig idealer, gar nicht gestörter Kristall keinerlei Lumineszenzfähigkeit aufweisen würde, wenn nicht etwa die Bausteine selbst an und für sich leuchtfähig sind. Lumineszenzfähigkeit tritt erst auf, wenn die Gitterperiodizität gestört ist. Meist handelt es sich dabei um eingelagerte Fremdatome, also um chemische Baufehler. Es kann aber auch ein stöchiometrischer Überschuß einer Komponente des Kristallgitters (z. B. Zn in ZnS) als Aktivator wirken. Nach Riehl sind die Phosphorogenatome in den unbesetzten Zentren der S-Atome des ZnS-Gitters untergebracht. In Abb. 52 ist schematisch der Aufbau des Zinkblendegitters parallel (111) dargestellt. Dabei sind die S-Atome durch große Kreise, die Zn-Atome durch kleine Kreise angedeutet. Es ist nun durchaus möglich, daß ein Zn-Atom nicht auf seinem regulären Platz sitzt, sondern auf einem Zwischengitterplatz (vgl. Abb. 52). In solchem Falle stellt das Zn-Atom ein Phosphorogenatom dar. Es ist zu erwarten, daß auch die gitterfremden Phosphorogenatome in diesen Zwischengitterplätzen untergebracht sind. Mit dieser Vorstellung ist die experimentelle Erfahrung durchaus im Einklang, daß ein Metallatom nicht als Phosphorogenatom wirksam sein kann, wenn sein Volumen eine bestimmte untere Grenze überschreitet (Regel von Tiede und Riehl).

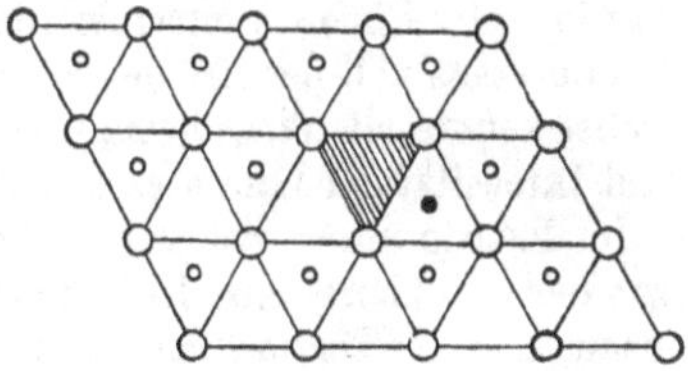

Abb. 52. Schematischer Aufbau eines Zinkblendegitters (große Kreise S, kleine Kreise Zn), im schraffierten Feld fehlt ein Zn-Atom, das an einem Zwischengitterplatz eingelagert ist (kleiner Vollkreis!)

Es existieren aber auch Falle, bei denen ohne Zweifel das aktivierende Fremdstoffatom mischkristallartig in das Gitter eingebaut ist (z. B. Cr in Al_2O_3). Dabei tritt allerdings keine Phosphoreszenz, sondern nur Fluoreszenz auf. Demnach erscheint Einlagerung auf Zwischengitterplätzen für das Auftreten von Phosphoreszenz entscheidend zu sein, d. h. die Anlagerungsterme sind durch die Einlagerungen auf Zwischengitterplätzen bedingt.

Man hat sich vielfach daran gewöhnt, neben der Phosphoreszenz noch eine weitere Luminiszenzart zu unterscheiden, die als Thermolumineszenz bezeichnet wird. Man versteht darunter das spontane Aufleuchten natürlicher Mineralien und künstlicher Substanzen beim Erhitzen unterhalb der Glühtemperatur (Steinmetz). Die meisten Phosphore strahlen ja die aufgespeicherte Lichtsumme bereits bei Zimmertemperatur aus. Bei einer Reihe von Substanzen erfolgt aber die Emission erst bei höheren Temperaturen. Diese Eigenschaft zeigen u.a. Kalkspat, Quarz, Fluorit, Apatit, Korund, Spinell. Neuerdings sind vor allem von Steinmetz und Mitarbeitern umfangreiche Untersuchungen an thermolumineszenzfähigen Mineralien durchgeführt worden. Das Ziel dieser Untersuchungen war in erster Linie ein mineralogisches: Ermittlung der Abhängigkeit der Lumineszenz von der Art des Vorkommens der betreffenden Mineralien. Dabei konnte allerdings keine generelle Beziehung zwischen Bildungstyp und Intensität der Lumineszenz gefunden werden.

Im Prinzip unterscheidet sich die Thermolumineszenz in keiner Weise von der Phosphoreszenz. Es besteht höchstens ein gradueller Unterschied insofern, als die Thermolumineszenz nennenswert erst bei höheren Temperaturen auftritt oder — wie man auch sagen kann — daß die Phosphoreszenzbanden der thermolumineszierenden Stoffe eine „hohe Temperaturlage" haben. Auch die Tatsache, daß bei den Mineralien die Erregung der Thermolumineszenz nicht durch Licht oder Ultraviolett erfolgen konnte, beweist nicht, daß es sich um eine prinzipiell andere Erscheinung als eben um Phosphoreszenz handelt. Fluorite z.B. zeigen auch dann Thermolumineszenz, wenn sie nie ans Licht gelangt sind. Man nimmt an, daß bei diesen Fluoriten die Erregung entweder durch ihren schwachen Gehalt an radioaktiven Elementen oder durch radioaktive Strahlung der Umgebung oder aber durch die Höhenstrahlung bedingt ist.

5. Zwillingsbildung

Eine für die Kristallographie ungemein spezifische nnd charakteristische Eigentümlichkeit ist die Erscheinung der Zwillingsbildung. Es handelt sich dabei um gesetzmäßige Verwachsungen zweier gleichartiger Kristallindividuen. Ist eine solche Verwachsung derart, daß alle entsprechenden Kanten und Flächen der beiden Individuen parallel laufen, so spricht man von „Parallelverwachsung". Verlaufen bei beiden Kristallindividuen nur ein Teil der Kanten bzw. Flächen parallel, so bezeichnet man eine derartige Verwachsung dann als „Zwillingsbildung", wenn diese Kristallgruppe durch ein verhältnismäßig häufiges Vorkommen als nicht zufallige Bildung zu erkennen ist. In den meisten Fällen lassen sich Kristallzwillinge auf folgende zwei Fälle zurückführen: 1. Die beiden Zwillingsindividuen liegen spiegelbildlich zueinander in bezug auf eine Kristallfläche, die man als „Zwillingsebene" bezeichnet. 2. Die beiden Zwillingsindividuen sind um eine kristallographische Richtung um 180° gegeneinander verdreht. Diese gemeinsame Richtung (Kante) bezeichnet man als „Zwillingsachse".

Offenbar sind die Kristallgitter zweier Zwillingsindividuen in ihrer gegenseitigen Orientierung nicht parallel. Während bei einem einheitlichen Kristall das Gitter über den gesamten Kristallbereich homogen bleibt, wird beim Zwilling im allgemeinen nur eine Gittergerade oder eine Netzebene über die Zwillingsgrenze hinaus homogen bleiben. Nach F r i e d e l unterscheidet man hinsichtlich der strukturellen Zusammenhänge zwei Gruppen von Zwillingen: die meroedrischen und die pseudomeroedrischen Zwillinge. Bei den meroedrischen Zwillingen bleibt das Translationsgitter über die Zwillingsebene hinaus homogen. Dazu rechnet man auch solche Zwillinge, bei denen ein (nicht alle identischen Punkte umfassendes) multiples Gitter über die Zwillingsgrenze hinaus wirklich homogen bleibt. Wird das einfache Gitter oder ein multiples Gitter nicht genau homogen (pseudo-homogen) über die Zwillingsgrenze hinaus fortgesetzt, so spricht man von einem pseudomeroedrischen Zwilling. Wie man sich eine meroedrische Zwillingsbildung mit einfachem homogenen Gitter vorstellen kann, soll die schematische Darstellung Abb. 53 erläutern. Wir erkennen aus dieser Abbildung, daß sich das (zweidimensionale) Translationsgitter (Gitter der Leerkreise) homogen über die Zwillingsebene $x-x$ hinaus erstreckt. Dadurch, daß in dem dargestellten Beispiel ein zweites Translationsgitter eingezeichnet ist (Gitter der Vollkreise), wird die Symmetrie des zusammengesetzten Gitters erniedrigt. Auf diese Weise kann die Ebene $x—x$ Zwillingsebene werden, die im e i n f a c h e n Translationsgitter tatsächlich auch Symmetrieebene

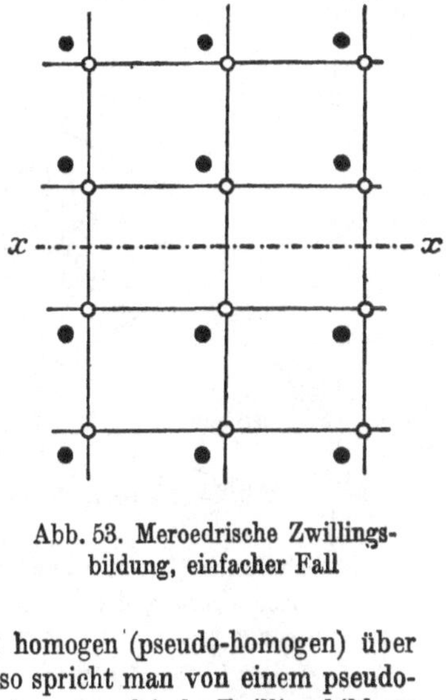

Abb. 53. Meroedrische Zwillingsbildung, einfacher Fall

ist. In Abb. 54 ist eine meroedrische Zwillingsbildung höherer Ordnung angedeutet. In diesem Falle bleibt nur ein multiples Gitter auch über die Zwillingsgrenze hinaus homogen.

Die Deutung der Zwillingsbildung, die naturgemäß vom rein geometrischen Standpunkt aus recht einfach aussieht, wird wesentlich undurchsichtiger, wenn man diese Erscheinung nun auch in physikalischer Hinsicht näher untersuchen will. Die Schwierigkeiten treten vor allem in der physikalischen Ausdeutung der Grenzschichten zwischen den Zwillingsindividuen auf. Schon einfache geometrische Betrachtungen zeigen uns,

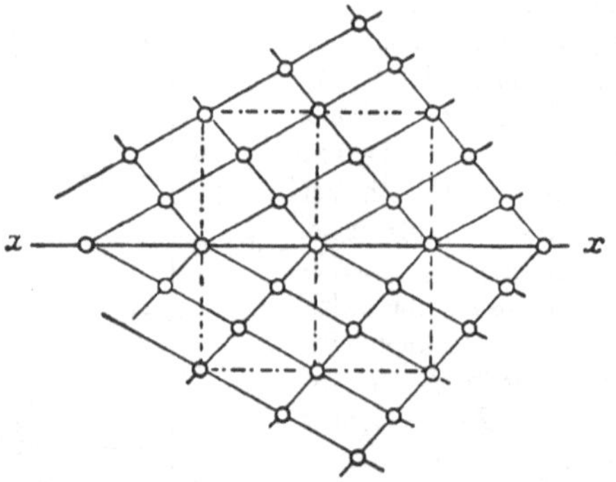

Abb. 54. Meroedrische Zwillingsbildung höherer Ordnung

daß innerhalb der Grenzschicht kein idealer Gitteraufbau vorliegen kann. Zur restlosen Klärung der Natur der Zwillingsbildung genügen offenbar strukturgeometrische Betrachtungen allein nicht.

Daß chemische Baufehler bei der Zwillingsbildung eine maßgebliche Rolle spielen, ist schon mehrfach vermutet und auch durch das Experiment weitgehend bestätigt worden. So wurden bei Kristallen, wie z. B. NaCl und KCl, die im allgemeinen praktisch keine Zwillinge bilden, dann beim Auskristallisieren aus wäßriger Lösung Zwillinge beobachtet, wenn der Lösung Fremdionen zugesetzt waren. NaCl ergab Zwillinge bei Auskristallisation in Gegenwart von $MnCl_2$, $CaCl_2$ und $CoCl_2$. KCl zeigte Zwillinge in Gegenwart von $PbCl_2$, $SrCl_2$, NaCl und $KClO_3$ (Löffler). Somit stellt einwandfrei die Fähigkeit und Möglichkeit der Zwillingsbildung eine störungsempfindliche Eigenschaft dar.

Literatur

Das Schrifttum, von dem hier nur die wichtigsten und grundlegenden Werke und Veröffentlichungen angeführt sind, wurde nach Kapiteln geordnet. Das Verzeichnis soll dazu dienen, dem Leser das Eindringen in ihn besonders interessierende Spezialgebiete zu erleichtern. Weiteres Schrifttum ergibt sich aus den zitierten Arbeiten.

I. Der Gitteraufbau der kristallisierten Materie

1. Geometrie der Kristallgitter

Niggli, Paul, Geometrische Kristallographie des Diskontinuums. Leipzig 1919.

—, Lehrbuch der Mineralogie und Kristallchemie. I. Berlin. 3. Aufl. 1941.

von Wolff, F., Einführung in die Kristallstrukturlehre. Leipzig 1928.

Brandenberger, E., Angewandte Kristallstrukturlehre. Berlin 1938.

2. Die wichtigsten Methoden der Kristallstrukturbestimmung

Ewald, P. P., Kristalle und Rontgenstrahlen. Berlin 1923.

Mark, Hermann, Die Verwendung der Röntgenstrahlen in Chemie und Technik. Leipzig 1926.

Ott, H., Strukturbestimmung mit Röntgeninterferenzen. Handb. d. Experimentalphysik 7, 2. Leipzig 1928.

Schiebold, E., Methoden der Kristallstrukturbestimmung mit Röntgenstrahlen. I. Laue-Methode. Leipzig 1932.

Glocker, Richard, Materialprüfung mit Röntgenstrahlen. 2. Aufl. Berlin 1936.

Bijvoet, J. M., N. H. Kolkmeijer und C. H. Mac Gillavry, Röntgenanalyse von Krystallen. Berlin 1940.

Kleber, W., Die Grundlagen der Kristallstrukturuntersuchung und ihre Aufgaben in der Technik. Bonn 1946.

3. Einfache Strukturtypen

a) Allgemeine Bauprinzipien

Laves, F., Die Bauzusammenhänge innerhalb der Kristallstrukturen, I., II. Z. Krist. 73, 202, 275 (1930).

b) Beschreibung einiger wichtiger anorganischer Strukturen

Ewald, P. P. und C. Hermann, Strukturbericht 1913—1918. Leipzig 1931.

Machatschki, F., Kristallchemie der Silikate. Geol. Fören. Stockholm Forhandl. 54, 447 (1932).

—, Silikate, Konstitution. Handwörterb. Naturwiss. 9, 1 (1934).

Strunz, H., Mineralogische Tabellen. Leipzig 1941.

II. Die Physik der idealen Kristallgitter

A. Die physikalisch-chemischen Eigenschaften der Kristalle

1. Die Bausteine der Kristallgitter und deren Bindung

a) Die kristallchemischen Bindungskräfte

Hedvall, J. Arvid, Reaktionsfähigkeit fester Stoffe. Leipzig 1938.

Grimm, H. G., R. Brill, C. Hermann und Cl. Peters, Studien über chemische Bindung mittels Fourier-Analyse, I., II. Die Naturwiss. 26, 29, 479 (1938).

Evans, R. C., An introduction to crystal chemistry. Cambridge 1939.

Hofmann, Karl A. und Ulrich R. Hofmann, Anorganische Chemie. Braunschweig 1941.

b) Gitterenergie

Born, Max, Atomtheorie des festen Zustandes. 2. Aufl. Leipzig, Berlin 1923.

Herzfeld, K. F., Gittertheorie der festen Körper. Handb. d. Experimentalphysik 7, 2. Leipzig 1928.

c) Die Größenbeziehungen der Kristallbausteine

Goldschmidt, V. M., Geochemische Verteilungsgesetze der Elemente. Kristiania 1923.

—, Kristallchemie. Fortschr. Min. 15, 73 (1931).

—, Kristallchemie. Handwörterb. Naturwiss. 5, 1128 (1934).

Hassel, O., Kristallchemie. Dresden und Leipzig 1934.

Laves, F., Kristallographie der Legierungen. Die Naturwiss. 27, 65 (1939).

Dehlinger, U. und G. E. R. Schulze, Kristallchemie der Verbindungen vom Typ $MgCu_2$ und $MgZn_2$. Z. Krist. **102**, 377 (1940).

Laves, F. und H. J. Wallbaum, Über den Einfluß geometrischer Faktoren auf die stöchiometrische Formel metallischer Verbindungen, gezeigt an der Kristallstruktur des KNa_2. Z. anorg. allg. Chemie **250**, 110 (1942).

2. Polymorphie, Isotypie und Isomorphie

Leonhardt, J. und W. Borchert, Gitterbeschaffenheit und Wachstum im Umschlagsgebiet polymorpher Substanzen, speziell vom Kaliumnitrat. Naturwiss. **24**, 412 (1936).

Machatschki, F., Isomorphie und Mischkristallbildung. Geol. Fören. Stockholm. Förenhandl. **54**, 319 (1932).

Stackelberg, M. v. und K. F. Chudoba, Dichte und Struktur des Zirkons II. Z. Krist. **97**, 252 (1937).

Faeßler, A., Untersuchungen zum Problem des metamikten Zustandes, Z. Krist. **104**, 81 (1942).

Lange, Hermann, Rekristallisationsversuche an autoisotropisierten Mineralien. Diss. Bonn 1944.

Vgl. ferner Hassel, Goldschmidt, Hedvall, Laves, Niggli, Strunz, siehe oben.

3. Diffusion und Platzwechselvorgänge

Cichocki, Jean, Étude théorique de la diffusion des solides. Journ. Phys. et le Radium **7** (7), 420 (1936).

4. Grenzflächenvorgänge

a) Aufbau und Abbau der Kristallgitter

Kossel, W., Zur Theorie des Kristallwachstums. Nachr. Ges. Wiss. Göttingen. Math.-phys. Kl. 1927, 135.

—, Reziprozitätssatz beim Kristallwachstum. Probleme der modernen Physik. (A. Sommerfeld-Festschrift.) Leipzig 1928, 215.

Kossel, W., Über Kristallwachstum. Naturwiss. **18**, 901 (1930).

Stranski, I. N., Zur Theorie des Kristallwachstums. Z. phys. Chem. A **136**, 259 (1928).

—, Wachstum und Auflösung der Kristalle vom NaCl-Typ. Z. phys. Chem. B **17**, 127 (1932).

Stranski, I. N. und R. Kaischew, Gleichgewichtsformen homöopolarer Kristalle. Z. Krist. **78**, 373 (1931).

— —, Gleichgewichtsform und Wachstumsform der Kristalle. Ann. Phys. **23** (5), 330 (1935).

Stranski, I. N., R. Kaischew und L. Krastanow, Beitrag zur Frage der Gleichgewichtsform homöopolarer Kristalle. Z. Krist. **88**, 325 (1934).

Bradistilov, G. und I. N. Stranski, Über die Gleichgewichtsform des Fluoritkristalls. Z. Krist. **103**, 1 (1940).

Kleber, W., Die strukturtheoretische Diskussion kristallmorphologischer Fragen. Fortschr. Min. **21**, 169 (1937).

—, Gitterenergie und Ionenanlagerung beim heteropolaren Gitter vom CsCl-Typ. Zbl. Min. A 1938, 353.

Straumanis, M., Das Wachstum von Metallkristallen im Metalldampf. Z. phys. Chem. B **19**, 63 (1932); **26**, 246 (1934); **30**, 132 (1935).

Kaischew, R., L. Keremidtschiew und J. N. Stranski, Über Wachstumsvorgänge an Kadmium- und Zinkkristallen und deren Bedeutung für die Ermittlung der zwischen den Gitteratomen wirksamen Kräfte. Z. Metallkde. **34**, 201 (1942).

Straumanis, M., Die neuesten Kristallwachstumstheorien u. der Versuch. Wiener Chemiker-Ztg. **46** (1943).

Neuhaus, A., Messungen von geometrischen Verschiebungsgeschwindigkeiten am NaCl und deren Abhängigkeit von Begrenzungsart, Konzentration und Lösungsgenossen. Z. Krist. **68**, 15 (1928).

b) Oberflächendiffusion

Volmer, Max, Kinetik der Phasenbildung. Dresden und Leipzig 1939.

Bader, H. und P. Niggli, Mineralogische und strukturelle Charakterisierung des Schnees und seiner Metamorphose. (Aus „Geologie der Schweiz — Geotechnische Serie — Hydrologie". Lieferung 3: Der Schnee und seine Metamorphose. I—XXIII. 1—61.)

Schmidt, Richard W., Über Wachstums- und Abbauformen von Wolframkristallen, insbesondere über den Gleichstromeffekt. Z. Phys. **120**. 1942. 69—85.

Kleber, W., Bemerkungen zum Problem der Bildung von Kristallskeletten. N. Jb. Min. Monatshefte. 1943. A. 106—127.

c) Grenzflächenreaktionen

Fischbeck, K., Reaktionsgeschwindigkeit in heterogenen Systemen (unter besonderer Berücksichtigung des Umsatzes mit festen Körpern). Der Chemie-Ingenieur **3**, 1, Kap. IIb. Leipzig 1937, 242.

Kleber, W., Zum Mechanismus der Einkristallätzung mit optisch-aktiven Säuren. Zbl. Min. A 1938, 294.

—, Zur Deutung der mit optisch-aktiven Säuren erzeugten Ätzerscheinungen. Z. Krist. **102**, 455 (1940).

Mahl, H. und J. N. Stranski, Über Ätzfiguren an Al-Kristalloberflächen. I. Z. phys. Chem. (B) **51**, 319 (1942).

Straumanis, M., Zur Theorie der Metallauflösung. VII. Auflösungsgeschwindigkeit und Abbau des Aluminiumgitters nach J. N. Stranski. Korrosion u. Metallschutz **19**, 157 (1943).

Kleber, W., Ein Beitrag zum Cupritproblem. N. Jb. Min. Monatshefte A 241 (1944).

—, Über nicht strukturbedingte Enantiomorphie bei Kristallen. Die Naturwiss. **32**, 77 (1944).

B. Die physikalischen Eigenschaften der Kristalle

1. Mechanische Eigenschaften

Schmid, E. und W. Boas, Kristallplastizität. Berlin 1935.

Wooster, W. A., A text-book on crystal physics. Cambridge Univ. Press. 1938.

Halla, Franz, Kristallchemie und Kristallphysik metallischer Werkstoffe. Leipzig 1939.

Ewald, P. P., Der mechanische Aufbau des festen Körpers in atomistischer Betrachtung. Müller-Pouillets Handb. d. Phys. 11. Aufl. **1** (2), 925 (1929).

Warren, B. E., The structure of tremolite $H_2Ca_2Mg_5(SiO_3)_8$. Z. Krist. **72**, 42 (1929).

Kochendörfer, Albert, Plastische Eigenschaften von Kristallen und metallischen Werkstoffen. Berlin 1941.

Houwink, R., Chemie und Technologie der Kunststoffe. Leipzig 1939.

Seifert, H., Über die strukturelle Bedeutung der Gleitelemente in Ionengittern und verwandten Strukturen. Z. Krist. **106**, 80 (1945).

Vgl. ferner Herzfeld, Born, Goldschmidt, siehe oben.

2. Thermische Eigenschaften

Fermi, E., Moleküle und Kristalle. Leipzig 1938.

Braunbeck, Werner, Zur Gitterdynamik des Schmelzvorganges. Z. Phys. **38**, 549 (1926).

Debye, P., Zur Theorie der spezifischen Wärmen. Ann. Phys. **39** (4), 789 (1912).

Klemm, Wilhelm, Über die Bestimmung der Wärmeausdehnung luftempfindlicher kristallisierter Salze. Z. Elektrochem. **34**, 523 (1928).

Megaw, H. D., The thermal expansion of crystals in relation to their structure. Z. Krist. **100**, 58 (1939).

v. Kármán, Th., Wärmeausgleich in Krystallen im Lichte der Quanten mechanik. Die Naturwiss. **17**, 386 (1929).

Vgl. ferner Wooster, Herzfeld, siehe oben.

3. Optische Eigenschaften

Buchwald, Eberhard, Einführung in die Kristalloptik. 3. Aufl. (Sammlung Göschen Nr. 619.) Berlin 1937.

Ewald, P. P., Zur Begründung der Kristalloptik. Ann. Phys. **49** (4), 1, 117 (1916).

Hylleraas, E., Die Anordnung der Atome in den tetragonalen Kristallen Hg_2Cl_2, Hg_2Br_2, Hg_2J_2 und Berechnung der optischen Doppelbrechung von Hg_2Cl_2. Phys. Z. **26**, 811 (1925).

Szivessy, G., Neuere Untersuchungen über die optischen Erscheinungen bei aktiven Kristallen. Fortschr. Min. **21**, 111 (1937).

Kuhn, Werner, Das Problem der absoluten Konfiguration optisch-aktiver Stoffe. Naturwiss. **26**, 289, 305 (1938).

Gerlach, Walther, Ramanspektra von kristallisierten und gelösten Nitratsalzen. Ann. Phys. **5** (5), 196 (1930).

Vgl. ferner Wooster, Machatschki, Fermi, siehe oben.

4. Elektrische Eigenschaften

Bergmann, L., Schwingende Kristalle. Leipzig-Berlin 1937.

—, Der Ultraschall und seine Anwendung in Wissenschaft und Technik. Berlin 1942.

Cady, W. G., Piezoelectricity. NewYork-London 1946.

Meissner, A., Über piezoelektrische Kristalle bei Hochfrequenz. Z. techn. Phys. **7**, 585 (1926).

—, Untersuchung über Pyro- und Piezoelektrizität. Die Naturwiss. **17**, 25 (1929).

Scheibe, Adolf, Piezoelektrizität des Quarzes. Dresden und Leipzig 1938.

Vgl. ferner Herzfeld, Born, Wooster, siehe oben.

III. Die Realstruktur der Kristalle und ihre physikalische Bedeutung

1. Vorbemerkungen

Smekal, A., Strukturempfindliche Eigenschaften der Kristalle. Handb. d. Phys. **24** (2), 795 (1933).

—, Zur Theorie der Realkristalle. Z. Krist. **89**, 385 (1934).

Kleber, W., Über die Realstruktur der Kristalle. Decheniana. Festschrift 101 AB, 39 (1942).

Graf, L., Zum Gefügeaufbau der Realkristalle: Die Ausbildung der Mosaikstruktur in gegossenem, plastisch verformtem und rekristallisiertem Material. Z. Phys. **121**, 73 (1943).

Laves, F., Übergang zwischen Ordnung und Unordnung in Ionenkristallen. Z. Elektrochem. **45**, 2 (1939).

2. Mechanische Eigenschaften

Orowan, E., Die mechanischen Festigkeitseigenschaften und die Realstruktur der Kristalle. Z. Krist. **89**, 327 (1934).

Taylor, G. I., A theory of the plasticity of crystals. Z. Krist. **89**, 375 (1934).

Vgl. ferner Schmid-Boas, siehe oben.

3. Diffusions- und Leitereigenschaften

Wagner, C., Fehlordnungserscheinungen in Ionengittern als Grundlage für Ionen- und Elektronenleitungen. Phys. Z. **36**, 721 (1935).

Gudden, B. und W. Schottky, Probleme der Ionen- und Elektronenleitung in nichtmetallischen festen Körpern. Phys. Z. **36**, 717 (1935).

Pohl, R. W., Zur Elektronenleitung in Kristallen. Phys. Z. **35**, 107 (1934).

—, Zusammenfassender Bericht über Elektronenleitung und photochemische Vorgänge in Alkalihalogenidkristallen. Phys. Z. **39**, 36 (1938).

Jost, Wilhelm, Diffusion und chemische Reaktion in festen Stoffen. Dresden und Leipzig 1937.

Seeliger, Rudolf, Angewandte Atomphysik. Berlin 1938.

Geismann, Heinrich, Über Detektoren. Phys. Z. **36**, 132 (1935).

4. Lumineszenzerscheinungen

Lenard, P., F. Schmidt und R. Tomaschek, Phosphoreszenz und Fluoreszenz. Handb. d. Experimentalphys. **23** (1928).

Riehl, N., Aufbau und Wirkungsweise leuchtfähiger Zinksulfide und anderer Luminophore. Ann. Phys. **29** (5), 636 (1937).

Möglich, F. und R. Rompe, Über die Energieumwandlung in Kristallphosphoren. Phys. Z. **41**, 236 (1940).

— —, Über Energieumwandlung in Festkörpern. Z. Phys. **115**, 707 (1940).

Riehl, N., Physik und technische Anwendung der Lumineszenz. Berlin 1941.

Schön, M., Zum Leuchtmechanismus der Kristallphosphore. Z. Phys. **119**, 463 (1942).

Möglich, F. und R. Rompe, Zur Hedvallschen Störstellenwanderung. Phys. Z. **44**, 77 (1943).

Birus, K., F. Möglich und R. Rompe, Über einige die Kristallphosphore und Isolatoren betreffenden Fragen. Phys. Z. **44**, 122 (1943).

Schön, M., Die physikalischen Vorgänge in den Kristallphosphoren. Forschg. Fortschr. **19**, Nr. 23/24, 1 (1943).

Steinmetz, H., Über Thermolumineszenz. Fortschr. Min. usw. **20**, 58 (1936).

Alt, M. und H. Steinmetz, Über Thermolumineszenz von Quarz. Z. angew. Min. **2**, 153 (1939).

5. Zwillingsbildung

Friedel, G., Leçons de cristallographie. Paris 1926.

Löffler, M., Strukturelle und kristallchemische Grundlagen der Zwillingsbildung. N. Jb. Min. (A) Beil.-Bd. **68**, 125 (1934).

Sachverzeichnis

Personenverzeichnis

FSC
www.fsc.org
MIX
Papier | Fördert
gute Waldnutzung
FSC® C083411

Zeitfracht Medien GmbH
Ferdinand-Jühlke-Straße 7
99095 Erfurt, Deutschland
produktsicherheit@kolibri360.de